高等职业教育工程造价专业系列教材

建设工程招投标与合同管理

第2版

主　编　钟汉华
副主编　方怀霞　杨　洁
参　编　薛　艳　李翠华　段　炼　张少坤
　　　　余燕君　周雨微　张红艳
主　审　朱保才

机械工业出版社

本书按照高等职业教育工程造价专业的要求，以《中华人民共和国民法典》《中华人民共和国招标投标法》等法律法规为依据，根据编者多年工作经验和教学实践，在自编教材的基础上修改、补充编纂而成。本书对建设工程招（投）标与合同管理的理论、方法、要求等做了详细的阐述，坚持以就业为导向，突出实用性、实践性。全书共分9个单元，包括建筑市场，建设工程施工招标，建设工程施工投标，建设工程施工开标、评标和定标，其他主要类型招（投）标，建设工程合同管理法律基础，建设工程施工合同管理，建设工程相关合同管理，建设工程索赔。

本书可作为高等职业院校工程造价、建筑工程管理等相关专业的教学用书，也可作为建筑行业专业技术人员的业务参考书及培训用书。

图书在版编目（CIP）数据

建设工程招投标与合同管理／钟汉华主编．—2版．—北京：机械工业出版社，2023.10

高等职业教育工程造价专业系列教材

ISBN 978-7-111-73762-9

Ⅰ．①建… Ⅱ．①钟… Ⅲ．①建筑工程-招标-高等职业教育-教材②建筑工程-投标-高等职业教育-教材③建筑工程-合同-管理-高等职业教育-教材 Ⅳ．①TU723

中国国家版本馆CIP数据核字（2023）第161970号

机械工业出版社（北京市百万庄大街22号 邮政编码100037）
策划编辑：王靖辉　　　　　责任编辑：王靖辉　陈将浪
责任校对：薄萌钰　李　婷　责任印制：郜　敏
北京富资园科技发展有限公司印刷
2023年12月第2版第1次印刷
184mm×260mm·18印张·443千字
标准书号：ISBN 978-7-111-73762-9
定价：54.00元

电话服务　　　　　　网络服务
客服电话：010-88361066　机　工　官　网：www.cmpbook.com
　　　　　010-88379833　机　工　官　博：weibo.com/cmp1952
　　　　　010-68326294　金　书　网：www.golden-book.com
封底无防伪标均为盗版　机工教育服务网：www.cmpedu.com

前　言

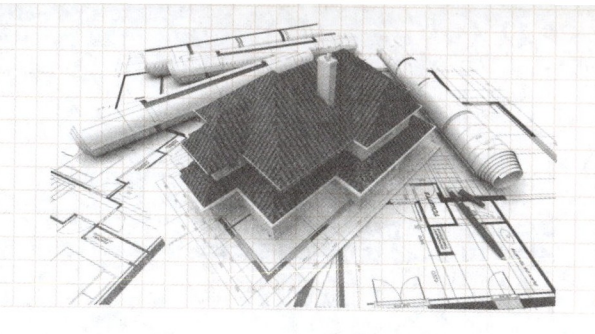

本书根据高等职业教育工程造价专业人才培养目标，以二级造价师职业岗位能力的培养为导向，同时遵循高等职业院校学生的认知规律，以专业知识和职业技能、自主学习能力及综合素质培养为课程目标，紧密结合职业资格证书中相关考核要求编写而成。全书按照建筑市场及建设工程施工招标、投标、开标、评标与定标的要求，其他主要类型招（投）标，以及建设工程合同管理法律基础、建设工程施工合同管理、建设工程相关合同管理、建设工程索赔等进行内容安排。

本次修订秉承制度化、规范化、程序化全面推进的思想，强调建筑工程的一切活动必须以现行规范和标准为引领，实现制度化、规范化、程序化操作，杜绝一切违章、违法、违规行为，重点融入了《最高人民法院关于审理建设工程施工合同纠纷案件适用法律问题的解释（二）》[法释（2018）20号]《中华人民共和国招标投标法》《中华人民共和国招标投标法实施条例》《必须招标的工程项目规定》《必须招标的基础设施和公用事业项目范围规定》《招标公告和公示信息发布管理办法》《中华人民共和国民法典》《建设工程质量保证金管理办法》《建设工程施工合同（示范文本）》（GF—2017—0201）和FIDIC 2017版系列合同条件等内容。

教育是国之大计、党之大计。培养什么人、怎样培养人、为谁培养人是教育的根本问题。本书围绕全面提高人才培养能力这个核心点，贯彻执行《高等学校课程思政建设指导纲要》精神，每个单元后面均设计了"拓展讨论"栏目，以利于教师结合专业开展素质教育，帮助学生塑造正确的世界观、人生观和价值观。

建设工程招（投）标与合同管理是一门实践性很强的课程。为此，本书始终按照"素质为本、能力为主、需要为准、够用为度"的原则进行编写，重点对建筑工程施工招标文件的编制，施工投标文件的编制，开标、评标与定标工作流程及其工作报告的编制，施工合同的订立、实施、管理以及索赔等做了详细阐述，同时结合我国目前招（投）标及合同管理的实际情况精选内容，力求理论联系实际，注重学生实践能力的培养，突出针对性和实用性，以满足学生学习的需要。

本书由钟汉华任主编；方怀霞、杨洁任副主编；参加编写的人员还有薛艳、李翠华、段炼、张少坤、余燕君、周雨微、张红艳。本书由中国建筑第五工程局有限公司朱保才主审。具体写作分工如下：湖北轻工职业技术学院杨洁编写单元一、单元二；湖北水利水电职业技术学院钟汉华编写单元三；湖北水利水电职业技术学院方怀霞编写单元四；湖北水利水电职业技术学院薛艳、李翠华编写单元五；湖北水利水电职业技术学院段炼、张少坤编写单元六；湖北水利水电职业技术学院余燕君编写单元七；湖北水利水电职业技术学院周雨微编写单元八；中瑞恒方（北京）国际工程咨询有限公司张红艳编写单元九。本书在编写过程中，湖北水利水电职业技术学院王中发、董伟、余丹丹、刘海韵、金芳、刘宏敏等老师做了一些辅助性工作，在此对他们的辛勤工作表示感谢。

由于编者水平有限，书中难免存在不足之处，诚恳地希望读者与同行批评指正。

编　者

本书二维码清单

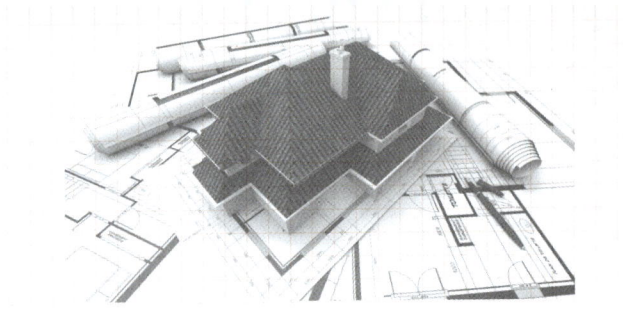

页码	名称	二维码	页码	名称	二维码
3	有关建筑工程管理的法律法规		64	编制投标文件常见注意事项	
3	有关建筑工程管理的部门规章		98	开标会致辞	
4	工程造价咨询企业资质审批的新规定		98	开标活动现场纪律	
4	建设工程咨询公司的业务范围		101	评标委员会否决投标的情况	
9	建设工程交易中心三项功能的服务内容或场所		101	《中华人民共和国招标投标法实施条例》对串通投标的规定	
15	议标		101	问题澄清通知	
19	招标公告（投标邀请书）格式		114	中标通知书	
19	资格预审公告和招标公告应当载明的内容		123	《建设工程勘察设计资质管理规定》（建设部令第160号）相关规定	

(续)

页码	名　称	二维码	页码	名　称	二维码
126	设计招标与其他招标在程序上的主要区别		209	《中华人民共和国民法典》中涉及工程价款结算的相关规定	
138	商务标书的重要性		209	《建设工程工程量清单计价规范》（GB 50500—2013）中关于竣工结算的相关规定	
144	要约与要约邀请的联系		209	强化工程进度款支付和工程结算管理	
186	《建设工程施工专业分包合同（示范文本）》（GF—2003—0213）、《建设工程施工劳务分包合同（示范文本）》（GF—2003—0214）		209	《建设工程工程量清单计价规范》（GB 50500—2013）中关于工程计价争议处理的相关规定	
186	物资采购合同		222	《建设工程设计合同示范文本（房屋建筑工程）》（GF—2015—0209）中关于违约责任的规定	
186	工程转包		224	《中华人民共和国民法典》中对出卖人的包装义务的相关规定	
204	《建设工程工程量清单计价规范》（GB 50500—2013）中关于工程合同价款的约定的规定		241	施工签证	
206	《建设工程工程量清单计价规范》（GB 50500—2013）中关于安全文明施工费、规费和税金计算的相关规定		251	工程中途停工索赔	

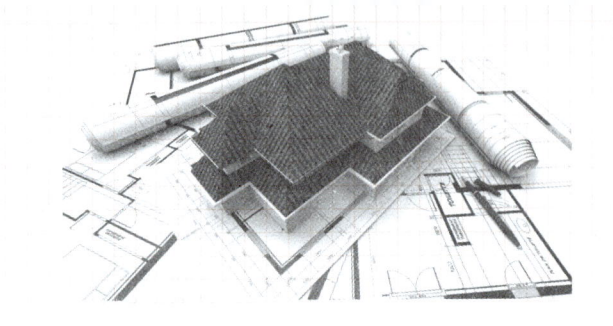

目 录

前言
本书二维码清单
单元一　建筑市场 …………………… 1
　课题一　市场与建筑市场 …………… 1
　课题二　建筑市场的主体与客体 …… 3
　课题三　建设工程交易中心 ………… 7
　同步测试 …………………………… 10
单元二　建设工程施工招标 ………… 12
　课题一　建设工程施工招标的范围、
　　　　　类别 ……………………… 12
　课题二　建设工程施工招标代理 …… 16
　课题三　建设工程施工招标文件编制 …… 18
　课题四　建设工程施工招标程序 …… 27
　课题五　建设工程施工招标资格审查 …… 32
　课题六　建设工程施工招标控制价编制 …… 37
　同步测试 …………………………… 42
单元三　建设工程施工投标 ………… 46
　课题一　建设工程投标基础知识 …… 46
　课题二　建设工程施工投标程序 …… 49
　课题三　建设工程施工投标报价 …… 59
　课题四　建设工程施工投标文件 …… 62
　课题五　建设工程施工招（投）标案例 …… 64
　同步测试 …………………………… 92
单元四　建设工程施工开标、评标和
　　　　定标 ………………………… 96
　课题一　建设工程施工开标 ………… 96
　课题二　建设工程施工评标 ………… 99
　课题三　建设工程施工定标及合同签订 …… 113
　同步测试 …………………………… 115
单元五　其他主要类型招（投）标 …… 120
　课题一　建设工程勘察设计招
　　　　　（投）标 ………………… 120
　课题二　建设工程材料、设备采购招
　　　　　（投）标 ………………… 126
　课题三　建设工程监理招（投）标 …… 132
　同步测试 …………………………… 138
单元六　建设工程合同管理法律
　　　　基础 ………………………… 140
　课题一　合同基本知识 …………… 140
　课题二　合同的订立 ……………… 142
　课题三　合同的效力 ……………… 147
　课题四　合同的履行、变更、转让及
　　　　　终止 ……………………… 150
　课题五　违约责任与合同争议的解决 …… 160
　课题六　合同担保 ………………… 162
　同步测试 …………………………… 168
单元七　建设工程施工合同管理 …… 174
　课题一　建设工程施工合同基本知识 …… 174
　课题二　《建设工程施工合同（示范文本）》
　　　　　（GF—2017—0201）………… 177
　课题三　施工合同管理中的进度控制 …… 186
　课题四　施工合同管理中的质量控制 …… 191
　课题五　施工合同管理中的投资控制 …… 203
　同步测试 …………………………… 211
单元八　建设工程相关合同管理 …… 216
　课题一　建设工程勘察设计合同管理 …… 216
　课题二　建设工程物资采购合同管理 …… 223
　课题三　建设工程监理合同管理 …… 230
　同步测试 …………………………… 238
单元九　建设工程索赔 ……………… 241
　课题一　建设工程索赔基本知识 …… 241
　课题二　建设工程常见的索赔问题 …… 248
　课题三　建设工程索赔程序 ……… 251
　课题四　建设工程反索赔 ………… 255
　课题五　索赔分析与计算 ………… 257
　课题六　工程索赔的技巧及关键 …… 271
　同步测试 …………………………… 276
参考文献 …………………………… 280

单元一

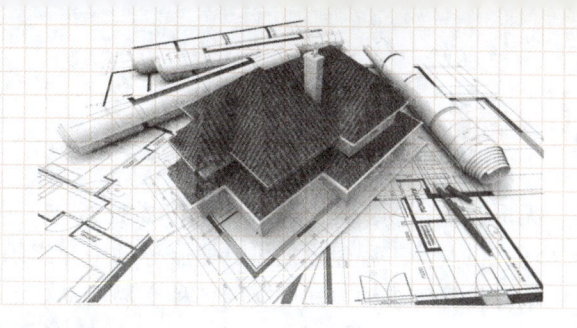

建筑市场

知识目标

- 掌握市场与建筑市场的概念。
- 理解建筑市场的主体和客体。
- 掌握建设工程交易中心的性质、基本功能和运行原则。

能力目标

- 能完整表述建筑市场交易中心运行的一般程序,并能结合实际问题进行分析。

导语

本单元主要介绍建筑市场的基本知识,包括工程建筑从业单位、建筑市场的主体与客体、建筑市场交易中心的相关内容。通过本单元的学习,学生应了解工程建筑市场的形成与发展,为学习工程招(投)标与合同管理的基本知识打下基础。

课题一 市场与建筑市场

一、市场

"市场"的原始定义是指"商品交换的场所",市场的出现是随着商品交换的产生而产生,并随着商品交换的发展而发展的,随着生产力的发展,劳动产品有了剩余,商品交换便开始出现,市场也随之形成。但随着商品交换的发展,市场突破了村镇、城市、国家的界限,最终实现了世界贸易乃至网上交易,在当今社会,市场已成为人类经济活动的枢纽环节,连接着从生产到消费的全部过程。

市场有广义和狭义之分。广义市场包括无形市场和有形市场。无形市场是指没有固定的交易场所,靠广告、中间商及其他交易形式来促成交易。狭义的市场是指有形市场,即商品交换的场所,买卖双方在固定的场所进行交易,公开标明商品价格。

二、建筑市场

1. 建筑市场的含义

建筑市场(也称建设工程市场或建设市场)是指"建筑产品和有关服务的交换关系的总和"。一般而言,建筑市场是指以建设工程承(发)包交易活动为主要内容的市场。狭义的建筑市场一般指有形建筑市场,有固定的交易场所。广义的建筑市场包括有形建筑市场和无形建筑市场，其中无形建筑市场是指与工程建设有关的技术、租赁、劳务等各种要素市场，以及为工程建设提供专业服务的中介组织机构或经纪人等通过媒介宣传进行买卖或通过招标投标等多种方式成交的各种交易活动。

在商品经济条件下，建筑企业生产的产品大多是为了交换而生产的，建筑产品也是商品。

2. 建筑市场的分类

（1）按交易对象分为建筑商品市场、资金市场、劳动力市场、建筑材料市场、租赁市场、技术市场和服务市场等。

（2）按市场覆盖范围分为国际市场和国内市场。

（3）按有无固定交易场所分为有形市场和无形市场。

（4）按固定资产投资主体分为国家投资形成的建设工程市场、企事业单位自有资金投资形成的建设工程市场、私人住房投资形成的市场和外商投资形成的建设工程市场等。

（5）按建筑商品的性质分为工业建设工程市场、民用建设工程市场、公用建设工程市场等。

3. 建筑市场的特点

（1）建筑产品交易一般分为三个阶段。首先是可行性研究报告阶段，是业主与咨询单位之间的交易；然后是勘察设计阶段，是业主与勘察设计单位之间的交易；最后是施工阶段，是业主与施工单位之间的交易。

（2）建筑产品价格是在招标投标竞争中形成的。

（3）基于建筑产品的特点，上述三个阶段的交易（包括材料和设备的采购）均应订立合同。特别是在施工阶段订立的施工合同具有"期限长""内容多"和"涉及面广"的特点，与其他商品交易合同不同，必须认真、慎重对待。

（4）建筑市场受经济形势影响大，供求难以平衡。由于各个国家具体国情的差别以及建设主管部门设置的不同，各国政府对建筑市场的管理范围和内容也各异，但对公共投资项目和私人投资项目均区别对待。对于公共投资项目，政府兼有业主和管理部门双重身份，故我国规定，除特殊情况外，必须公开招标，并保证项目实施的透明度。对于私人项目，则要求项目的实施应遵循环保、规划、安全施工等的有关法律和法规，其招标方式，则应依据当地主管部门的规定。

4. 政府对建筑市场的管理

政府对建筑市场的管理一般包括以下几个方面：

（1）制定建筑法律、法规、规范和标准。我国已颁布了《中华人民共和国建筑法》（下文称"《建筑法》"）、《中华人民共和国招标投标法》（下文称"《招标投标法》"）、《中华人民共和国行政许可法》（下文称"《行政许可法》"）等，完善了对从事建筑活动的主体的资格管理制度。自2005年以来，还修订和出台了多项部门规章，颁布了一系列的设计与施工资质标准，对业主、承包商、勘察设计和咨询监理等机构的资质进行管理，建立了统一的内外资企业资质管理体系。

（2）整顿、规范建筑市场秩序。具体包括对建筑市场招标投标环节中的违规问题，工程承包中的转包、违法分包、资质挂靠、不执行工程建设强制性标准问题，拖欠工程款等问题的专项治理。同时，2004年以来加强了信用体系的建设工作，印发了《建设部关于加快推进建筑市场信用体系建设工作的意见》和《建筑市场诚信行为信息管理办法》，公布了《全国建筑市场各方主体不良行为记录认定标准》，使建筑市场信用体系建设取得了突破性的进展。

（3）推进项目管理和质量管理。大力推行国际通行的工程总承包和项目管理模式，修订出台了《建设工程项目管理规范》（GB/T 50326—2017），组织制定了《工程项目管理服务合同》范本和《建设项目工程总承包合同》范本，组织经验交流，加强指导。同时对建筑工程加强了质量管理。

（4）发展国际合作，开拓国际市场。实施建筑业"走出去"的政策，全面履行中国加入世界贸易组织（WTO）入世议定书中承诺的建筑市场开放的各项义务，出台了一系列建筑业对外开放的法律规定，加强了国际交流，创造了良好的外商投资环境和市场竞争环境。

党的十八大以来，党中央、国务院持续深化"放管服"改革，社会主义市场经济不断完善，政府治理体系进一步优化，改革成效日益显现，建筑市场监管工作也在不断改革中。

有关建筑工程管理的法律法规　　　　有关建筑工程管理的部门规章

课题二　建筑市场的主体与客体

一、建筑市场的主体

建筑市场的主体是指参与建筑市场交易活动的各主要方，即业主、承包商和工程咨询服务单位、物资供应机构和银行等。建筑市场的客体则为建筑市场的交易对象，即建筑产品，包括有形的建筑工程和无形的建筑产品，例如咨询、监理等智力型服务。限于篇幅，下面仅对涉及建设合同的业主、承包商和工程咨询服务单位及其资质管理作简短说明。

1. 业主

业主，一般又称为"建设单位"，也常被称为"甲方"，在《建设工程施工合同》中被定义为"发包人"，是指拥有相应的建设资金，办妥项目建设的各种准建手续，以建成该项目达到其经营使用目的的政府部门、事业单位、企业单位和个人。在我国社会主义市场经济体制下，业主多属于政府公共部门，因而推行项目法人责任制，以期建立项目投资责任制约机制，并规范项目法人行为。项目法人责任制又称业主负责制，即由业主对其项目建设过程负责。业主在项目建设过程中的主要职责包括建设项目的立项决策、资金筹措与管理、招标与合同管理、施工与质量管理、竣工验收与试运行以及建设项目的统计和文档管理。

目前，国内工程项目的业主可归纳为以下几种类型：

（1）企业、机关或事业单位，如投资新建、扩建或改建工程，则此等企业、机关或事业单位即为此等项目的业主。

（2）对于由不同投资或参股的工程项目，则业主是共同投资方组成的董事会或工程管理委员会。

（3）对于开发公司自行融资、由投资方组建工程管理公司和委托开发公司建造的工程项目，则开发公司和工程管理公司即为项目的业主。

（4）除上述业主以外的业主。

2. 承包商

承包商，一般又称为"承建单位"，也常被称为"乙方"，在《建设工程施工合同》中被定义为"承包人"，是指与业主订有施工合同并按照合同为业主修建合同所界定的工程，直至竣工并修补好其中任何缺陷的施工企业。上述各类的业主，只有在其从事工程项目的建设全过程中才成为建筑的主体，但承包商在其整个经营期间都是建筑市场的主体。因此，国内外一般只对承包商进行从业资格管理。

具备下述条件的承包商才能在政府许可的工程范围内承包工程：

(1) 拥有符合国家规定的注册资本。

(2) 拥有与其资质等级相匹配且具有注册职业资格的专业技术和管理人员。

(3) 拥有从事相应建筑活动所应有的技术装备。

(4) 经有关政府部门的资质审查，已取得资质证书和营业执照。

承包商可按其所从事的专业分为土建、水电、道路、港湾、铁路、市政工程等专业公司。在国内，承包商一般通过投标获得承包合同。

3. 工程咨询服务单位

工程咨询服务单位是指具有一定注册资金，具有一定数量的工程技术、经济、管理人员，取得建设咨询证书和营业执照，能为工程建设提供估算计量、管理咨询、建设监理等智力型服务并获取相应费用的企业。国际上，工程咨询服务单位一般称为咨询公司，在国内则包括勘察公司、设计院、工程监理公司、工程造价咨询公司、招标代理机构和工程管理公司等。他们主要向建设项目业主提供工程咨询和管理等智力型服务，以弥补业主对工程建设业务不了解或不成熟的不足。工程咨询服务单位并不是工程承（发）包的当事人，但受业主聘用，与业主订有协议书和合同，从事工程咨询、设计或监理等工作，因而在项目的实施中承担重要的责任。咨询任务可以贯穿从项目立项到竣工验收乃至使用阶段的整个项目建设过程，也可以只限于其中某个阶段，例如可行性研究咨询、施工图设计、施工监理等。

工程造价咨询企业资质审批的新规定　　建设工程咨询公司的业务范围

4. 其他

（1）分包商。分包商可分为一般分包商与指定分包商。一般分包商是由总承包商（或承包商）自己选定并将部分工程任务分包出去的接受人。总承包商与分包商订有分包合同，双方为雇佣与被雇佣关系。指定分包商是指在一些国际招标工程中，由业主或工程师所指定或选择，分包完成合同中列有"暂定金额"（或称备用金）的工程施工、供货、服务或规定的任何工程的接受人。

在我国相关法律法规中明确规定，招标人不得直接指定分包人，即在我国不允许指定分包商。

（2）供应商。对于需采购大型设备或大宗材料及设备安装工程量较大的工程，业主通常采用招标方式直接选定供应商，并与之签订独立的供货或供货安装合同；对于合同规定由总承包商（或承包商）采购的材料、设备，一般由总承包商选定供应商，并与之签订供货合同。

建设工程项目中除以上所述参与各方外，还涉及政府招标投标、质量、设计等监管部门及合同履行担保人、代理人等。

二、建筑市场的客体

建筑市场的客体，一般称为建筑产品，是建筑市场交易的对象，既包括有形的建筑产品，也包括无形的建筑产品。因为建筑产品本身及其生产过程的特殊性，其产品具有与其他工业产品不同的特点。在不同的生产交易阶段，建筑产品表现为不同的形态。它可以是咨询公司提供的咨询报告、咨询意见或其他服务；也可以是勘察设计单位提供的设计方案、施工图、勘察报告；可以是生产厂家提供的混凝土构件；当然也可以是承包商生产的各类建筑物和构筑物。建筑产品具有以下特点：

（1）建筑产品的固定性和生产过程的流动性。与工农业产品不同，建筑产品与土地相连，如房屋、桥梁等建成后不能移动，只能在建造地点发挥作用，这就使施工人员和机械必须随着所建造的建设项目流动，从而带来施工管理的多变性和复杂性。

（2）建筑产品的单件性。由于业主对建筑产品的用途、性能要求不同及建设地点的差异，这一特点决定了多数建筑产品都需要单独进行设计，不能批量生产，从而带来其设计、施工和管理的多变性和复杂性。

（3）建筑产品投资数额大，生产周期和使用周期长。建筑产品工程量巨大，由于工程量大，消耗的人力和物力很多。建设工程的生产周期长达数月甚至数年，使庞大的资金呆滞在生产过程中，只有投入，没有产出。在这么长的时间内，投资可能受到物价涨落、国内国际形势等影响，因而投资管理也愈加重要。基于这一特点，建筑市场与国民经济的发展息息相关。

（4）建筑产品的整体性和施工生产的专业性。这个特点决定了建筑产品的生产需要采用总承包和分包相结合的特殊承包形式。在建筑产品技术含量越来越高的情况下，需要由土建、安装和装饰等专业化施工企业分包来完成整个工程，因而产生了总包和分包的承包形式。建筑产品一旦进入生产阶段，其产品不可能退换，也难以重新建造，否则双方都将承受很大的损失。所以，建筑生产的最终产品质量是由各阶段成果的质量决定的。设计、施工必须按照规范和标准进行，才能保证生产出合格的建筑产品。

（5）建筑产品的社会性。绝大部分建筑产品具有相当广泛的社会性，涉及公众的利益和生命财产的安全。政府应加强对建筑产品的规划、设计、交易、建造的管理，对有关建设的市场行为进行监督和审查。

（6）建筑产品的商品属性。目前，建筑企业已成为独立的生产单位，建筑投资由国家拨款变成多种渠道筹措，建筑产品价格也逐步走向以市场形成价格的价格机制。实力强、素质高、经营好的企业已经在市场上具有明显的竞争性。

（7）工程建筑产品质量技术标准的法定性。建筑产品的质量不仅关系承（发）包双方的利益，也关系到国家和社会的公共利益，正是由于建筑产品的这种特殊性，其质量标准是以国家标准、国家规范等形式颁布并强制实施的，违反这些标准规范的将受到国家法律的制裁。

三、建筑市场的资质管理

《建筑法》规定，对从事建设工程的勘察设计单位、施工单位和工程咨询监理单位实行资质管理。资质管理是指对从事建设工程的单位和专业技术人员进行从业资格审查，以保证建设工程质量和安全。

1. 从业企业资质管理

（1）勘察设计单位资质管理。我国建设工程勘察设计资质分为工程地质勘察资质和工程设计资质。建设工程勘察设计单位应当按照其拥有的注册资本、专业技术人员、技术装备和勘察设计业绩等条件申请资质等级，经审查合格，取得资质证书后，方可在资质等级许可的范围内从事建设工程勘察设计活动。国务院建设行政主管部门及各地建设行政主管部门负责工程勘察设计单位资质的审批、升级和处罚。

各专业勘察设计单位的资质分为甲、乙两级，甲级可承担资质证书所规定的本行业的大、中、小型工程建设项目的工程勘察或设计任务；乙级可承担资质证书所规定的本行业的中、小型工程建设项目的工程勘察或设计任务。

工程勘察设计单位参加建设工程招标投标时，所投标工程必须在其勘察设计资质证书规定的营业范围内。从事勘察设计服务的专业技术人员必须持有相应的执业证书，并在证书所规定的范围内工作。

（2）施工单位（承包商）的资质等级管理。建筑业施工单位是指从事土木工程、建筑工程、强电弱电线路、管道及设备安装工程、装修工程等的新建、扩建、改建活动的单位。

施工资质分为综合资质、施工总承包资质、专业承包资质和专业作业资质四个序列。其中施工综合资质不分类别和等级；施工总承包资质设有 13 个类别，分为 2 个等级（甲级、乙级）；专业承包资质设有 18 个类别，一般分为 2 个等级（甲级、乙级，部分专业不分等级）；专业作业资质不分类别和等级。《建筑业企业资质标准》包括施工资质各个序列、类别和等级的资质标准。

（3）工程监理单位资质管理。工程监理单位资质分为综合资质、专业资质和事务所 3 个序列。综合资质只设甲级；专业资质分为甲、乙 2 个级别，并按照工程性质和技术特点划分为 14 个专业工程类别。

2. 专业人士资格管理

在建设市场中，把具有从事工程咨询资格的专业工程师称为专业人士。目前，已经确定专业人士的种类有建筑师、规划师、结构工程师、监理工程师、造价工程师、咨询工程师、建造师等。资格和注册条件为：满足规定的学历要求（例如大专以上等）；参加全国统一考试，成绩合格；具有相关专业的实践经验等。

在建设项目招标投标中，国内实施项目经理资质认证制度。项目经理是一种岗位职务，他是受企业法定代表人委托而对工程项目施工全过程全面负责的项目管理者，是企业法定代表人在工程项目上的代表人。企业在投标承包工程时，需同时呈报承担该工程项目管理的项目经理的资质概况，接受招标人的审查和招标投标管理机构的复查。

（1）建造师的资质管理。根据《建筑法》第十四条"从事建筑活动的专业技术人员，应当依法取得相应的职业资格证书，并在职业资格证书许可的范围内从事建筑活动"的规定，我国已在建设领域建立注册建筑师、注册造价工程师、注册建造师等执业资格制度。2002年12月5日，人事部和建设部联合印发了《建造师执业资格制度暂行规定》。

建造师是以建设工程项目管理为主的执业注册人员，是具有专业技术基础、懂管理、技术、经济、法规，综合素质较高的复合型人才。建造师注册后可以担任建设工程施工的项目经理，也可以从事质量监督、工程管理咨询和行政法规等其他施工管理工作。建造师分为一级和二级，一级建造师分建筑工程、公路工程、铁路工程、民航机场工程、港口与航道工程、水利水电工程、市政公用工程、通信与广电工程、矿业工程、机电工程10个专业类别；二级建造师分建筑工程、公路工程、水利水电工程、市政公用工程、矿业工程和机电工程6个专业类别。一级注册建造师可以担任《建筑业企业资质标准》中规定的必须由特级、一级建筑业企业承建的建设工程项目施工的项目经理，二级注册建造师只可以担任二级及以下建筑业企业承建的建设工程项目施工的项目经理。

要取得建造师执业资格，必须通过相应考试。一级建造师执业资格考试应依照全国统一考试大纲，统一命题，统一考试。二级建造师执业资格考试应依照全国统一考试大纲，由各省、自治区、直辖市命题并组织考试。通过考试后，即可获得一级或二级建造师执业资格证书。取得建造师执业资格证书，且符合注册条件的人员经过注册登记后，即获得一级或二级建造师注册证书。建造师经注册后才能受聘执业。

（2）注册建造师与项目经理的关系。项目经理是建筑企业设置的一个岗位职务，其根据企业法定代表人的授权，对工程项目自开工准备到竣工验收实施全面全过程的组织管理。

建造师是从事建设工程管理（包括工程项目管理）的专业技术人员的职业资格，只有具备国家规定的条件，并参加考试合格的人员，才能获得这个资格。注册建造师可以担任项目经理和其他有关工程管理岗位职务。注册建造师像注册建筑师一样，可在社会市场上流动。项目经理则是由企业法定代表人的授权或聘用，对某工程项目的一次性管理者。

课题三　建设工程交易中心

一、建设工程交易中心的性质与作用

建设工程交易中心是服务性机构，不是政府管理部门，也不是政府授权的监督机构，本身并不具备管理职能。但建设工程交易中心又不是一般意义上的服务机构，其设立须得到政府或政府授权主管部门的批准，并非任何单位和个人可随意成立；它不以营利为目的，旨在为建立公开、公正、平等竞争的招（投）标制度服务，只可经批准收取一定的服务费。

按照有关规定，所有建设项目都要在建设工程交易中心内发布招标信息、授予合同、申领施工许可证。工程交易行为不能在场外发生，招标投标活动都需在场内进行，并接受政府有关部门的监督。应该说建设工程交易中心的设立，对建立国有投资的监督制约机制，规范建设工程承（发）包行为，以及将建筑市场纳入法制管理轨道，都有重要作用，是符合我

国工程建设特点的一种好形式。

二、建设工程交易中心的基本功能

建设工程交易中心应具有以下三大功能：

1. 集中办公功能

即建设行政主管部门有关职能部门进驻交易中心，按照各自的制度和程序，集中办理有关审批手续和进行管理。手续申报的内容一般包括招标登记、承包商资质审查、合同登记、质量报监、施工许可证发放等。进驻建设工程交易中心的相关管理部门集中办公，要公布各自的办事制度和程序，既能按照各自的职责依法对建设工程交易活动实施有力监督，又方便当事人办事，有利于提高办公效率。集中办公方式决定了建设工程交易中心只能集中设立，而不能像其他商品市场那样随意设立。

2. 信息服务功能

包括收集、存储和发布各类工程信息、法律法规、造价信息、建材价格、承包商信息、咨询单位和专业人士信息等。在设施上配置有大型电子墙、计算机网络工作站，为承（发）包交易提供广泛的信息服务。建设工程交易中心一般要定期公布工程造价指数和建筑材料价格、人工费、机械租赁费、工程咨询费以及各类工程指导价等，指导业主、承包商、咨询单位进行投资控制和投标报价。

3. 场所服务功能

《建设工程交易中心管理办法》规定，交易中心要为政府有关部门提供有关手续和依法监督招标投标活动的场所，还应设有信息发布厅、开标室、洽谈室、会议室和有关设施，以满足业主、承包商、分包商、设备材料供应商等相互交易的需要。建设工程交易中心须为工程承（发）包交易双方进行建设工程的招标、评标、定标、合同谈判等活动提供设施和场所服务。

目前，建设工程交易中心一般在省、市、县设三级公共资源交易中心。

三、建设工程交易中心的运行原则

为了保证建设工程交易中心良好地运行，充分发挥其市场功能，必须坚持市场运行的以下基本原则：

1. 信息公开原则

有形建筑市场必须充分掌握政策法规、工程发包、承包商和咨询单位的资源、造价指数、招标规则、评标标准、专家评委库等各项信息，并保证市场各主体都能及时获得所需要的信息资料。

2. 依法管理原则

建设工程交易中心应严格按照法律法规开展工作。任何单位和个人不得非法干预交易活动的正常进行。监察机关应当进驻建设工程交易中心实施监督。

3. 公平竞争原则

建立公平竞争的市场秩序是建设工程交易中心的一项重要原则。进驻的有关行政监督管理部门应严格监督招标、投标单位的行为，防止行业、部门垄断和不正当竞争，不得侵犯交易活动各方的合法权益。

4. 属地进入原则

按照我国有形建筑市场的管理规定，建设工程交易实行属地进入。每个城市原则上只能建立一个建设工程交易中心，特大城市可以根据需要，设立区域性中心，在业务上受中心领导。对于跨省、自治区、直辖市的铁路、公路、水利等工程，可在政府有关部门的监督下，通过公告由项目法人组织招标、投标。

5. 办事公正原则

建设工程交易中心是政府建设行政主管部门批准建立的服务性机构。建设工程交易中心须配合进场各行政管理部门做好相应的工程交易活动的管理和服务工作，并且建立监督制约机制，制定完善的规章制度和工作人员守则，发现建设工程交易活动中的违法违规行为时，应当向政府有关部门报告，并协助进行处理。

四、建设工程交易中心的运作程序

按照有关规定，建设项目进入建设工程交易中心后，一般按下列程序进行运作：

（1）拟建工程得到计划管理部门立项（或计划）批准后，到交易中心办理项目注册手续。工程建设项目的项目注册内容主要包括工程名称、建设地点、投资规模、资金来源、当年投资额、工程规模、工程筹建情况、计划开工和竣工日期等。

（2）完成了项目注册的工程由招标监督部门依据《招标投标法》和有关规定确认招标方式。

（3）招标人依据《招标投标法》和有关规定，履行建设项目有关勘察、设计、施工、管理、监理以及与工程建设有关的重要设备、材料等的招标投标程序。

（4）自中标之日起 30 日内，发包单位与中标单位签订合同。

（5）按规定进行质量、安全监督登记。

（6）统一交纳有关工程前期费用。

（7）领取建设工程施工许可证。申请领取施工许可证，应当具备以下条件：依法应当办理用地批准手续的，已经办理该建筑工程用地批准手续；依法应当办理建设工程规划许可证的，已经取得建设工程规划许可证；施工场地已经基本具备施工条件，需要征收房屋的，其征收进度符合施工要求；已经确定施工企业（按照规定应当招标的工程没有招标的，应当公开招标的工程没有公开招标的，或者将工程肢解后发包，以及将工程发包给不具备相应资质条件的施工企业的，所确定的施工企业无效）；有满足施工需要的资金安排、施工图及技术资料，建设单位应当提供建设资金已经落实承诺书，施工图设计文件已按规定审查合格；有保证工程质量和安全的具体措施；施工企业编制的施工组织设计中有根据建筑工程特点制定的相应质量、安全技术措施；建立工程质量安全责任制并落实到人；对专业性较强的工程项目编制了专项质量、安全施工组织设计，并按照规定办理了工程质量、安全监督手续。

建设工程交易中心三项功能的服务内容或场所

🔄 拓展讨论

党的二十大报告提出，构建高水平社会主义市场经济体制，构建全国统一大市场，深化要素市场化改革，建设高标准市场体系。完善产权保护、市场准入、公平竞争、社会信用等市场经济基础制度，优化营商环境。

请思考：为什么我国会对建筑施工企业实施资质管理制度？

同步测试

一、单项选择题

1. 按照《建筑法》规定，建设工程施工许可证的申请者是（　　）。
   A. 建设单位　　　　　　　　B. 施工单位
   C. 监理单位　　　　　　　　D. 设计单位

2. 在工程建设中，各类合同是维系参与单位之间关系的纽带。在建设工程项目合同体系中，两个最主要的主体是（　　）。
   A. 业主和承包商　　　　　　B. 业主和勘察设计单位
   C. 承包商和设备材料供应商　D. 业主和设备材料供应商

3. 当工程分包时，分包单位按照分包合同的约定对（　　）负责。
   A. 设计单位　　B. 建设单位　　C. 总承包单位　　D. 监理单位

4. 按照我国《招标投标法》规定，依法必须进行招标的项目，自招标文件开始发出之日起至投标人提交投标文件截止日止，最短不得少于（　　）日。
   A. 10　　　　　B. 15　　　　　C. 20　　　　　D. 25

5. 开标应当由（　　）主持，在招标文件中预先确定的地点公开进行。
   A. 政府招（投）标管理办公室负责人　　B. 招标人
   C. 投标人推选的代表　　　　　　　　　D. 公证人

6. 建设单位应当在领取施工许可证后及时开工，开工期限为领取施工许可证之日起（　　）个月内。
   A. 1　　　　　B. 2　　　　　C. 3　　　　　D. 6

7. 投标人可以在（　　），补充、修改或者撤回已提交的投标文件，并书面通知招标人。
   A. 招标人发出中标通知书前
   B. 招标文件要求提交投标文件的截止时间前
   C. 开始评标前
   D. 开始定标前

8. 造价工程师初始注册的有效期为（　　）年。
   A. 2　　　　　B. 3　　　　　C. 4　　　　　D. 5

二、多项选择题

1. 《建筑法》中关于工程发包与承包的相关规定，以下说法中正确的有（　　）。
   A. 承包单位应在其资质等级许可的业务范围内承揽工程
   B. 实行联合共同承包的，可按联合体中资质等级较高单位的业务许可范围承揽工程
   C. 承包单位可将其承包的全部建筑工程转包给有相应资质等级的其他单位
   D. 总承包单位和分包单位就分包工程对建设单位承担连带责任
   E. 各类建筑工程必须依法实行招标发包

2. 按照《招标投标法》的规定，以下关于联合投标的论述中正确的有（　　）。
   A. 联合体必须以一个投标人的身份共同投标
   B. 联合体各方中至少有一家具备承担招标项目的相应能力
   C. 同一专业的单位组成联合体的，按照资质等级较低的单位确定资质等级
   D. 联合体各方应当共同与招标人签订合同
   E. 联合体各方就中标项目向招标人承担赔偿责任
3. 按照《招标投标法》的规定，以下关于开标的说法中正确的有（　　）。
   A. 开标应当由招标人主持
   B. 开标时间为招标文件确定的提交投标文件截止时间的同一时间
   C. 开标地点为开标会前招标人通知的地点
   D. 开标会应邀请所有中标人参加
   E. 开标时由投标人或其推选的代表检查投标文件的密封情况
4. 根据我国《造价工程师职业资格制度规定》规定，下列关于二级造价师执业管理内容的论述中，正确的有（　　）。
   A. 建设工程工料分析、计划、组织与成本管理、施工图预算、设计概算编制
   B. 建设工程量清单、最高投标限价、投标报价编制
   C. 建设工程合同价款、结算价款和竣工决算价款的编制
   D. 建设工程审计、仲裁、诉讼、保险中的造价鉴定，工程造价纠纷调解
   E. 建设工程计价依据、造价指标的编制与管理
5. 下列选项中，能反映建设工程项目管理国际化发展趋势的有（　　）。
   A. 在我国的跨国公司和跨国项目越来越多
   B. 我国的许多项目已通过国际招标、咨询等方式运作
   C. 我国企业在海外投资和经营的项目不断增加
   D. 项目管理单位大量使用项目管理软件进行项目管理
   E. 工程项目管理信息系统成为提高管理水平的有效手段

三、思考题
1. 政府对建筑市场如何进行管理？
2. 建筑市场的主体有哪些？
3. 施工企业（承包商）的资质等级有哪些？各个等级可承包哪些方面的业务？
4. 建设工程交易中心的基本功能有哪些？
5. 建设工程交易中心的运作程序有哪些？

单元二

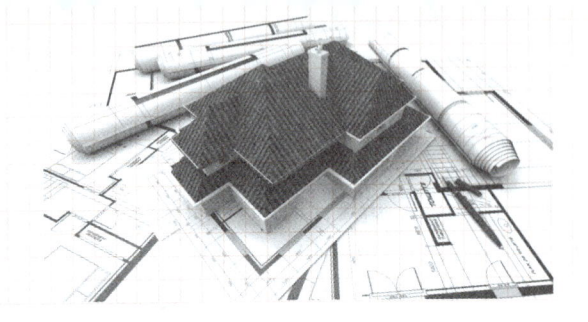

建设工程施工招标

知识目标

- 了解建设工程施工招标的范围、类别；了解《中华人民共和国标准施工招标文件》（2007年版）（下文称"《标准施工招标文件》"）的实施原则、特点、适应范围；了解招标控制价的概念和作用。
- 熟悉招标代理的性质、招标代理机构的资质和条件；熟悉资格审查的分类、内容；熟悉建设工程施工招标应具备的条件和招标的程序；熟悉资格审查的主要内容、方法和程序；熟悉招标控制价编制的原则和步骤。
- 掌握《标准施工招标文件》的内容；掌握资格审查文件的编制；掌握招标前、招标与投标阶段、决标成交阶段的主要工作；掌握招标文件的编制；掌握建设工程招标控制价编制的方法和步骤。

能力目标

- 能应用所学知识初步判断建设工程施工招标的范围、程序是否符合《招标投标法》等有关法律的规定。
- 通过所学知识结合实际能编制或填写建设工程施工招标文件、资格预审文件等文件资料。
- 结合工程计量与计价等课程的学习具有一定的招标控制价的编制能力，能按照所学内容处理招标过程中存在的一些违法违规行为。

导语

本单元学习建设工程施工招标的范围、类别；建设工程施工招标代理；建设工程施工招标文件的编制；建设工程施工招标的程序；建设工程施工招标资格审查；建设工程施工招标控制价编制等知识。在教学过程中可以采用边讲边实训的方式进行，也可采用以实际工程为案例的仿真模拟实训辅助课堂讲授的方法开展教学。

课题一 建设工程施工招标的范围、类别

招标投标是商品经济中的一种竞争方式，通常适用于大宗交易。它的特点是由唯一的买主（或卖主）设定标的，请若干个卖主（或买主）通过秘密报价进行竞争，从中选择优胜者与之达成交易协议，随后按协议实现标的。

建设工程施工招标投标是国际上广泛采用的业主择优选择工程承包商的主要交易方式。

招标的目的是为计划兴建的工程项目选择适当的承包商，将全部工程或其中某一部分工作委托给这个（些）承包商负责完成。承包商则通过投标竞争，决定自己的生产任务和销售对象，也就是使产品得到社会的承认，从而完成生产计划并实现盈利计划。为此，承包商必须具备一定的条件，才有可能在投标竞争中获胜，为业主所选中。这些条件主要是一定的技术、经济实力和管理经验，能胜任承包的任务，效益高、价格合理以及信誉良好。

建设工程施工招标投标制度是在市场经济条件下产生的，因而必然受竞争机制、供求机制、价格机制的制约。招标投标意在鼓励竞争，防止垄断。

一、建设工程施工招标的范围

建设工程施工采用招标投标这种承（发）包方式，在提高工程经济效益、保证建设质量、保证社会及公众利益方面具有明显的优越性，世界各国和主要国际组织都规定，对某些工程建设项目必须实行招标投标。我国也对建设工程施工招标的范围进行了界定，即国家必须招标的建设工程项目范围，而在此范围之外的项目是否招标，业主可以自愿选择。

1. 建设工程施工招标范围的确定依据

哪些建设工程项目必须招标，哪些建设工程项目可以不进行招标，即如何界定必须招标的建设工程项目的范围，是一个比较复杂的问题。一般来说，确定建设工程施工招标的范围，可以从以下几个方面进行考虑：

（1）建设工程资产的性质和归属。我国的建设工程项目，主要有国家所有和集体所有的公有制资产项目。为了保证公有资产的有效使用，提高投资回报率，使公有资产保值增值，防止公有资产流失和浪费，我国在确定招标范围时将国家机关、国有企事业单位和集体所有制企业以及它们控股的股份公司投资、融资兴建的建设工程项目和使用国际组织或者外国政府贷款、援助资金的建设工程项目纳入招标的范围。

（2）建设工程规模对社会的影响。现阶段我国投资主体多元化，有些工程项目是个人或私营企业投资兴建的，个人有处置权。但是考虑到建设工程不是一般的资产，它的建设、使用直接关系到社会公共利益、公众安全、资产配置等，因此，我国将达到一定规模、关系到社会公共利益、公众安全的建设工程项目，不论资产性质如何，都纳入招标的范围。

（3）建设工程实施过程的特殊性要求。一般的工程项目实施过程应遵循一定的建设工作程序，即建设工作中应符合工程建设客观规律要求的先后次序。而某些紧急情况下的特殊工程，如抢险、救灾、赈灾、保密等，需要用特殊的方法和程序进行处理。所以在工作程序上有特殊需要的工程项目不宜列入建设工程施工招标的范围。

（4）招标投标过程的经济性和可操作性。实行建设工程施工招（投）标的目的是节约投资、保证质量、提高效益。对那些投资额较小的工程，如果强制实行招标，会大大增加工程成本，以及在客观上潜在的投标人过少，无法展开公平竞争的工程，也不宜列入强制招标的范围。

2. 我国目前对建设工程项目施工招标范围的界定

对建设工程项目招标的范围，我国 2000 年 1 月 1 日起施行的《招标投标法》中规定，在中华人民共和国境内进行下列建设工程项目，包括项目的勘察、设计、施工、监理以及与工程建设有关的重要设备、材料等的采购，必须进行招标：

（1）大型基础设施、公用事业等关系社会公共利益、公众安全的项目。

（2）全部或者部分使用国有资金或者国家融资的项目。

（3）使用国际组织或者外国政府贷款、援助资金的项目。

《招标投标法》中所规定的招标范围，是一个原则性的规定，同时《必须招标的工程项目规定》（中华人民共和国国家发展和改革委员会令第16号）规定了必须进行招标的工程项目的具体范围和规模标准，见表2-1。

表2-1　必须进行招标的工程项目的具体范围和规模标准

条　目	具　体　范　围
第一条	全部或者部分使用国有资金投资或者国家融资的项目包括： 1. 使用预算资金200万元人民币以上，并且该资金占投资额10%以上的项目 2. 使用国有企业事业单位资金，并且该资金占控股或者主导地位的项目
第二条	使用国际组织或者外国政府贷款、援助资金的项目包括： 1. 使用世界银行、亚洲开发银行等国际组织贷款、援助资金的项目 2. 使用外国政府及其机构贷款、援助资金的项目
第三条	不属于上述第一条、第二条规定情形的大型基础设施、公用事业等关系社会公共利益、公众安全的项目，必须招标的具体范围由国务院发展改革部门会同国务院有关部门按照确有必要、严格限定的原则制订，报国务院批准
第四条	上述第一条~第三条规定范围内的项目，其勘察、设计、施工、监理以及与工程建设有关的重要设备、材料等的采购达到下列标准之一的，必须招标： 1. 施工单项合同估算价在400万元人民币以上 2. 重要设备、材料等货物的采购，单项合同估算价在200万元人民币以上 3. 勘察、设计、监理等服务的采购，单项合同估算价在100万元人民币以上 同一项目中可以合并进行的勘察、设计、施工、监理以及与工程建设有关的重要设备、材料等的采购，合同估算价合计达到前款规定标准的，必须招标

上述规定范围内的各类建设工程项目，包括项目的勘察、设计、施工、监理以及与工程建设有关的重要设备、材料等的采购，达到下列标准之一的，必须进行招标：

（1）施工单项合同估算价在400万元人民币以上的。

（2）重要设备、材料等货物的采购，单项合同估算价在200万元人民币以上的。

（3）勘察、设计、监理等服务的采购，单项合同估算价在100万元人民币以上的。

同一项目中可以合并进行的勘察、设计、施工、监理以及与工程建设有关的重要设备、材料等的采购，合同估算价合计达到规定标准的，必须招标。

考虑到实际情况可以不参加招标的建设项目范围：

（1）涉及国家安全、国家秘密、抢险救灾或者属于扶贫资金实行以工代赈，需要使用农民工等特殊情况，不适宜进行招标的项目，按照国家有关规定可以不进行招标。

（2）使用国际组织或者外国政府贷款援助资金的项目进行招标，贷款人、资金提供人对招标投标的具体条件和程序有不同规定，可以使用其规定，但违背中华人民共和国的社会公共利益的除外。

（3）建设项目的勘察、设计，采用特定专利或者专有技术的，或者其建筑艺术造型有特殊要求的，经项目主管部门批准，可以不进行招标。

（4）施工企业自建自用的工程，且该施工企业资质等级符合工程要求的；在建工程追加的附属小型工程或主体加层工程，原中标人仍具备承包能力的。

（5）停建或者缓建后恢复建设的单位工程，且承包方未发生变更的。

单元二 建设工程施工招标

对于依法必须进行招标的项目，全部使用国有资金投资或者国有资金投资占控股或者主导地位的，应当公开招标。招标投标活动不受地区、部门的限制，不得对潜在投标人实行歧视待遇。

省、自治区、直辖市人民政府根据实际情况，可以规定本地区必须进行招标的具体范围和规模标准，但不得缩小本规定确定的必须进行招标的范围。

二、建设工程施工招标的类别

根据《招标投标法》规定，招标分为公开招标和邀请招标。

1. 公开招标

公开招标，又叫竞争性招标，即由招标人在报刊、信息网络或其他媒体上刊登招标公告，吸引众多企业单位参加投标竞争，招标人从中择优选择中标单位的招标方式。按照竞争程度，公开招标可分为国际竞争性招标和国内竞争性招标。

采用公开招标具有如下优势：

（1）有利于招标人获得最合理的投标报价，取得最佳投资效益。由于公开招标是无限竞争性招标，竞争相当激烈，使招标人能切实做到"货比多家"，有充分的选择余地。招标人利用投标人之间的竞争，一般易选择出质量好、工期最短、价格最合理的投标人承建工程，使自己获得较好的投资效益。

（2）有利于学习国外先进的工程技术及管理经验。公开招标竞争范围广，往往打破国界。例如，我国鲁布革水电站项目引水系统工程，采用国际竞争性公开招标方式，日本大成公司中标，不但中标价格大大低于标底，而且在工程实施过程中还学到了外国工程公司先进的施工组织方法和管理经验，引进了国外工程建设项目施工的"工程师"（相当于监理工程师）制度，由工程师代表业主监督工程施工，并作为第三方调解业主与承包人之间发生的一些问题和纠纷，这对于提高我国建筑企业的施工技术水平和管理水平无疑具有较大的推动作用。

（3）有利于为潜在的投标人提供均等的机会。采用公开招标能够保证所有合格的投标人都有机会参加投标，都以统一的客观标准衡量自身的生产条件，体现出竞争的公平性。

（4）公开招标是根据预先制定并众所周知的程序和标准公开而客观地进行的，因此能有效保证公平性。

2. 邀请招标

邀请招标，也称有限竞争性招标或选择性招标，即由招标单位选择一定数目的企业，向其发出投标邀请书，邀请他们参加招标竞争。一般选择 3～10 个投标人参加竞争较为适宜，当然要视具体的招标项目的规模大小而定。由于被邀请参加的投标竞争者有限，不仅可以节约招标费用，而且提高了每个投标人的中标机会。

依据《中华人民共和国招标投标法实施条例》（中华人民共和国国务院令第 613 号），邀请招标具体情形为：

（1）技术复杂、有特殊要求或者受自然环境限制，只有少量潜在投标人可供选择。

（2）采用公开招标方式的费用占项目合同金额的比例过大。

由于邀请招标限制了充分的竞争，因此招标投标相关法规一般规定招标人应尽量采用公开招标。

议标

课题二　建设工程施工招标代理

招标的组织形式一般分为委托招标和自行招标。依法必须招标的项目经批准后，招标人根据项目实际情况需要和自身条件，可以自主选择招标代理机构进行委托招标；如具备自行招标的能力，按规定向主管部门备案同意后，也可进行自行招标。

一、自行组织招标

自行招标，是指招标人自身具有编制招标文件和组织评标能力，依法自行办理和完成招标项目的招标任务。

1. 招标人概念

建设工程招标人是依法提出招标项目、进行招标的法人或者其他组织，属于建设工程项目的投资人（即业主或建设单位）。业主或建设单位包括各类企业单位、事业单位、机关、团体、合资企业、独资企业和国外企业以及企业分支机构。

2. 施工招标的招标人应当具备的条件

《工程建设项目自行招标试行办法》规定，招标人自行办理招标事宜，应当具有编制招标文件和组织评标的能力，具体包括：

（1）具有项目法人资格。

（2）具有与招标项目规模和复杂程度相适应的工程技术、概（预）算、财务和工程管理方面的专业技术力量。

（3）有从事同类工程建设项目招标的经验。

（4）设有专门的招标机构或者拥有3名以上专职招标业务人员。

（5）熟悉和掌握《招标投标法》及有关法律法规。

3. 招标人的权利和义务

（1）招标人的权利有：

1）自行组织招标或委托招标代理机构进行招标。

2）自由选择招标代理机构。

3）要求投标人提供有关资质情况的资料。

4）确定评标委员会，并根据评标委员会推荐的候选人确定中标人。

（2）招标人的义务有：

1）不得侵犯投标人、中标人、评标委员会等的合法权益。

2）委托招标代理机构进行招标时，应向其提供招标所需的有关资料和支付委托费。

3）接受招标投标行政监督部门的监督管理。

4）与中标人订立与履行合同。

自行招标条件的核准与管理一般采取事前监督和事后监管管理方式。

事前监督主要有两项规定：一是招标人应向项目主管部门上报具有自行招标条件的书面材料；二是由主管部门对自行招标的书面材料进行核准。

事后监督管理是对招标人自行招标的事后监管，主要体现在要求招标人提交招标投标情况的书面报告。

二、委托招标代理机构组织招标

《招标投标法》第十二条规定："招标人有权自行选择招标代理机构，委托其办理招标事宜。"当招标单位缺乏与招标工程相适应的经济、技术管理人员，没有编制招标文件和组织评标的能力时，应依据《招标投标法》的规定，认真挑选，慎重委托招标代理机构代理招标。

1. 建设工程施工招标代理行为的特点

（1）建设工程施工招标代理人必须以被代理人的名义办理招标事务。

（2）建设工程施工招标代理人具有独立进行意思表示的职能，这样才能使建设工程施工招标活动得以顺利进行。

（3）建设工程施工招标代理行为应在委托授权的范围内实施。这是因为建设工程施工招标代理在性质上是一种委托代理，即基于被代理人的委托授权而发生的代理。建设工程施工中介服务机构未经建设工程施工招标人的委托授权，就不能进行招标代理，否则就是无权代理。建设工程施工中介服务机构已得到建设工程施工招标人委托授权的，不能超出委托授权的范围进行招标代理，否则也为无权代理。

（4）建设工程施工招标代理行为的法律效果归属于被代理人。被代理人对超出授权范围的代理行为有拒绝权和追索权。

2. 招标代理机构应具备的条件

招标代理机构应具备的条件如下：

1）有从事招标代理业务的营业场所和相应资金。
2）有能够编制招标文件和组织评标的相应专业力量。
3）有可以作为评标委员会成员人选的技术、经济等方面的专家库。
4）有健全的组织机构和内部管理的规章制度。

由于建设工程施工招标必须在固定的建设工程交易场所进行，因此该固定场所（即建设工程交易中心）设立的专家库，可以作为各类招标代理人直接利用的专家库，招标代理人一般不需要另建专家库。

3. 招标代理机构的权利和义务

招标代理机构是独立核算、自负盈亏的从事招标代理业务的社会中介组织，它必须受招标人委托开展招标代理活动。其权利有：

（1）组织和参与招标投标活动，其行为对招标人或投标人产生效力。

（2）依据招标文件规定，审定投标人的资质。

（3）依法收取招标代理费。

招标代理机构的义务有：

（1）依据招标代理合同从事相应的招标代理业务。

（2）维护招标人和投标人的合法权益。

（3）组织编制、解释招标文件或投标文件。

（4）接受招标投标行政监督部门的监督管理。

课题三　建设工程施工招标文件编制

建设工程施工招标文件是建设工程施工招（投）标活动中十分重要的法律文件，招标文件的编制是建设工程施工招标投标工作的核心。它不仅规定了完整的招标程序，而且还提出了各项技术标准和交易条件，拟列了合同的主要条款。招标文件是评标委员会评审的依据，也是签订合同的基础，同时也是招标人编制招标控制价的依据和投标人编制投标文件的重要依据。从一定意义上说，招标文件的编制质量是决定招标工作成败的关键；投标人理解与掌握招标文件的程度是决定投标能否中标并取得利润的关键。

为了规范建设工程施工招标投标工作，并指导建设工程其他方面的招标投标工作，建设部在2003年实施的《房屋建筑和市政基础设施工程施工招标文件范本》的基础上，根据实际执行过程中出现的问题及时进行修订，形成了《标准施工招标文件》。

一、《标准施工招标文件》实施原则和特点

《标准施工招标文件》定位于通用性，着力解决施工招标文件编制中带有普遍性和共性的问题。实施过程中始终坚持以下原则：

（1）严格遵守上位法的规定。严格遵守《招标投标法》《中华人民共和国民法典》（下文称"《民法典》"）《中华人民共和国保险法》《中华人民共和国环境保护法》《建筑法》《建设工程质量管理条例》《建设工程安全生产管理条例》等与建设工程有关的现行法律法规，不作任何突破或超越。

（2）妥善处理好与行业标准施工招标文件的关系。《标准施工招标文件》重点规范具有共性的问题，对于行业要求差别较大的事项，由各行业标准施工招标文件规定。

（3）切实解决当前存在的突出问题。《标准施工招标文件》针对招标文件编制活动中存在的突出问题，如有些领域和活动缺乏相应的规范标准和文件，没有严格贯彻执行"公开、公平、公正"原则，程序不规范，方法不统一等，做出了相应规定。

与以前的行业标准施工招标文件相比，《标准施工招标文件》在指导思想、体例结构、主要内容以及使用要求等方面都有较大的创新和变化，体现出一些新的特点：《标准施工招标文件》不再分行业而是按施工合同的性质和特点编制招标文件，首次专门对资格预审做出详细规定，结合我国实际情况对通用合同条款做了较为系统的规定，除增设合同争议专家评审制度外，在加强环境保护、制止商业贿赂、保证按时支付农民工工资等方面，也提出了新的更高要求。

二、《标准施工招标文件》适用范围

《标准施工招标文件》适用于一定规模以上，且设计和施工不是由同一承包商承担的工程施工招标。

使用《标准施工招标文件》时应注意以下问题：为了能够切实起到规范招标文件编制活动的作用，《标准施工招标文件》在总结我国施工招标经验并借鉴世界银行做法的基础上，规定一些章节应当不加修改地使用。为了避免不加修改地使用有关章节可能造成的以偏概全或者不能充分体现项目具体特点等问题，《标准施工招标文件》在相关章节中设置了

"前附表"或"专用合同条款"。对于不可能事先确定下来,以及需要招标人根据招标项目具体特点和实际需要补充细化的内容,由招标人在"前附表"或者"专用合同条款"中再行补充。

三、《标准施工招标文件》的内容

根据《标准施工招标文件》的规定,用于公开招标的招标文件共分为四卷八章。其具体内容如下:招标公告(或投标邀请书)、投标人须知、评标办法、合同条款及格式、工程量清单、图纸、技术标准和要求、投标文件格式。另外,投标人须知前的附表规定的其他材料,有关条款对招标文件所作的澄清、修改也构成招标文件的组成部分。

1. 招标公告

建设工程施工采用公开招标方式的,招标人应当发布招标公告,邀请不特定的法人或者其他组织投标。依法必须进行施工招标项目的招标公告,应当在国家指定的报刊、信息网络或其他媒介上发布。采用邀请招标方式的,招标人应当向三家以上具备承担施工招标项目的能力、资信良好的特定法人或者其他组织发出投标邀请书。

招标公告或者投标邀请书应当至少载明下列内容:招标人的名称和地址;招标项目的内容、规模、资金来源;招标项目的实施地点和工期;获取招标文件或者资格预审文件的地点和时间;对招标文件或者资格预审文件收取的费用;对招标人资质等级的要求。

招标人应当按照招标公告或者投标邀请书规定的时间、地点出售招标文件或资格预审文件。自招标文件或者资格预审文件出售之日起至停止出售之日止,最短不少于5个工作日。

2. 投标人须知

投标人须知是投标人的投标指南,投标人须知一般包括两部分:一部分为投标人须知前附表,另一部分为投标人须知正文。

投标人须知前附表是指把投标活动中的重要内容以列表的方式表示出来,其内容与格式见表2-2。

表 2-2 投标人须知前附表

条款号	条款名称	编列内容
1.1.2	招标人	名称: 地址: 联系人: 电话:
1.1.3	招标代理机构	名称: 地址: 联系人: 电话:
1.1.4	项目名称	
1.1.5	建设地点	
1.2.1	资金来源	

（续）

条 款 号	条 款 名 称	编 列 内 容
1.2.2	出资比例	
1.2.3	资金落实情况	
1.3.1	招标范围	
1.3.2	计划工期	计划工期：_____日历天 计划开工日期：___年___月___日 计划竣工日期：___年___月___日
1.3.3	质量要求	
1.4.1	投标人资质条件、能力和信誉	资质条件： 财务要求： 业绩要求： 信誉要求： 项目经理：（建造师，下同）资格： 其他要求：
1.4.2	是否接受联合体投标	□不接受 □接受，应满足下列要求：
1.9.1	踏勘现场	□不组织 □组织，踏勘时间： 　　　　踏勘集中地点：
1.10.1	投标预备会	□不召开 □召开，召开时间： 　　　　召开地点：
1.10.2	投标人提出问题的截止时间	
1.10.3	招标人书面澄清的时间	

（续）

条款号	条款名称	编列内容
1.11	分包	□不允许 □允许，分包内容要求： 分包金额要求： 接受分包的第三人资质要求：
1.12	偏离	□不允许 □允许
2.1	构成招标文件的其他材料	
2.2.1	投标人要求澄清招标文件的截止时间	
2.2.2	投标截止时间	___年___月___日___时___分
2.2.3	投标人确认收到招标文件澄清的时间	
2.3.2	投标人确认收到招标文件修改的时间	
3.1.1	构成投标文件的其他材料	
3.3.1	投标有效期	
3.4.1	投标保证金	投标保证金的形式： 投标保证金的金额：
3.5.2	近年财务状况的年份要求	_____年
3.5.3	近年完成的类似项目的年份要求	_____年
3.5.5	近年发生的诉讼及仲裁情况的年份要求	_____年
3.6	是否允许递交备选投标方案	□不允许 □允许
3.7.3	签字或盖章要求	
3.7.4	投标文件副本份数	_____份
3.7.5	装订要求	
4.1.2	封套上写明	招标人的地址： 招标人名称： ___（项目名称）___标段投标文件在___年___月___日___时___分前不得开启

(续)

条款号	条款名称	编列内容
4.2.2	递交投标文件地点	
4.2.3	是否退还投标文件	□否 □是
5.1	开标时间和地点	开标时间：（同投标截止时间） 开标地点：
5.2	开标程序	（1）密封情况检查： （2）开标顺序：
6.1.1	评标委员会的组建	评标委员会构成：___人，其中招标人代表___人，专家___人 评标专家确定方式：
7.1	是否授权评标委员会确定中标人	□是 □否，推荐的中标候选人人数：
7.3.1	履约担保	履约担保的形式： 履约担保的金额：
		……
10		需要补充的其他内容
……		……
……		……

投标人须知正文内容很多，主要包括以下几部分：

（1）总则：

1）工程说明。主要说明工程的名称、位置，以及合同名称等情况，通常见投标人须知前附表所述。

2）资金来源。主要说明招标项目的资金来源和使用支付的限制条件。

3）资质要求与合格条件。这是指对投标人参加投标并进而被授予合同的资格要求，投标人必须具备投标人须知前附表中所要求的资质等级。组成联合体投标的，按照资质等级较低的单位确定资质等级。

4）投标费用。投标人应承担其编制、递交投标文件所涉及的一切费用。无论投标结果如何，招标人对投标人在投标过程中发生的一切费用，都不负任何责任。

（2）招标文件。这是投标人须知中对招标文件的组成、格式、解释、修改等问题所作的说明。投标人应认真审阅招标文件中所有的内容，如果投标人的投标文件实质上不符合招标文件的要求，其投标将被拒绝。

（3）投标报价说明。投标报价说明是对投标报价的构成、采用的方式和投标货币等问题的说明。除非合同中另有规定，具有标价的工程量清单中所报的单价和合价，以及报价汇总表中的价格，应包括施工设备、劳务、管理、材料、安装、维护、保险、利润、税金、政策性文件规定及合同包含的所有风险、责任等各项应有的费用。投标人应按招标人提供的工程量计算工程项目的单价和合价，工程量清单中的每一项均需填写单价和合价，投标人没有填写单价和合价的项目将不予支付，并认为此项费用已包括在工程量清单的其他单价和合价中。投标报价可采用固定价和可调价两种方式。

（4）投标文件。投标人须知中对投标文件的各项具体要求包括以下方面：

1）投标文件的语言。除专用术语外，与招标投标有关的语言均使用中文。必要时专用术语应附有中文注释。

2）投标文件的组成。投标人的投标文件应由下列内容组成：

① 投标函及投标函附录。
② 法定代表人身份证明或附有法定代表人身份证明的授权委托书。
③ 联合体协议书。
④ 投标保证金。
⑤ 已标价工程量清单。
⑥ 施工组织设计。
⑦ 项目管理机构。
⑧ 拟分包项目情况表。
⑨ 资格审查资料。
⑩ 投标人须知前附表规定的其他材料。

投标人须知前附表规定不接受联合体投标的，或投标人没有组成联合体的，投标文件不包括联合体协议书。

3）投标有效期。投标有效期是指为保证招标人有足够的时间在开标后完成评标、定标、合同签订等工作，而要求投标人提交的投标文件在一定时间内保持有效的期限。

4）投标保证金。投标人在递交投标文件的同时，应按投标人须知前附表规定的金额、担保形式和"投标文件格式"规定的投标保证金形式递交投标保证金，并作为其投标文件的组成部分。联合体投标的，其投标保证金由牵头人递交，并应符合投标人须知前附表的规定。

投标人不按要求提交投标保证金的，其投标文件作废标处理。招标人与中标人签订合同后5个工作日内，向未中标的投标人和中标人退还投标保证金。

有下列情形之一的，投标保证金将不予退还：

① 投标人在规定的投标有效期内撤销或修改其投标文件。
② 中标人在收到中标通知书后，无正当理由拒签合同协议书或未按招标文件规定提交履约担保。

5）踏勘现场。投标人须知前附表规定组织踏勘现场的，招标人按投标人须知前附表规定的时间、地点组织投标人踏勘项目现场。投标人踏勘现场发生的费用自理。除招标人的原因外，投标人自行负责在踏勘现场中所发生的人员伤亡和财产损失。招标人在踏勘现场中介绍的工程场地和相关的周边环境情况，仅供投标人在编制投标文件时参考，招标人不对投标人据此做出的判断和决策负责。

6）投标预备会。投标人须知前附表规定召开投标预备会的，招标人按投标人须知前附表规定的时间和地点召开投标预备会，澄清投标人提出的问题。投标人应在投标人须知前附表规定的时间前，以书面形式将提出的问题送达招标人，以便招标人在会议期间澄清。投标预备会后，招标人在投标人须知前附表规定的时间内，将对投标人所提问题的澄清，以书面方式通知所有购买招标文件的投标人。该澄清内容为招标文件的组成部分。

7）投标文件的份数和签署。投标文件正本一份，副本份数见投标人须知前附表要求。正本和副本的封面上应清楚地标记"正本"或"副本"的字样。当副本和正本不一致时，以正本为准。

投标文件应用不褪色的材料书写或打印，并由投标人的法定代表人或其委托代理人签字或盖单位章。委托代理人签字的，投标文件应附法定代表人签署的授权委托书。投标文件应尽量避免涂改、行间插字或删除。如果出现上述情况，改动之处应加盖单位章或由投标人的法定代表人或其授权的代理人签字确认。签字或盖章的具体要求见投标人须知前附表。

投标文件的正本与副本应分别装订成册，并编制目录，具体装订要求见投标人须知前附表规定。

（5）投标文件的提交：

1）投标文件的密封与标记。投标人应将投标文件的正本与副本分开包装，加贴封条，并在封套的封口处加盖投标人单位章。投标文件的封套上应清楚地标记"正本"或"副本"字样，封套上应写明的其他内容见投标人须知前附表。未按要求密封和加写标记的投标文件，招标人不予受理。

2）投标截止期。投标截止期是指招标人在招标文件中规定的最晚提交投标文件的时间和日期。招标人在投标截止期以后收到的投标文件，将原封退给投标人。

3）投标文件的修改与撤回。投标人在递交投标文件以后，在规定的投标截止时间前可以修改或撤回已递交的投标文件，但应以书面形式通知招标人。投标人修改或撤回已递交投标文件的书面通知应按照要求签字或盖章。招标人收到书面通知后，向投标人出具签收凭证。修改的投标文件应按照规定进行编制、密封、标记和递交，并标明"修改"字样。修改的内容为投标文件的组成部分。

（6）开标与评标。招标人在规定的投标截止时间（开标时间）和投标人须知前附表规定的地点公开开标，并邀请所有投标人的法定代表人或其委托代理人准时参加。评标由招标人依法组建的评标委员会负责。评标委员会由招标人或其委托的招标代理机构熟悉相关业务的代表，以及有关技术、经济等方面的专家组成。评标委员会成员人数以及技术、经济等方面专家的确定方式见投标人须知前附表。评标委员会成员有下列情形之一的，应当回避：

1）招标人或投标人的主要负责人的近亲属。

2）项目主管部门或者行政监督部门的人员。

3）与投标人有经济利益关系，可能影响投标公正评审的。

4）曾因在招标、评标以及其他与招标投标有关活动中从事违法行为而受过行政处罚或刑事处罚的。

（7）合同授予：

1）定标方式。除投标人须知前附表规定评标委员会直接确定中标人外，招标人依据评标委员会推荐的中标候选人确定中标人，评标委员会推荐中标候选人的人数见投标人须知前附表。

2）中标通知。在规定的投标有效期内，招标人以书面形式向中标人发出中标通知书，同时将中标结果通知未中标的投标人。

3）履约担保。在签订合同前，中标人应按投标人须知前附表规定的金额、担保形式和招标文件"合同条款及格式"规定的履约担保格式向招标人提交履约担保。联合体中标的，其履约担保由牵头人递交，并应符合投标人须知前附表规定的金额、担保形式和招标文件第四章"合同条款及格式"规定的履约担保格式要求。中标人不能按要求提交履约担保的，视为放弃中标，其投标保证金不予退还，给招标人造成的损失超过投标保证金数额的，中标人还应当对超过部分予以赔偿。

4）签订合同。招标人和中标人应当自中标通知书发出之日起 30 日内，根据招标文件和中标人的投标文件订立书面合同。中标人无正当理由拒签合同的，招标人取消其中标资格，其投标保证金不予退还；给招标人造成的损失超过投标保证金数额的，中标人还应当对超过部分予以赔偿。发出中标通知书后，招标人无正当理由拒签合同的，招标人向中标人退还投标保证金；给中标人造成损失的，还应当赔偿损失。

3. 评标办法

我国目前常用的评标方法有经评审的最低投标价法和综合评估法等。具体见单元四课题二建设工程施工评标的内容。

4. 合同条款及格式

招标文件中的合同条件，是招标人与中标人签订合同的基础，是双方对权利义务的约定，合同条件是否完善、公平，将影响合同内容的正常履行。为了方便招标人和中标人签订合同，目前常采用相关的合同条件标准模式，如国际工程承（发）包中广泛使用的 FIDIC 合同条件；我国住房和城乡建设部、国家工商行政管理总局于 2017 年 9 月 22 日联合下发的《建设工程施工合同（示范文本）》（GF—2017—0201），住房和城乡建设部、国家市场监督管理总局于 2020 年 11 月 25 日联合下发的适合国内工程承（发）包使用的《建设项目工程总承包合同（示范文本）》（GF—2020—0216）中的合同条款等。

《建设工程施工合同（示范文本）》（GF—2017—0201）合同条款包括三部分：第一部分是协议书；第二部分是通用条款，是运用于各类建设工程项目的具有普遍适应性的标准化条件，其中凡双方未明确提出或者声明修改、补充或取消的条款，就是双方都要履行的；第三部分是专用条款，是针对某一特定工程项目，对通用条款的修改、补充或取消。

合同的格式是指招标人在招标文件中拟定好的合同具体格式，在定标后由招标人与中标人达成一致协议后签署。招标文件中的合同格式，主要有合同协议书格式、银行履约保函格式、履约担保书格式、预付款银行保函格式等。

5. 工程量清单

招标文件中的工程量清单是按国家颁布的统一工程项目划分、统一计量单位和统一的工程量计算规则，根据施工图纸计算工程量，给出工程量清单，作为投标人投标报价的基础。工程量清单中的工程量项目应是施工的全部项目，并且要按一定的格式编写。

（1）工程量清单说明：

1）工程量清单是按分部分项工程提供的。

2）工程量清单是依据有关工程量计算规则编制的。

3）工程量清单中的工程量是招标人的估算值。

4）工程量清单中，投标人标价并中标后，该工程量清单作为合同文件的重要组成部分。

（2）工程量清单报价表。工程量清单报价表是招标人在招标文件中提供给投标人，投标人按表中的项目填报每项的价格，按逐项的价格汇总成整个工程的投标报价。

工程量清单表样表和投标报价汇总表样表分别见表2-3、表2-4。

表2-3 工程量清单表样表

_____（项目名称）_____标段

序 号	编 码	子目名称	内容描述	单 位	数 量	单 价	合 价
							本页报价合计：_____

表2-4 投标报价汇总表样表

_____（项目名称）_____标段

汇总内容	金 额	备 注
……		
……		
清单小计 A		
包含在清单小计中的材料、工程设备暂估价 B		
专业工程暂估价 C		
暂列金额 E		
包含在暂列金额中的计日工 D		
暂估价 $F=B+C$		
规费 G		
税金 H		
投标报价 $P=A+C+E+G+H$		

6. 图纸

图纸是招标文件的重要组成部分，是投标人在拟定施工方案、确定施工方法、计算或校核工程量、计算投标报价不可缺少的资料。招标人应对其所提供的图纸资料的正确性负责。

7. 技术标准和要求

这里的技术标准和要求是指合同采用的技术标准、设计技术要求。

投标文件格式、投标人须知前附表规定的其他材料，详见单元三课题四相关内容。

【案例1】

1. 背景

某工程，建设单位委托具有相应资质的招标代理机构承担施工招标代理，拟通过公开招标方式分别选择建筑安装工程施工和装修工程施工单位。在工程实施过程中，发生如下事件：

招标代理机构编制建筑安装工程施工招标文件时，建设单位提出投标人资格必须满足以下要求：

(1) 获得过国家级工程质量奖项。
(2) 在项目所在地行政辖区内进行了工商注册登记。
(3) 拥有国有股份。
(4) 取得安全生产许可证。

2. 问题

逐条指出事件中招标代理机构是否应采纳建设单位提出的要求，分别说明理由。

3. 答案

(1) 不能采纳。理由：招标人不得以获得国家级工程质量奖项排斥潜在投标人。
(2) 不能采纳。理由：招标人不得以地区限制排斥潜在投标人。
(3) 不能采纳。理由：招标人不得对潜在投标人实行歧视政策。
(4) 应采纳。理由：投标人必须取得安全生产许可证。

课题四　建设工程施工招标程序

建设工程施工招标程序主要是指招标工作在时间和空间上应遵循的先后顺序，建设工程公开招标投标的程序如图2-1所示，邀请招标程序可参照公开招标程序进行。招标工作大体上可以分为三个阶段，即准备阶段、招标阶段和决标成交阶段。在每一个阶段都要充分贯彻公开竞争的原则，确保公平交易。招标的具体程序各地区和各行业也有相应的具体规定，这里只是介绍一般性的共同规定。

一、建设工程招标应具备的条件

在建设工程进行招标之前，招标人必须完成必要的准备工作，具备招标所需的条件。招标项目按照规定应具备两个条件：一是项目审批手续已履行；二是资金来源已落实。招标项目按照国家规定需要履行项目审批手续的，应当先履行审批手续。项目建设所需资金必须落实，因为建设资金是最终完成工程项目的物质保证。

对于建设项目不同阶段的招标，又有其更为具体的条件，一般的工程施工招标应该具备以下条件：

(1) 按照国家有关规定需要履行项目审批手续的，已经履行审批手续，建设工程项目的概算已经批准。
(2) 工程项目已正式列入国家、部门或地方的年度固定资产投资计划。
(3) 建设用地的征用工作已经完成。
(4) 有满足施工招标需要的设计文件及其他技术资料。
(5) 建设资金及主要建筑材料、设备的来源已经落实。
(6) 已经得到建设项目所在地规划部门批准，施工现场的"三通一平"已经完成并列入施工招标范围。

二、准备阶段的主要工作

1. 建设工程项目备案

(1) 建设工程项目的立项批准文件或年度投资计划下达后，按照工程所在地工程建设

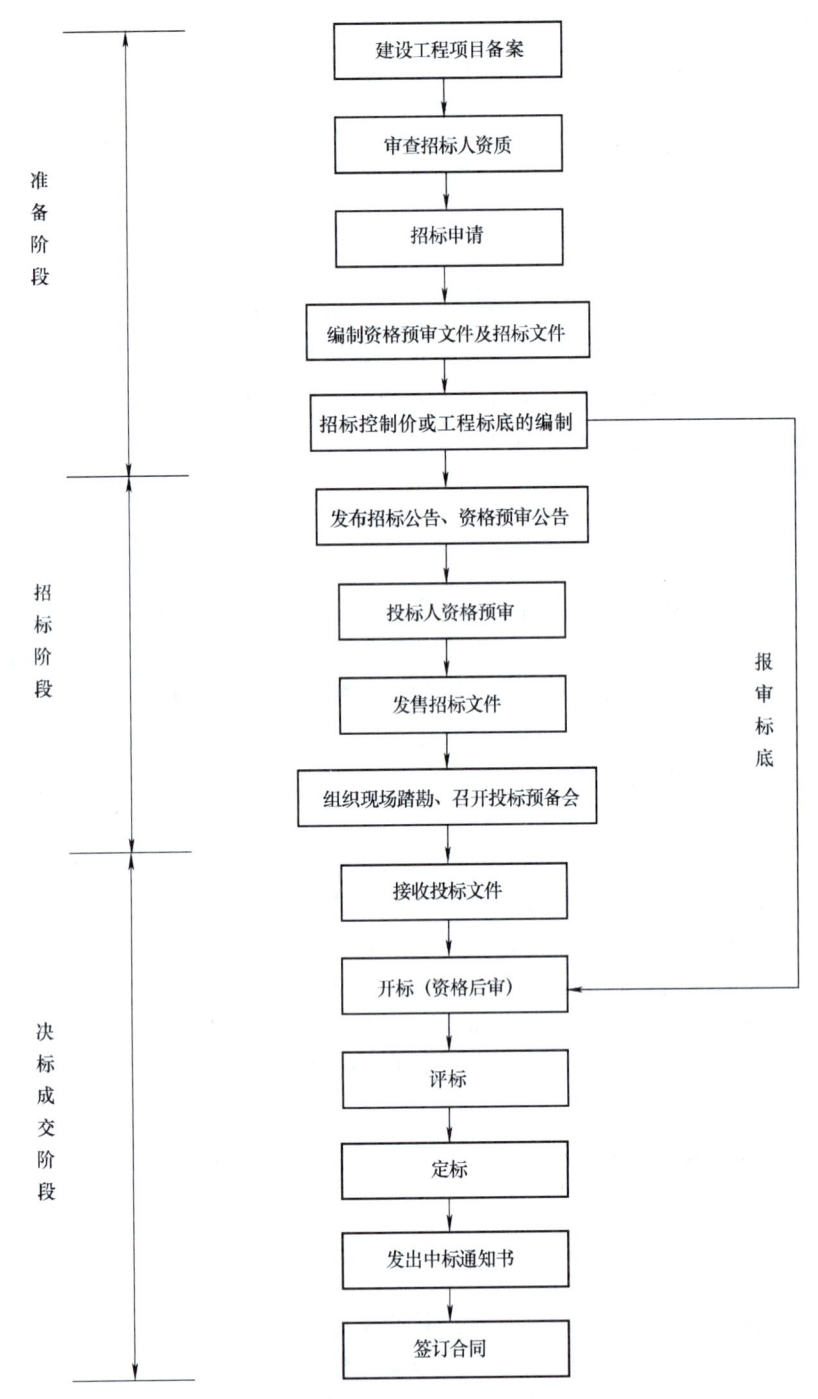

```
                    ┌─────────────────────┐
                    │   建设工程项目备案    │
                    └──────────┬──────────┘
                               │
                    ┌──────────▼──────────┐
          准        │   审查招标人资质     │
                    └──────────┬──────────┘
          备                   │
                    ┌──────────▼──────────┐
          阶        │     招标申请         │
                    └──────────┬──────────┘
          段                   │
                    ┌──────────▼──────────┐
                    │ 编制资格预审文件及招标文件 │
                    └──────────┬──────────┘
                               │
                    ┌──────────▼──────────┐
                    │ 招标控制价或工程标底的编制 │───┐
                    └──────────┬──────────┘        │
                               │                   │
                    ┌──────────▼──────────┐        │
          招        │ 发布招标公告、资格预审公告 │    │
                    └──────────┬──────────┘        │
          标                   │                   │
                    ┌──────────▼──────────┐        │ 报
          阶        │    投标人资格预审    │        │ 审
                    └──────────┬──────────┘        │ 标
          段                   │                   │ 底
                    ┌──────────▼──────────┐        │
                    │    发售招标文件      │        │
                    └──────────┬──────────┘        │
                               │                   │
                    ┌──────────▼──────────┐        │
                    │ 组织现场踏勘、召开投标预备会 │  │
                    └──────────┬──────────┘        │
                               │                   │
                    ┌──────────▼──────────┐        │
          决        │    接收投标文件      │        │
                    └──────────┬──────────┘        │
          标                   │                   │
          成        ┌──────────▼──────────┐        │
          交        │   开标（资格后审）   │────────┘
          阶        └──────────┬──────────┘
          段        ┌──────────▼──────────┐
                    │       评标          │
                    └──────────┬──────────┘
                    ┌──────────▼──────────┐
                    │       定标          │
                    └──────────┬──────────┘
                    ┌──────────▼──────────┐
                    │   发出中标通知书     │
                    └──────────┬──────────┘
                    ┌──────────▼──────────┐
                    │     签订合同         │
                    └─────────────────────┘
```

图 2-1　建设工程公开招标投标的程序

项目备案管理办法的规定，向公共资源交易主管部门备案。

（2）建设工程项目的备案范围：各类房屋建设（包括新建、改建、扩建、翻建、大修等）、土木工程（包括道路、桥梁、房屋基础的打桩）、设备安装、管道线路敷设、装饰装修等建设工程。

(3) 建设工程项目备案的内容主要包括：工程名称、建设地点、投资规模、资金来源、当年投资额、工程规模、结构类型、发包方式、计划竣工日期、工程筹建情况等。

(4) 办理工程备案时应交验的文件资料：立项批准文件或年度投资计划；固定资产投资许可证；建设工程规划许可证；资金证明。

(5) 工程备案程序：建设单位提供相关资料报当地公共资源交易主管部门。

2. 审查招标人资质

建筑工程招标人进行招标一般需抽调人员组建专门的招标工作机构。招标工作机构的人员，一般应包括工程技术人员、工程管理人员、工程法律人员、工程预（结）算编制人员与工程财务人员等。组织招标有两种情况，招标人自己组织招标或委托招标代理机构代理招标。对于招标人自行办理招标事宜的，必须满足一定的条件，并向其行政监督机关备案，行政监督机关对招标人是否具备自行招标的条件进行监督。

3. 招标申请

招标单位提交建设工程施工招标申请资料报当地公共资源管理机构审批。审批事项主要包括以下内容：工程名称、建设地点、招标建设规模、结构类型、招标范围、招标方式、要求施工企业的等级、施工前期准备情况（土地征用、拆迁情况，勘察设计情况，施工现场条件等）、招标机构组织情况等。

4. 编制资格预审文件及招标文件

公开招标采用资格预审时，只有资格预审合格的施工单位才可以参加投标；不采用资格预审的公开招标，应进行资格后审，即在开标后进行资格审查。采用资格预审的招标单位需参照标准范本编写资格预审文件和招标文件，而不进行资格预审的公开招标只需编写招标文件。资格预审文件和招标文件须报招标管理机构审查，审查同意后可发布资格预审公告、招标公告。

5. 招标控制价或工程标底的编制

长期以来，招标控制价是评标标准之一。随着建设管理体制的逐步改革，招标控制价的作用逐渐弱化，它只起到一个评标的参考作用。评标委员会将按照招标文件确定的评标标准和办法，对投标文件进行全面的评审和比较。

三、招标阶段的主要工作

1. 发布招标公告、资格预审公告

招标公告应当载明招标人的名称和地址，招标项目的性质、数量、实施地点和时间，以及获取招标文件的办法等事项。建设项目的公开招标应在建设工程交易中心发布信息，同时也可通过报纸、杂志、广播、电视等新闻媒介或互联网发布。进行资格预审的，要刊登"资格预审公告"。

2. 投标人资格预审

《招标投标法》规定，招标人可以根据招标项目本身的要求，在招标公告或者投标邀请书中，要求潜在投标人提供有关资质证明文件和业绩情况，并对潜在投标人进行资格审查；国家对投标人的资格条件有规定的，依照其规定。招标人不得以不合理的条件限制或者排斥潜在投标人，不得对潜在投标人实行歧视待遇。

3. 发售招标文件

招标文件、图纸和有关技术资料发售给通过资格预审获得投标资格的投标单位。不进行资格预审的，发售给愿意参加投标的单位。投标单位收到招标文件、图纸和有关资料后，应认真核对，核对无误后，应以书面形式予以确认。

招标单位对招标文件所作的任何修改或补充，须报招标管理机构审查同意后，在投标截止时间之前，同时发给所有获得招标文件的投标单位，投标单位应以书面形式予以确认。修改或补充文件作为招标文件的组成部分，对投标单位起约束作用。

投标单位收到招标文件后，若有疑问或不清楚的问题需澄清解释的，应在收到招标文件后7日内以书面形式向招标单位提出，招标单位应以书面形式或投标预备会的形式予以解答。

4. 组织现场踏勘

招标单位组织投标单位进行现场踏勘的目的在于了解工程场地和周围环境情况，以获取投标单位认为有必要的信息。为便于投标单位提出问题并得到解答，现场踏勘一般安排在投标预备会的前1~2日。

投标单位在现场踏勘中如有疑问，应在投标预备会前以书面形式向招标单位提出，但应给招标单位留有解答时间。

投标单位通过现场踏勘掌握现场施工条件，分析施工现场是否达到招标文件规定的要求。例如：施工现场的地理位置和地形、地貌；施工现场的地质、土质、地下水位、水文等情况；施工现场气候条件，如气温、湿度、风力、年雨（雪）量等；施工现场环境，如交通、饮水、污水排放、生活用电、通信等；工程在施工现场中的位置或布置；临时用地、临时设施搭建等。

5. 召开投标预备会

召开投标预备会的目的在于澄清招标文件中的疑问，解答投标单位对招标文件和现场踏勘中所提出的疑问。投标预备会在招标管理机构监督下，由招标单位组织并主持召开，在预备会上对招标文件和现场踏勘作介绍或解释，并解答投标单位提出的疑问，包括书面提出的和口头提出的询问。在投标预备会上，还应对图纸进行交底和解释。

投标预备会上，招标单位负责人除了介绍工程概况外，还可对招标文件中的某些内容加以修改（需报经招标投标管理机构核准）或予以补充说明，并对投标人研究招标文件和现场踏勘后以书面形式提出的问题和会议上即席提出的问题给予解答。会议结束后，招标人应将会议记录用书面通知的形式发给每一位投标人。补充文件作为招标文件的组成部分，具有同等的法律效力。

四、决标成交阶段的主要工作

1. 接收投标文件

招标文件中应明确规定投标人投送投标文件的地点和期限。投标人送达投标文件时，招标单位应检验文件密封和送达时间是否符合要求，合格者发给回执，否则拒收。

2. 开标

公开招标和邀请招标均应举行开标会议，以体现招标的公平、公正和公开原则。开标应当在招标文件确定的提交投标文件截止时间的同一时间公开进行；开标地点应当为招标文件中预先确定的地点。开标由招标人主持，邀请所有投标人参加。开标时，由投标人或者其推选的代表检查投标文件的密封情况，也可以由招标人委托的公证机构检查并公证；经确认无误后，由工作人员当众拆封，宣读投标人名称、投标价格和投标文件的其他主要内容。招标人在招标文件要求提交投标文件的截止时间前收到的所有投标文件，开标时都应当当众予以拆封、宣读。开标过程应当记录，并存档备查。

依照《房屋建筑和市政基础设施工程施工招标投标管理办法》，在开标时，投标文件出现下列情形之一的，应当作为无效投标文件，不得进入评标：

（1）投标文件未按照要求予以密封的。

（2）投标文件中的投标函未加盖投标人的企业及企业法定代表人印章的，或者企业法定代表人的委托代理人没有合法、有效的委托书（原件）及委托代理人印章的。

（3）投标文件的关键内容字迹模糊、无法辨认的。

（4）投标人未按照招标文件的要求提供投标保函或者投标保证金的。

（5）组成联合体投标的，投标文件未附联合体各方共同投标协议的。

3. 评标

评标是评标委员会按照招标文件确定的评标标准和方法，依据平等竞争、公正合理的原则对投标文件进行评审和比较，以便最终确定中标人。

（1）评标委员会。评标委员会由招标人的代表和有关技术、经济等方面的专家组成，成员人数为 5 人以上单数，其中招标人以外的专家不得少于成员总数的三分之二。这里所说的专家应当从事相关领域工作满 8 年并具有高级职称或者具有同等专业水平，由招标人从国务院有关部门或者省、自治区、直辖市人民政府有关部门提供的专家名册或者招标代理机构的专家库内的相关专业的专家名单中确定；一般招标项目可以采取随机抽取方式，特殊招标项目可以由招标人直接确定。与投标人有利害关系的人不得进入评标委员会，已经进入的应当更换，以保证评标的公平和公正。评标委员会成员的名单在中标结果确定前应当保密。

为确保评标委员会成员能够客观、公正、实事求是地提出评审意见，《招标投标法》第四十四条为评标委员会成员设置了三条行为规则，即应当客观、公正地履行职务，遵守职业道德，对所提出的评审意见承担个人责任；不得私下接触投标人，不得收受投标人的财物或者其他好处；不得透露对投标文件的评审和比较、中标候选人的推荐情况以及与评标有关的其他情况。

（2）评标工作程序。小型工程由于承包工作内容较为简单，合同金额不大，可以采用即开、即评、即定的方式由评标委员会及时确定中标人。

大型工程项目的评标因评审内容复杂、涉及面宽，通常需分成初评和详评两个阶段进行。详评通常分为两个步骤进行。首先对各投标书进行技术和商务方面的审查，评定其合理性，以及若将合同授予该投标人在履行过程中可能给招标人带来的风险。评标委员会认为必要时可以单独约请投标人对标书中含义不明确的内容作必要的澄清或说明，但澄清或说明不得超出投标文件的范围或改变投标文件的实质性内容。澄清内容也要整理成文字材料，作为投标书的组成部分。在对标书审查的基础上，评标委员会比较各投标书的优劣，并编写评标报告。

（3）评标报告。《招标投标法》规定："评标委员会完成评标后，应当向招标人提出书面评标报告，并推荐合格的中标候选人。"评标报告，是评标委员会经过对各投标书评审后向招标人提出的结论性报告，作为定标的主要依据。评标报告应包括评标情况说明、对各个合格投标书的评价、推荐合格的（1~3个）中标候选人等内容。如果评标委员会经过评审，认为所有投标都不符合招标文件的要求，可以否决所有投标。依法必须进行招标的项目的所有投标被否决的，招标人应当重新进行招标。

4. 定标

定标，又称决标，是指发包方从投标人中最终选定中标者作为工程的承包方的活动。定标必须遵循平等竞争、择优选定的原则，按照规定的程序，从评标委员会推荐的中标候选人中择优选定中标人，并与其签订建筑工程承包合同。在确定中标人前，招标人不得与投标人就投标价格、投标方案等实质性内容进行谈判。依法必须进行招标的项目，招标人应当自确定中标人之日起15日内，向有关行政监督部门提交招标投标情况的书面报告。

5. 发出中标通知书

确定中标单位后，招标单位应当于7日内发出中标通知书，同时抄送各未中标单位。中标通知书对招标人和中标人具有法律效力。中标通知书发出后，招标人改变中标结果的，或者中标人放弃中标项目的，应当依法承担法律责任。

6. 签订合同

依照《招标投标法》的规定，招标人和中标人应当自中标通知书发出之日起30日内，按照招标文件和中标人的投标文件订立书面合同。招标人和中标人不得再行订立背离合同实质性内容的其他协议。招标文件要求中标人提交履约保证金的，中标人应当提交。

课题五　建设工程施工招标资格审查

一、资格审查的分类

在招（投）标过程中，对已经获得招标信息愿意参加投标的报名者都要进行资格审查。资格审查分为资格预审和资格后审两类，资格预审在投标之前进行，资格后审在开标后进行。我国大多数地区采用资格预审的方式。

资格预审是对已获得招标信息愿意参加投标的报名者，评比和分析其填报的资格预审文件和资料，按程序确定出合格的潜在投标人名单，并向其发出资格预审合格通知书，通知其在规定的时间内领取招标文件、图纸及有关技术资料。招标人可以根据招标工程的需要，对投标申请人进行资格预审，也可以委托工程招标代理机构对投标申请人进行资格预审。实行资格预审时，招标人应当在招标公告或投标邀请书中明确投标人的资格预审文件和获取资格预审文件的办法，并按照规定的条件和办法对报名或邀请的投标人进行资格预审。资格预审的要求与内容，一般在公布招标公告之前预先发布招标资格预审公告或在招标公告中提出。

资格后审是指投标人在提交投标书的同时报送资格审查的资料，以便评标委员会在开标后或评标前对投标人资格进行审查，资格后审的审查内容基本上同资格预审的审查内容，经评标委员会审查资格合格者，才能列入进一步评标的工作程序，经资格后审审查不合格的投标人的投标文件应作废标处理。资格后审适用于某些开工要求紧迫，工程较为简单的情况。

资格预审的作用：

（1）了解并掌握潜在投标人的技术能力、类似本工程的施工经验及财务状况，为招标人选择具有合格资质和能力的投标人奠定基础。

（2）排除不合格的投标人。对于许多招标项目来说，投标人的基本条件对招标项目能否完成具有重要的意义。如工程建设，需具有相应资质的承包人才能按质按期完成。招标人可以在资格预审中设置基本要求，将不具备基本要求的投标人排除在外。

（3）降低招标人的招标成本，提高招标工作效率。如果招标人对所有有意参加投标的投标人都允许投标，则招标、评标的工作量势必会增大，招标的成本也会增大。

（4）可以吸引实力雄厚的投标人。实力雄厚的潜在投标人有时不愿意参加竞争过于激烈的招标项目，因为编写投标文件费用较高，而一些基本条件较差的投标人往往会进行恶性竞争。资格预审可以确保只有基本条件较好的投标人参加投标，这对实力雄厚的潜在投标人具有较大的吸引力。

（5）使不合格的投标人节约购买和识读招标文件、现场踏勘以及编制投标文件参与投标的时间和费用。

二、资格审查的主要内容

（1）无论采用资格预审还是资格后审，都是主要审查投标申请人是否符合下列条件：

1）具有独立订立合同的权利。

2）具有履行合同的能力，包括专业、技术资格和能力，资金、设备和其他物质设施状况，管理能力，经验、信誉和相应的从业人员。

3）没有处于被责令停业，投标资格被取消，财产被接管、冻结，破产状态。

4）在最近 3 年内没有骗取中标和严重违约及重大工程质量问题。

5）法律、行政法规规定的其他资格条件。

招标人应当在资格预审文件中载明资格预审的条件、标准和方法，不得以不合理的条件限制、排斥潜在投标人，不得对潜在的投标人实行歧视性待遇。任何单位和个人不得以行政手段和其他不合理的方式限制投标人的数量。

（2）资格预审的内容。资格预审一般要求被审查的投标人提供如下资料：

1）投标企业概况。

2）财务状况。

3）拟投入的主要管理人员情况。

4）目前剩余劳动力和施工机械设备情况。

5）近 3 年承建的工程情况。

6）目前正在承建的工程情况。

7）两年来涉及的诉讼案件情况。

8）其他资料（如各种奖励和处罚等）。招标人根据投标人所提供的资料，对投标人进行资格审查。

三、资格审查的方法与程序

1. 资格审查的方法

资格审查的方法有合格制和有限数量制两种审查方法。采用合格制资格审查的，凡符合规定审查标准的申请人均通过资格预审。采用有限数量制审查方法的,审查委员会依据规定的审查标准和程序,对通过初步审查和详细审查的资格预审申请文件进行量化打分,按得分由高到低的顺序确定通过资格预审的申请人。通过资格预审的申请人不超过资格审查办法"前附表"规定的数量。

采用合格制和有限数量制两种审查方法时,都要进行初步审查和详细审查两个步骤。初步审查的因素有申请人名称、申请函签字盖章、申请文件格式、联合体申请人等,详细审查因素有营业执照、安全生产许可证、资质等级、财务状况、类似项目业绩、信誉、项目经理资格、联合体申请人等。

招标人根据资格预审文件的内容,结合工程项目的特征和具体要求,总结归纳其主要方面,组织专家进行加权评分。常用的加权评分法有两种:

(1) 按四个方面(项目)进行评审打分。每个方面的满分和最低分数线见表2-5。

表 2-5 资格预审评审打分表

项　　目	满　　分	最低分数线
财务状况	30	20
经验和技术	40	25
人员	10	5
设备	20	10
总计	100分	60分

注:每个方面(项目)不低于最低分数线,且累计总分不少于60分的投标人才能通过资格预审。

(2) 按以下四个方面进行评审打分:

1) 机构与管理(10分):
① 公司管理机构情况。
② 经营方式。
③ 近3年合同的履约率。
④ 近两年涉及诉讼、仲裁事件的情况。

2) 财务状况(30分):
① 近几年年平均营业额或合同额。
② 财务投标能力。
③ 流动资金情况。
④ 信贷能力。

3) 技术能力(30分):
① 主要技术人员的水平与经验。
② 现场主要管理人员的水平与经验。
③ 施工机械设备的适用性。
④ 工程分包人的技术与经验。

4) 施工经验(30分):
① 类似工程的施工经验。

② 类似现场条件下的施工经验。
③ 完成类似工程的合同额。
④ 特殊施工方法的经验。

上述四个方面各因素所占评分权重以及资格预审合格分数线，根据项目的特征与要求而定。

2. 资格审查的程序

（1）编制资格预审文件。资格预审文件由招标人或委托招标代理机构编制，其主要内容可以概括为工程项目简介、对投标人的要求、资格预审标准以及以应答方式给出的各种资格预审表。资格预审表应报请行政监督部门审查。

（2）发布资格预审公告或招标公告，一般常用招标公告的形式。招标公告或资格预审公告应在国家指定的报刊、信息网络或其他媒介发布。

资格预审公告的内容包括：工程项目概况；分标合同的范围；资金来源；资格预审文件的价格、发售日期和地点；递交资格预审文件的日期和地点等。

（3）出售资格预审文件。

（4）就资格预审文件的疑难点进行答疑。

（5）报送投标人的资格预审文件。资格预审文件多为应答方式的调查表格，投标人按要求填报完毕后，应在规定的截止日期前报送招标人。

（6）澄清投标人的资格预审文件。

（7）评审投标人的资格预审文件。投标申请人应按资格预审文件的要求，如实编制资格预审申请书；招标人通过对投标申请人递交的资格预审申请书的内容进行评审，确定符合资质条件、具有能力的投标人。

（8）向投标人通知评审结果。资格预审后，招标人应当向合格的投标申请人发出资格预审合格通知书，告知获取招标文件的时间、地点和方法，并同时向资格预审不合格的投标申请人告知资格预审结果。

3. 联合体资格预审

（1）由两个或两个以上的企业组成的联合体，按下列要求提交投标资格预审申请书：

1）联合体的每一个成员须同单独申请资格预审一样，提交符合要求的资格预审全套文件。

2）资格预审申请书中应保证资格预审合格后，投标申请人将按照招标文件的要求提交投标文件，投标文件和中标后与招标人签订的合同，须有各成员各方的法定代表人或其授权委托代理人签字和加盖法人印章；除非在资格预审申请书已附有相应的文件，否则在提交投标文件时应附联合体共同投标协议，该协议中应约定各成员在联合体中的共同责任和联合体各方各自的责任。

3）联合体的每一个成员提交的资格预审申请书中均须包括一份联合体各方计划承担的份额和责任说明，联合体各方须具备足够的经验和能力来承担各自的责任。

4）资格预审申请书中应约定一方作为联合体的主办人，申请人与招标人之间的往来信函将通过主办人传递。

（2）联合体各方均应具备承担招标工程项目的相应资质条件，由相同专业的施工企业组成的联合体，按照资质等级低的施工企业的业务范围承揽工程。如果达不到投标须知对联合体的要求，其提交的资格预审申请书将被拒绝。

（3）联合体各方可以单独参加资格预审，也可以联合体的名义统一参加资格预审，但不允许任何一个联合体成员就招标工程独立投标，任何违反这一规定的投标书将被拒绝。

（4）如果施工企业能够独立通过资格预审，鼓励施工企业独立参加资格预审；由两个或两个以上的企业组成联合体经预审合格的，将被视为资格预审合格的投标申请人。

（5）资格预审合格后，联合体在组成等方面的任何变化，必须在投标截止时间前征得招标人的书面同意。

如果招标人认为联合体的任何变化出现下列情况之一，其变化将不被允许：

（1）严重影响联合体的整体竞争实力的。
（2）有未通过或未参与资格预审的新成员的。
（3）联合体的资格条件已达不到资格预审的合格标准的。
（4）招标人认为将影响招标工程项目利益的其他情况的。

四、资格预审文件的编制

（1）资格预审申请书。

（2）资格预审申请文件格式。包括近年完成的类似项目情况表、正在施工的和新承接的项目情况表、申请人基本情况表、联合体协议书等内容。

（3）其他资料：

1）近3年内已完工工程和目前在建工程合同履行过程中，投标人所介入的诉讼或仲裁情况，应逐一说明年限、发包人名称、诉讼原因、纠纷事件、纠纷所涉及金额，以及最终裁定结果。

2）近3年中所有发包人对投标人施工的工程评价意见。

3）与投标人资格预审申请书评审有关的其他资料。若附其他文件，应详细列出。

投标人不应在其资格预审申请书中附有宣传性材料，这些材料在资格评审时将不被考虑。

【案例2】

1. 背景

政府投资的某工程，招标代理机构承担了施工招标代理任务。该工程采用无标底公开招标方式选定施工单位。工程实施中发生了下列事件：

事件1：工程招标时，A、B、C、D、E、F、G共七家投标单位通过资格预审，并在投标截止时间前提交了投标文件。评标时，发现A投标单位的投标文件虽加盖了公章，但没有投标单位法定代表人签字，只有法定代表人授权书中被授权人的签字（招标文件中对是否可由被授权人签字没有具体规定）；B投标单位的投标报价明显高于其他投标单位的投标报价，分析其原因是施工工艺落后造成的；C投标单位将招标文件中规定的工期380日作为投标工期，但在投标文件中明确表示如果中标，合同工期按定额工期400日签订；D投标单位投标文件中的总价金额汇总有误。

事件2：经评标委员会评审，推荐G、F、E投标单位为前3名中标候选人。在中标通知书发出前，建设单位要求招标代理机构分别找G、F、E投标单位重新报价，以价格低者为中标单位。按原投标报价签订施工合同后，建设单位与中标单位再以新报价签订协议书作为实际履行合同的依据。招标代理机构认为建设单位的要求不妥，并提出了不同意见，建设单位最终接受了招标代理机构的意见，确定G投标单位为中标单位。

2. 问题

（1）问题1：分别指出事件1中A、B、C、D投标单位的投标文件是否有效？说明理由。

（2）问题2：事件2中，建设单位的要求违反了招标投标有关法规的哪些具体规定？

3. 答案

（1）事件1中A单位的投标文件有效。招标文件对此没有具体规定，签字人有法定代表人的授权书。

（2）事件1中B单位的投标文件有效。招标文件中对高报价没有限制。

（3）事件1中C单位的投标文件无效。没有响应招标文件的实质性要求（或附有招标人无法接受的条件）。

（4）事件1中D单位的投标文件有效。总价金额汇总有误属于细微偏差（或明显的计算错误允许补正）。

（5）事件2中在确定中标人前，招标人不得与投标人就投标文件实质性内容进行协商。

（6）事件2中招标人与中标人必须按照招标文件和中标人的投标文件订立合同，不得再行订立背离合同实质性内容的其他协议。

课题六　建设工程施工招标控制价编制

建设工程施工招标标底目前逐渐被招标控制价取代，国有资金投资的工程进行招标，根据《招标投标法》的规定，招标人可以设标底。当招标人不设标底时，为有利于客观、合理地评审投标报价和避免哄抬标价，造成国有资产流失，招标人应编制招标控制价。

招标控制价是招标人根据国家或省级建设行政主管部门颁发的有关计价依据和办法以及招标人发布的工程量清单，对招标工程限定的最高价格。国有资金投资的建设工程项目应实行工程量清单招标，并应编制招标控制价。

一、招标控制价的作用

（1）招标人能有效控制项目投资，防止恶性投标带来的投资风险。

（2）增强招标过程的透明度，有利于正常评标。

（3）利于引导投标方投标报价，避免投标方无标底情况下的无序竞争。

（4）招标控制价反映的是社会平均水平，为招标人判断最低投标价是否低于成本提供参考依据。

（5）可为工程变更的新增项目确定单价提供计算依据。

（6）作为评标的参考依据，避免出现较大偏离。

（7）投标人根据自己的企业实力、施工方案等报价，不必揣测招标人的标底，提高了市场交易效率。

（8）减少了投标人的交易成本，使投标人不必花费人力、财力去套取招标人的标底。

（9）招标人把工程投资控制在招标控制价范围内，提高了交易成功的可能性。

二、编制规定

（1）工程造价咨询企业应在其资质规定的范围内接受招标人的委托，独立承担可胜任专业领域的招标控制价的编制与审查。

（2）工程造价咨询企业接受招标人的委托编制或审查招标控制价，必须严格执行国家相关法律法规和有关制度，恪守职业道德、执业准则，依据有关执业标准，公正、独立地开展工程造价咨询服务工作。

（3）工程造价咨询企业应依据合同约定向委托方收取咨询费用，除当地或行业建设行政主管部门有具体规定外，严禁向第三方收取费用。

（4）工程造价咨询企业签订工程造价咨询合同时，应考虑满足合理的工作周期和编制质量的要求，并应认真履行合同义务，在合同约定的时间内完成招标控制价的编制或审查。

（5）招标控制价的编制或审查应依据拟发布的招标文件和工程量清单进行，应符合招标文件对工程价款确定和调整的基本要求；应正确、全面地使用有关国家标准、行业或地方的有关工程计价定额等工程计价依据。

（6）招标控制价的编制宜参照工程所在地的工程造价管理机构发布的工程造价信息，确定人工、材料、机械使用费等要素价格；如采用市场价格，应通过调查、分析，有可靠的依据后确定。

（7）招标控制价的编制应依据国家有关规定计算规费、税金和不可竞争的措施费用。对于竞争性的施工措施费用应依据工程特点，结合施工条件和合理的施工方案，本着经济实用、先进合理、高效的原则确定。

三、招标控制价的文件组成

招标控制价的文件组成应包括封面、签署页及目录、编制说明、有关表格等。

（1）招标控制价的封面、签署页应反映工程造价咨询企业、编制人、审核人、审定人、法定代表人或其授权人和编制时间等。

（2）招标控制价的编制说明应包括：工程概况，编制范围，编制依据，编制方法，有关材料、设备、参数和费用的说明，以及其他有关问题的说明。

（3）招标控制价的有关表格在编制时宜按规定格式填写，招标控制价的有关表格包括汇总表，分部工程量清单与计价表，工程量清单综合单价分析表，措施项目清单与计价表，其他项目清单与计价汇总表，规费、税金项目清单与计价表，暂列金额明细表，材料暂估单价表，专业工程暂估价表等。

招标控制价的签署页应按规定格式填写，签署页应按编制人、审核人、审定人、法定代表人或其授权人的顺序签署。所有文件经签署并加盖工程造价咨询单位资质专用章和造价工程师或造价员执业或从业印章后才能生效。

四、招标控制价的编制

1. 编制依据

招标控制价的编制依据是指在编制招标控制价时需要进行工程量计量、价格确认、工程计价的有关参数的确定等工作时所需的基础性资料。招标控制价编制的主要依据包括：

（1）国家、行业和地方政府的法律法规及有关规定。

（2）《建设工程工程量清单计价规范》（GB 50500—2013）（下文称"计价规范"）。

（3）国家、行业和地方建设主管部门颁发的计价定额和计价办法、价格信息及其相关配套计价文件。

（4）国家、行业和地方有关技术标准和质量验收的规范等。

（5）工程项目地质勘查报告以及相关设计文件。

（6）工程项目拟定的招标文件、工程量清单和设备清单。

（7）答疑文件、澄清和补充文件以及有关会议纪要。

（8）常规或类似工程的施工组织设计。

（9）本工程涉及的人工、材料、机械台班的价格信息。

（10）施工期间的风险因素。

（11）其他相关资料。

2. 编制程序

招标控制价编制应经历编制准备、文件编制和成果文件出具三个阶段的工作程序。

（1）编制准备阶段的主要工作包括：

1）收集与本项目招标控制价相关的编制依据。

2）熟悉招标文件、相关合同、会议纪要、施工图纸和施工方案等相关资料。

3）了解应采用的计价标准、费用指标、材料价格信息等情况。

4）了解本项目招标控制价的编制要求和范围。

5）对本项目招标控制价的编制依据进行分类、归纳和整理。

6）成立编制小组，就招标控制价编制的内容进行技术交底，做好编制前期的准备工作。

（2）文件编制阶段的主要工作包括：

1）按招标文件、相关计价规则进行分部分项工程工程量清单项目计价，并汇总分部分项工程费。

2）按招标文件、相关计价规则进行措施项目计价，并汇总措施项目费。

3）按招标文件、相关计价规则进行其他项目计价，并汇总其他项目费。

4）进行规费项目、税金项目清单计价。

5）对工程造价进行汇总，初步确定招标控制价。

（3）成果文件出具阶段的主要工作包括：

1）审核人对编制人编制的初步成果文件进行审核。

2）审定人对审核后的初步成果文件进行审定。

3）编制人、审核人、审定人分别在相应成果文件上署名，并应签署造价工程师执业或从业印章。

4）成果文件经编制、审核和审定后，工程造价咨询企业的法定代表人或其授权人在成果文件上签字或盖章。

5）工程造价咨询企业需在正式的成果文件上加盖本企业的执业印章。

3. 编制方法与内容

编制招标控制价时，对于工程费用计价应采用单价法。采用单价法计价时，应依据招标工程量清单的分部工程项目、项目特征和工程量确定其综合单价。综合单价的内容应包括人工费、材料费、机械费、管理费和利润，以及一定范围的风险费用。

对于措施项目应分别采用单价法和费率法（或系数法）计价，对于可计量部分的措施项目应参照分部分项工程费用的计算方法采用单价法计价，对于以项计量或综合取定的措施费用应采用费率法计价。采用费率法时应先确定某项费用的计费基数，再测定其费率，然后将计费基数与费率相乘得到费用。

在确定综合单价时，应考虑一定范围内的风险因素。在招标文件中应通过预留一定的风险费用，或明确说明风险所包括的范围及超出该范围的价格调整方法；对于招标文件中未作要求的可按以下原则确定：

（1）对于技术难度较大和管理复杂的项目，可考虑一定的风险费用，并纳入综合单价中。

（2）对于设备、材料价格的市场风险，应依据招标文件的规定，工程所在地或行业工程造价管理机构的有关规定，以及市场价格趋势考虑一定的风险费用，纳入综合单价中。

（3）税金、规费等法律法规、规章和政策变化的风险和人工单价等风险费用不应纳入综合单价。

建设工程施工招标控制价应由组成建设工程施工项目的各单项工程费用组成。各单项工程费用应由组成单项工程的各单位工程费用组成。各单位工程费用应由分部分项工程费、措施项目费、其他项目费、规费和税金组成。

招标控制价的分部分项工程费应由各单位工程的招标工程量清单乘以相应的综合单价汇总而成。

招标工程发布的分部分项工程量清单对应的综合单价应按照招标人发布的分部分项工程量清单的项目名称、工程量、项目特征描述，依据工程所在地区颁布的计价定额和人工、材料、机械台班价格信息等进行组价确定，并应编制工程量清单综合单价分析表。

工程量清单综合单价的组价，首先应依据提供的工程量清单和施工图纸，按照工程所在地区颁布的计价定额的规定，确定所组价的定额项目名称，并计算出相应的工程量；然后依据工程造价的政策规定或工程造价信息确定其人工、材料、机械台班单价；同时，按照定额规定，在考虑风险因素确定管理费费率和利润率的基础上，按规定程序计算出所组价定额项目的合价 [式 (2-1)]，然后将这些合价相加后再除以工程量清单项目工程量，便得到工程量清单综合单价 [式 (2-2)]。对于未计价材料费（包括暂估单价的材料费），应计入综合单价。

$$\text{定额项目合价} = \text{定额项目工程量} \times [\Sigma(\text{定额人工消耗量} \times \text{人工单价}) + \Sigma(\text{定额材料消耗量} \times \text{材料单价}) + \Sigma(\text{定额机械台班消耗量} \times \text{机械台班单价}) + \text{价差}(\text{基价或人工、材料、机械费用}) + \text{管理费和利润}] \quad (2\text{-}1)$$

$$\text{工程量清单综合单价} = \frac{\Sigma(\text{定额项目合价}) + \text{未计价材料费}}{\text{工程量清单项目工程量}} \quad (2\text{-}2)$$

措施项目费应分别采用单价法、费率法计价。凡可精确计量的措施项目应采用单价法；不能精确计量的措施项目应采用费率法，以"项"为计量单位来综合计价，见式（2-3）：

$$措施项目费 = 措施项目计费基数 \times 费率 \qquad (2-3)$$

采用单价法计价的措施项目的计价方式应参照工程量清单综合单价的计价方式计价。

采用费率法计价的措施项目的计价方法应依据招标人提供的工程量清单项目；按照国家或省级、行业建设主管部门的规定，合理确定计费基数和费率。其中，安全文明施工费应按国家或省级、行业建设主管部门的规定计价，不得作为竞争性费用。

其他项目费应采用下列方式计价：

（1）暂列金额应按招标人在其他项目清单中列出的金额填写。

（2）暂估价包括材料暂估价、专业工程暂估价。材料暂估价按招标人列出的材料单价计入综合单价；专业工程暂估价按招标人在其他项目清单中列出的金额填写。

（3）计日工按招标人列出的项目和数量，根据工程特点和有关计价依据确定综合单价并计算费用。

（4）总承包服务费应根据招标文件中列出的内容和向总承包人提出的要求计算总承包费，其中招标人仅要求对分包的专业工程进行总承包管理和协调时，按分包的专业工程估算造价的1.5%计算；招标人要求对分包的专业工程进行总承包管理和协调，并同时要求提供配合服务时，根据招标文件中列出的配合服务内容和提出的要求，按分包的专业工程估算造价的3%~5%计算；招标人自行供应材料的，按招标人供应材料价值的1%计算。

规费应采用费率法编制，应按照国家或省级、行业建设主管部门的规定确定计费基数和费率，不得作为竞争性费用。

税金应采用费率法编制，应按照国家或省级、行业建设主管部门的规定，结合工程所在地的情况确定综合税率，并参照式（2-4）计算，不得作为竞争性费用。

$$税金 = (分部分项工程费 + 措施项目费 + 其他项目费 + 规费) \times 综合税率 \qquad (2-4)$$

五、招标控制价的审查

招标控制价的审查由编制单位负责。招标控制价的审查依据包括规定的招标控制价的编制依据，以及招标人发布的招标控制价。

招标控制价的审查方法可依据项目的规模、特征、性质及委托方的要求等采用重点审查法、全面审查法。重点审查法适用于投标人对个别重要项目进行审查的情况，全面审查法适用于各类项目的审查。

招标控制价应重点审查以下几个方面：

（1）招标控制价的项目编码、项目名称、工程数量、计量单位等是否与发布的招标工程量清单项目一致。

（2）招标控制价的总价是否全面，汇总是否正确。

（3）分部分项工程综合单价的组成是否符合计价规范和其他工程造价计价依据的要求。

（4）措施项目施工方案是否正确、可行，费用的计取是否符合计价规范和其他工程造价计价依据的要求。安全文明施工费是否执行了国家或省级、行业建设主管部门的规定。

（5）管理费、利润、风险费以及主要材料及设备的价格是否正确、得当。

（6）规费、税金是否符合计价规范的要求，是否执行了国家或省级、行业建设主管部门的规定。

拓展讨论

党的二十大报告提出，健全资本市场功能，提高直接融资比重。加强反垄断和反不正当竞争，破除地方保护和行政性垄断，依法规范和引导资本健康发展。

请思考：为什么我国要构建建筑施工行业全国统一大市场，取消各行政区的地方保护政策？

同 步 测 试

一、单项选择题

1. 根据《招标投标法》的有关规定，下列项目不属于必须招标范围的是（　　）。
   A. 某高速公路工程　　　　　　　　B. 国家博物馆的修葺工程
   C. 2008年北京奥运会的游泳馆建设项目　　D. 王某给自己盖的别墅

2. 根据《招标投标法》，下面的项目中可以不进行招标的是（　　）。
   A. 个人投资建设的所有工程
   B. 国外资金占工程投资总额超过一半的项目
   C. 施工企业自建自用的工程，且该施工企业资质等级符合工程要求的
   D. 部分由国家投资建设的项目

3. 根据《必须招标的工程项目规定》的规定，属于建设工程项目施工招标范围的工程建设项目，施工单项合同估算价在（　　）人民币以上的，必须进行招标。
   A. 50万元　　　　B. 100万元　　　　C. 150万元　　　　D. 200万元

4. 根据《必须招标的工程项目规定》的规定，属于建设工程项目施工招标范围的工程建设项目，重要设备、材料等货物的采购，单项合同估算价在（　　）人民币以上的，必须进行招标。
   A. 50万元　　　　B. 100万元　　　　C. 150万元　　　　D. 200万元

5. 某招标人在招标文件中规定了对本省的投标人在同等条件下将优先于外省的投标人中标，根据《招标投标法》，这个规定违反了（　　）原则。
   A. 公开　　　　B. 公平　　　　C. 公正　　　　D. 诚实信用

6. 下列关于招标代理的叙述中，错误的是（　　）。
   A. 招标人有权自行选择招标代理机构，委托其办理招标事宜
   B. 招标人具有编制招标文件和组织评标能力的，可以自行办理招标事宜
   C. 任何单位和个人不得以任何方式为招标人指定招标代理机构
   D. 建设行政主管部门可以为招标人指定招标代理机构

7. 某省卫生厅新建办公大楼项目向社会公开招标，评标后确定某承包单位为中标人，并于2020年4月1日向其发出中标通知书，则双方最迟应在（　　）按照招标文件订立书面合同。

A. 2020 年 4 月 15 日　　　　　　　　B. 2020 年 4 月 20 日
C. 2020 年 4 月 30 日　　　　　　　　D. 2020 年 6 月 1 日
8. 由同一专业的单位组成的联合体，当各组成单位资质不一致时，联合体资质（　　）。
   A. 无法确定　　　　　　　　　　　B. 以资质最高的为准
   C. 以资质的平均值为准　　　　　　D. 以资质最低的为准
9. 联合体中标的，联合体各方应当（　　）。
   A. 共同与招标人签订合同，就中标项目向招标人承担连带责任
   B. 分别与招标人签订合同，但就中标项目向招标人承担连带责任
   C. 共同与招标人签订合同，但就中标项目各自独立向招标人承担责任
   D. 分别与招标人签订合同，就中标项目各自独立向招标人承担责任
10. 关于招标控制价的说法正确的是（　　）。
    A. 每个招标项目都必须编制一个招标控制价
    B. 招标项目可以编制两个招标控制价
    C. 招标项目可以不必编制招标控制价
    D. 招标控制价必须经过审查

二、多项选择题

1. 建设工程施工招标范围的确定是一个比较复杂的问题，一般来说可以考虑的因素有（　　）。
   A. 建设工程资产的性质和归属
   B. 建设工程的规模对社会的影响
   C. 建设工程实施过程的特殊性要求
   D. 招标投标过程的经济性和可操作性
   E. 建设工程的类别
2. 下列属于关系社会公共利益、公众安全的公用事业项目的是（　　）。
   A. 供水、供电、供气、供热等市政工程项目
   B. 生态环境保护项目
   C. 科技、教育、文化等项目
   D. 卫生、社会福利等项目
   E. 别墅
3. 《招标投标法》规定，招标分为（　　）两类。
   A. 公开招标　　　B. 议标　　　C. 邀请招标　　　D. 全过程招标
   E. 串标
4. 下列属于《标准施工招标文件》内容的有（　　）。
   A. 招标公告　　　B. 投标人须知　　　C. 评标办法　　　D. 招标文件格式
   E. 工程类别
5. 建设工程施工招标程序主要是指招标工作在时间上应遵循的先后顺序，招标程序大体上可以分为（　　）。
   A. 招标准备阶段　　　B. 招标阶段　　　C. 决标成交阶段
   D. 投标阶段　　　　　E. 议标阶段

6. 标准施工招标文件实施的原则是（　　）。
   A. 严格遵守上位法的规定
   B. 妥善处理好与行业标准施工招标文件的关系
   C. 切实解决当前存在的突出问题
   D. 追求施工企业利益最大化
   E. 公平
7. 招标程序中，决标成交阶段的主要工作有（　　）。
   A. 接受投标文件
   B. 评标
   C. 定标
   D. 发出中标通知书，同时通报所有投标人
   E. 投标人未按照招标文件的要求参加开标会议
8. 资格预审一般要求被审查的投标人提供的资料有（　　）。
   A. 投标企业概况
   B. 财务状况
   C. 近3年承建的工程情况
   D. 目前正在承建的工程情况
   E. 公司宣传材料
9. 招标控制价应由（　　）等构成，一般应控制在批准的总概算及投资包干的限额内。
   A. 成本
   B. 利润
   C. 税金
   D. 总费用
   E. 其他项目费
10. 建设工程施工的招标控制价应由组成建设工程项目的各单项工程费用组成。各单项工程费用应由组成单项工程的各单位工程费用组成。各单位工程费用应由（　　）和税金组成。
    A. 分部分项工程费
    B. 措施项目费
    C. 其他项目费
    D. 规费
    E. 利润

三、思考题

1. 我国建设工程项目必须进行招标的规定是什么？
2. 工程招标应具备哪些条件？
3. 招标代理行为的特点是什么？
4. 简述建设工程施工招标的程序。
5. 什么是工程招标的资格预审？主要起什么作用？
6. 资格预审的程序是什么？
7. 建设工程施工招标文件由哪几部分构成？
8. 试述建设工程施工招标控制价的编制步骤。

四、案例题

1. A公司在某市黄金地段获得一块土地，为了尽早开发，公司决定边筹集资金，边设计图纸，边申请进行招标投标。在申请过程中，有关部门多次以条件不具备为由退回申请件。在多次被退件后，公司咨询了律师，在明白施工招标必须具备的条件后，A公司认真完成了前期工作并获得批准。试分析该工程项目为什么会被退回申请件？（提示：结合建设工程项目招标应具备的条件）

2. 某市高速公路工程全部由政府投资。该项目为该市建设规划的重点项目之一，并且已经列入年度固定资产投资计划，项目概算已经主管部门批准，施工图及有关技术资料齐

全。现决定对该项目进行施工招标。经过资格预审，为潜在投标人发放招标文件后，业主对投标单位就招标文件所提出的问题统一作了书面答复，并以备忘录的形式分发给各投标单位。

在书面答复投标单位的提问后，业主组织各投标单位进行了施工现场踏勘。在提交投标文件截止时间前10日，业主书面通知各投标单位，由于某种原因，决定将该项工程的收费站工程从原招标范围内删除。该项目施工招标存在哪些问题或不妥之处？

单元三

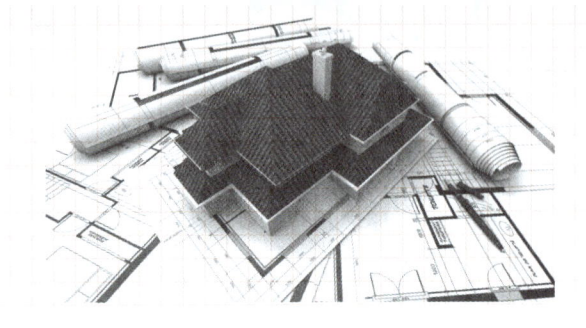

建设工程施工投标

知识目标

- 了解投标人的投标资质、权利和义务，投标报价的主要依据。
- 理解建设工程施工投标的步骤、主要工作内容，投标报价的步骤、方法，投标文件的组成。
- 掌握建设工程施工投标程序和投标文件的编制。

能力目标

- 具备参加建设工程施工投标的能力。
- 具备编制建设工程施工投标文件（商务文件）的能力。

导 语

本单元主要讲述建设工程施工投标的程序、步骤及主要工作内容，建设工程施工投标报价，建设工程施工投标文件的组成及编制。

课题一 建设工程投标基础知识

一、投标的基本概念

建设工程投标是建设工程招标的对称概念，是指具有相应资质的建设工程承包单位（即投标人），响应招标并购买招标文件，按招标文件的要求和条件填写投标文件，编制投标报价，在招标文件限定的时间内送达指定地点，争取中标的行为。

建设工程招标与投标，是建设工程承（发）包人签订建设工程施工合同的首个环节。根据《民法典》规定，当事人订立合同，采取要约、承诺方式。而招（投）标的这个过程就是在完成建设工程施工合同订立的过程。建设工程招标人根据自己工程的情况编制的招标文件在《民法典》中属于要约邀请，投标人在响应招标文件的前提下，按照招标文件的要求和条件编写投标文件及投标报价属于要约，招标人在收到多个投标人的投标文件之后，进行评标，择优选择投标人并发出中标通知书属于承诺，承（发）包人即可签订施工合同。

但是在整个合同订立的过程中，由于招标人发出的招标文件（要约邀请）不具备合同的主要条款（如合同价格），因此招标文件不具有法律约束力，也就是说招标人可以在多个投标人当中择优选择投标人，与之签订施工合同，并不一定是投标人投标了就会中标。但是投标人递送的投标文件（要约）和招标人向某一投标人发出的中标通知书（承诺），由于已经具备了合同的主要条款，因此具有法律约束力。所以投标人在投标之前和招标人在发出中标通知书前应慎重考虑。

二、建设工程投标人

1. 建设工程投标人的概念

建设工程投标人是建设工程招（投）标活动中的另一方主体，它是指响应招标并按照招标文件的要求和条件参与投标的法人或者其他组织。

2. 投标人应具备的能力条件

《招标投标法》规定，投标人首先应当具备承担招标项目的能力。投标人参加建设工程招标活动，并不是所有感兴趣的法人或其他组织都可以参加投标。

投标人通常应当具备下列条件：

（1）与招标文件要求相适应的人力、物力和财力。

（2）招标文件要求的资质证书和相应的工作经验与业绩证明。

（3）法律法规规定的其他条件。

建设工程投标人的范围主要是指勘察设计单位、施工企业、建筑装饰企业、工程材料设备供应企业、工程总承包单位以及工程咨询企业、工程监理企业等。

3. 联合体投标

联合体投标承包工程是相对一家承包商独立承包工程而言的承包方式。当一个承包商不能自己独立地完成一个建设工程项目时，由一个国籍或不同国籍的两家或两家以上具有法人资格的承包商以协议方式组成联合体，以联合体名义共同参加某项工程的资格预审、投标签约并共同完成承包合同的一种承包方式。但在联合体投标时应注意以下几个问题：

（1）要看招标人是否在资格预审公告、招标公告或者投标邀请书中载明是否接受联合体投标。如不接受，一般不宜采用。

（2）招标人接受联合体投标并进行资格预审的，联合体应当在提交资格预审申请文件前组成。资格预审后联合体增减、更换成员的，其投标无效。

（3）联合体各方在同一招标项目中以自己名义单独投标或者参加其他联合体投标的，相关投标均无效。

（4）联合体各方均应当具备承担招标项目的相应能力；国家有关规定或者招标文件对投标人资格条件有规定的，联合体各方均应当具备规定的相应资格条件。

（5）由同一专业的单位组成的联合体，按照资质等级较低的单位确定联合体的资质等级。

（6）联合体各方应当签订共同投标协议，明确约定各方拟承担的工作和责任，并将共同投标协议连同投标文件一并提交招标人。联合体中标的，联合体各方应当共同与招标人签订合同，就中标项目向招标人承担连带责任。

（7）招标人不得强制投标人组成联合体共同投标，不得限制投标人之间的竞争。

三、建设工程投标人的投标资质

建设工程投标人的投标资质（又称投标资格），是指建设工程投标人参加投标所必须具备的条件和素质，包括企业资历、业绩、人员素质、管理水平、资金数量、技术力量、技术装备、社会信誉等几个方面的因素。

不同资质等级的投标人所能从事的工程范围是不同的，资质等级越高，所能从事的工程范围越广。而投标人所投标的工程超出其资质等级所能从事的范围，是绝对不允许的。对建设工程投标单位的投标资质进行管理的，主要是政府主管机构，由其对建设工程投标单位的投标资质提出认定和划分标准，确定具体等级，发放相应的资质证书，并对其进行监督检查。

建筑施工企业，是指从事土木工程、建筑工程、线路管道设备安装工程、装修工程的新建、扩建、改建等活动的企业。施工企业应当按照其拥有的注册资本、专业技术人员、技术装备和已完成的建筑工程业绩等条件申请资质，经审查合格，取得建筑业企业资质证书后，方可在资质许可的范围内从事建筑施工活动。禁止施工企业超越其资质等级许可的范围或者以其他施工企业的名义承揽建设工程施工业务。施工企业的专业技术人员参加建设工程施工招标投标活动，应持有相应的执业资格证书，并在其执业资格证书许可的范围内从事建筑活动。

施工企业资质分为施工总承包、专业承包和劳务分包三个序列。取得施工总承包资质的企业（以下简称施工总承包企业），可以承接施工总承包工程。施工总承包企业可以对所承接的施工总承包工程内各专业工程全部自行施工，也可以将专业工程或劳务作业依法分包给具有相应资质的专业承包企业或劳务分包企业。取得专业承包资质的专业承包企业，可以承接施工总承包企业分包的专业工程和建设单位依法发包的专业工程。专业承包企业可以对所承接的专业工程全部自行施工，也可以将劳务作业依法分包给具有相应资质的劳务分包企业。取得劳务分包资质的劳务分包企业，可以承接施工总承包企业或专业承包企业分包的劳务作业。

在建设工程招（投）标过程中，国内实施项目经理岗位责任制。建设工程项目经理是指受企业法定代表人委托对工程项目施工过程全面负责的项目管理者，是企业法定代表人在工程项目上的代表人。建筑施工企业项目经理由注册建造师担任。

注册建造师分为一级注册建造师和二级注册建造师，一级注册建造师可以担任所有建设工程项目施工的项目经理，二级注册建造师只可以担任乙级建筑业企业承建的建设工程项目施工的项目经理。

四、建设工程投标人的权利和义务

1. 建设工程投标人的权利

建设工程投标单位在建设工程招（投）标活动中，应享有下列权利：

（1）有权平等地获得和利用招标信息。

（2）凡持有营业执照和相应资质证书的施工企业或施工企业联合体，均可按招标文件的要求参加投标。

（3）根据自己的经营状况和掌握的市场信息，有权确定自己的投标报价。

（4）根据自己的经营状况有权参与投标竞争或拒绝参与竞争。

（5）有权对要求优良的工程优质优价。

（6）有权要求招标人或招标代理机构对招标文件中的有关问题答疑。

（7）控告、检举招标过程中的违法违规行为。

（8）有权在开标时，检查投标文件密封情况。开标时的密封情况检查，是指投标人检查招标人的标书保管责任，检查招标人有没有私自调换标书，或者事先拆封投标人的投标文件，以保护自己的商业机密和维护其他合法权益不受侵害。

2. 建设工程投标人的义务

建设工程投标单位在建设工程招（投）标活动中，应履行下列义务：

（1）遵守法律、规章制度。

（2）接受招标投标管理机构的监督管理。

（3）保证所提供的投标文件的真实性，提供投标保证金或其他形式的担保。

（4）按招标人或招标代理人的要求对投标文件的有关问题进行答疑。

（5）不得串通投标报价。

（6）中标后与招标人签订并履行合同，非经招标人同意不得转让或分包合同。

（7）履行依法约定的其他各项义务。

课题二　建设工程施工投标程序

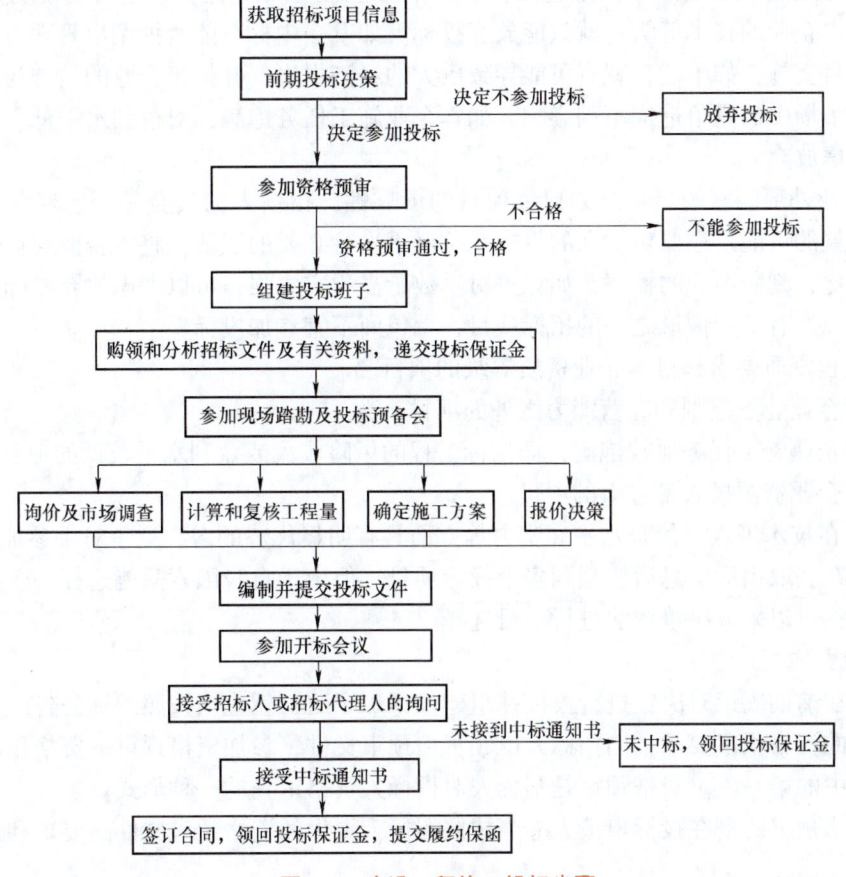

一、建设工程施工投标步骤

建设工程施工投标是一项程序性、法制性很强的工作，必须依照特定的程序进行，投标过程是指从填写资格预审调查表开始，到将正式投标文件送交招标人为止所进行的全部工作。这一阶段工作量很大，时间紧迫。建设工程施工投标步骤如图3-1所示。

图3-1　建设工程施工投标步骤

二、建设工程施工投标主要工作内容

1. 获取招标项目信息

此工作的内容主要是通过各种媒介渠道，搜集招标人所发布的招标公告信息。投标人获取招标项目信息的途径主要有：

（1）主流报纸。如《中国日报》《人民日报》《中国建设报》及其他主要地方性报纸。一般各省市的招（投）标管理机构会规定当地的主要报纸为发布招标公告信息的指定报纸媒介。

（2）信息网络。如各省市公共资源交易中心网站、中国采购与招标网等。

现在，建设工程投标人主要通过公开发行的报纸、信息网络来获取招标项目信息。投标人应积极地通过各种途径搜集招标工程信息，使企业获得最多的工程投标机会。当然也有可能招标人会向投标人发出投标邀请书，邀请投标人进行投标。

2. 前期投标决策

投标人在通过各种途径获取的招标项目信息或接到招标人发出投标邀请书后，接下来要做的工作就是进行前期投标决策。此项工作的主要内容就是对是否参加项目的投标进行分析、论证，并做出选择。

当得知某一工程进行招标，投标人应获取各种信息并考虑自身因素，来决定是否参加该项目的投标。主要考虑以下因素：

（1）企业自身因素的影响。承包招标项目的可能性与可行性，即是否有能力承包该项目，如超出本企业的技术等级，就只能放弃投标。如万一中标，能否抽调出管理力量、技术力量参加项目实施，如不能，就有可能导致巨大的经济损失，并损害企业的信誉与形象，对企业以后在市场中的竞争造成不利影响。如本企业施工任务饱满，对盈利水平低、风险大的项目可以考虑放弃。

（2）企业外部因素的影响。如招标项目的可靠性，招标人的资金是否已经落实，是否有拖欠工程款的可能。还要对潜在的投标竞争对手进行必要的了解，将本企业与竞争对手的实力进行对比，判断中标的概率，如竞争对手数量多、实力强，可以考虑放弃投标。

一般来说，有下列情形之一的招标项目，承包商不宜参加投标：

（1）工程资质要求超过本企业资质等级的项目。

（2）本企业业务范围和经营能力之外的项目。

（3）本企业施工任务比较饱满，而招标工程的风险较大或盈利水平较低的项目。

（4）本企业资源投入量过大的项目。

（5）有在技术等级、信誉水平和实力等方面具有明显优势的潜在竞争对手参加的项目。

投标人在获取招标信息后，遇到多个投标项目，但由于自身因素只能选择一个投标项目进行投标时，可以采取决策树法进行项目选择。

3. 参加资格预审

承包商在前期决策时决定进行投标并组建投标班子后，就应当按照招标公告或投标邀请书中所提出的资格预审要求，向招标人申领资格预审文件，参加资格预审。资格预审是投标人投标过程中的第一关。资格预审是招标人对投标人资格审查的一种形式。

参加资格预审的潜在投标申请人应当按照招标人提供的资格预审文件的要求和格式提供如下资料：

（1）资格预审申请函。
（2）法定代表人身份证明。
（3）授权委托书。
（4）联合体协议书（如招标人不接受联合体投标，则没有这项）。
（5）申请人基本情况表。
（6）近年财务状况表。
（7）近年完成的类似项目情况表。
（8）正在施工的和新承接的项目情况表。
（9）近年发生的诉讼及仲裁情况。
（10）其他材料。

4. 组建投标班子

投标工作是一项技术性很强的工作，不仅是比报价的高低，还要比技术、实力、经验和信誉。所以，投标人进行工程投标，需要有专门的机构和专业人员对投标的全过程加以组织和管理。这是投标人获得成功的重要保证。建立一个强有力的投标班子是获得投标成功的根本保证。投标的组织主要包括组建一个强有力的投标机构和配备高素质的各类人才。因此，投标班子应由企业法人代表亲自领导，配备经营管理类、工程技术类、财务金融类的专业人才5~7人，其班子成员必须具备以下素质：

（1）有较高的政治修养，事业心强。认真执行党和国家的方针、政策，遵守国家的法律和地方法规，自觉维护国家和企业利益，意志坚强，吃苦耐劳。

（2）知识渊博，经验丰富，视野广阔。必须在经营管理、施工技术、成本核算、施工预（决）算等领域都有相当的知识水平和实践经验，才能全面、系统地观察和分析问题。

（3）具备一定的法律知识和实际工作经验。对投标业务应遵循的法律、规章制度有充分的了解；同时，有丰富的阅历和实际工作经验，对投标具有较强的预测能力和应变能力，能对可能出现的各种问题进行预测并采取相应措施。

（4）勇于开拓，有较强的思维能力和社会活动能力。积极参加有关的社会活动，扩大信息交流圈子，正确处理人际关系，不断吸收投标工作所必需的新知识。

（5）掌握科学的研究方法和手段。对各种问题进行综合、概括、总结、分析，并做出正确的判断和决策。

（6）对企业忠诚，对投标报价保密。

5. 购领和分析招标文件及有关资料，递交投标保证金

（1）购买招标文件。投标人在参加招标人规定的资格预审并通过后，就可以按招标公告规定的时间和地点购买招标人已经提前编制好的招标文件及其他相关资料。

（2）分析招标文件。招标文件是投标的主要依据，投标人在编写投标文件时，一定要按照招标文件的要求和格式进行编写。如出现问题，投标文件可能会按废标处理。因此投标人应该仔细地分析研究招标文件，重点应放在投标人须知、评标方法、合同条件、设计图纸、工程范围以及工程量清单上，注意投标过程中各项活动的时间安排，明确招标文件中对投标报价、工期、质量等的要求，同时应对无效标书及废标的条件进行认真分析，最好有专人或者专门小组研究技术规范和设计图纸，弄清其特殊要求。若对招标文件有疑问或不清楚的问题需要招标人予以澄清和解答的，应以书面形式向招标人提问或在之后的投标预备会上

提问，招标人应当给予解答。

（3）递交投标保证金。投标人应保证其投标被接受后对其投标书中规定的责任不得撤销或者反悔，否则，招标人将对投标保证金予以没收。投标保证金的作用是为了防止投标人在投标过程中擅自撤回投标或中标后不与招标人签订合同而设立的一种保证措施，对投标人的投标行为产生约束作用，保证招标投标活动的严肃性。其数额不得超过投标总价的2%，且最高不超过80万元。投标人应当按照招标文件的要求提交规定金额的投标保证金，并作为其标书的一部分。也就是说如果投标人不按招标文件要求提交投标保证金，投标人就属于实质上不响应招标文件的要求，投标文件按废标处理。

投标保证金的形式主要有以下几种：

1）现金。对于数额较小的投标保证金而言，采用现金方式提交是一个不错的选择。但对于数额较大（如万元以上）的情况，采用现金方式提交就不太合适了。因为现金不易携带，不方便递交，在开标会上清点大量的现金不仅浪费时间，操作手段也比较原始，既不符合我国的财务制度，也不符合现代的交易支付习惯。

2）银行汇票。银行汇票是汇票的一种，是一种汇款凭证，由银行开出，交由汇款人转交给异地收款人，异地收款人再凭银行汇票在当地银行兑取汇款。对于用作投标保证金的银行汇票，则是由银行开出，交由投标人递交给招标人，招标人再凭银行汇票在自己的开户银行兑取汇款。

3）银行本票。银行本票是出票人签发的，承诺自己在见票时无条件支付确定的金额给收款人或者持票人的票据。对于用作投标保证金的银行本票，则是由银行开出，交由投标人递交给招标人，招标人再凭银行本票到银行兑取资金。

银行本票与银行汇票、支票的区别在于银行本票是见票即付，而银行汇票、支票等则是从汇出、兑取到资金实际到账有一段时间间隔。

4）支票。支票是出票人签发的，委托办理支票存款业务的银行或者其他金融机构在见票时无条件支付确定的金额给收款人或者持票人的票据。支票可以支取现金（即现金支票），也可以转账（即转账支票）。对于用作投标保证金的支票，则是由投标人开出，并由投标人交给招标人，招标人再凭支票在自己的开户银行支取资金。

5）投标保函。投标保函是由投标人申请银行开立的保证函，保证投标人在中标人确定之前不得撤销投标，在中标后应当按照招标文件和投标文件与招标人签订合同。如果投标人违反规定，开立保函的银行将根据招标人的通知，支付保函中规定数额的资金给招标人。

投标人有下列情况之一，投标保证金不予退回：

（1）投标人在投标函中规定的投标有效期内撤回其投标。

（2）中标人在规定期限内未能根据规定签订合同。

（3）中标人在规定期限内未能提交履约保证金。

对于未中标的投标人在投标过程中没有违反任何规定的，招标人最迟应当在书面合同签订后5日内退还投标保证金及银行同期存款利息。

6. 参加现场踏勘及投标预备会

招标人在招标文件中已经标明现场踏勘及投标预备会这两项活动的时间及地点。投标人应当按照招标人规定的时间及地点参加活动。

（1）现场踏勘。现场踏勘即实地勘察，投标人对招标的建设工程进行现场踏勘可以了解项目实施现场和周边环境情况，以获取有用的信息并据此做出关于投标策略、投标报价和施工方案的决定，对投标业务成败关系极大。投标人在拿到招标文件后对项目实施现场进行勘察，还要针对招标文件中的有关规定和数据通过现场勘察进行详细的核对，并询问招标人，使投标文件更加符合招标文件的要求。

现场踏勘通常应达到以下目的：

1）掌握现场的自然地理条件，包括当地地形、地貌、气象、水文、地质等因素对项目的影响。

2）了解现场所在地材料的供应品种及价格、供应渠道，设备的生产、销售情况。

3）了解现场所在地周边交通运输条件及空运、海运、陆运等效能运输及运输工具买卖、租赁的价格等情况。

4）掌握当地的人工工资及附加费用等影响报价的情况。

5）了解现场的地形、管线设置情况，水、电供应情况和"三通一平"情况等。

6）了解现场所在地周边建筑情况。

7）国际招标还应了解项目实施所在国的政治、经济现状及前景，以及有关法律法规等。

（2）投标预备会。投标预备会一般安排在踏勘现场后的1~2日。投标预备会由招标人组织并主持召开，在预备会上对招标文件和现场情况作介绍或解释，并解答投标人提出的问题，包括书面提出的和口头提出的询问。投标预备会的主要工作内容有：

1）澄清招标文件中的疑问，解答投标人对招标文件和现场踏勘中所提出的问题。

2）应对图纸进行交底和解释。

3）投标预备会结束后，由招标人整理会议记录和解答内容，以书面形式将问题及解答同时送达所有获得招标文件的投标人。

4）所有参加投标预备会的投标人应签到登记，以证明出席投标预备会。

5）不论招标人以书面形式向投标人发放的任何文件，还是投标人以书面形式提出的任何问题，均应以书面形式予以确定。

7. 询价及市场调查

询价及市场调查是投标报价的基础。为了能够准确地确定投标报价，在投标报价之前，投标人应当通过各种渠道，采用各种方式对工程所需的各种材料和设备等的价格、工资标准、质量、供应时间、供应数量等与报价有关的市场价格信息进行调查，为准确报价提供依据。

8. 计算和复核工程量

为了使建筑市场形成有序的价格竞争，在工程招（投）标中采用工程量清单计价是国际上较为通行的做法。在施工招（投）标过程中，我国现已大力推行工程量清单计价模式。招标人或委托具有工程造价咨询资质的中介机构按照工程量清单计价办法和招标文件的有关规定，根据施工图纸及施工现场实际情况编制反映工程实体消耗和措施性消耗的工程量清单，并作为招标文件的一部分提供给投标人，由投标人依据工程量清单自主报价。

对于招标文件中的工程量清单，投标人一定要进行校核，复核工程量要与招标文件中所给的工程量进行对比。因为这直接影响到投标报价及中标机会。复核工程量应注意以下几个方面：

（1）针对工程量清单中工程量的遗漏或错误，是否向招标人提出修改意见取决于投标策略。投标人可以运用一些报价的技巧提高报价的质量，争取在中标后能获得更大的收益。例如，当投标人大体上确定了工程总报价之后，对某些项目工程量可能增加的，可以提高单价；而对某些项目工程量估计会减少的，可以降低单价。

（2）复核工程量的目的不是修改招标人提供的工程量清单，也就是说即使有误，招标人也不能自己随意修改工程量清单。因为工程量清单是招标文件的一部分，如投标人擅自修改工程量清单，属于实质上不响应投标文件的要求，投标按废标处理。对工程量清单存在的错误，可以向招标人提出，由招标人统一修改，并把修改情况通知所有投标人。

如发现工程量有重大出入的，特别是漏项的，必须及时找招标人核对，要求招标人认可，并给予书面证明，这对于总价固定合同尤为重要。

9. 确定施工方案

施工方案是投标内容中的一个重要部分，是投标报价的一个前提条件，也是投标人评标时要考虑的因素之一，反映了投标人的施工技术、管理、机械装备等水平。施工方案应由投标人的技术专家负责主持制定，主要考虑施工方法、主要施工机具的配置、各工种劳动力需用量计划及现场施工人员的配备、施工进度计划（横道图与网络图）、施工质量保证体系、安全及环境保护和现场平面布置图等。投标人对拟定的施工方案进行费用和成本的计算，以此作为报价的重要依据。

10. 报价决策

投标报价决策是建筑工程投标活动中的另一个重要工作，是指投标人在投标竞争中的系统工作部署及其参与投标竞争的方式和手段。报价是否得当是影响投标成败的关键。采用一定的策略和技巧，进行合理报价，不仅要求对业主有足够的吸引力，增加投标的中标率，而且应使承包商获得一定的利益。因此，只有结合投标环境，在分析企业自身的竞争优势和劣势的基础上，制定正确的报价策略才有可能得到一个合理而有竞争力的报价。常用的报价策略主要有：

（1）根据招标项目的不同特点采用不同报价：

1）遇到如下情况报价可高一些：①施工条件差的工程；②专业要求高的技术密集型工程，而投标人在这方面又能有专长，声望较高；③总价低的小工程，以及自己不愿做又不方便不投标的工程；④特殊的工程，如港口码头、地下开挖工程等；⑤工期要求急的工程；⑥投标对手少的工程；⑦支付条件不理想的工程等。

2）遇到如下情况报价可低一些：①施工条件好的工程；②工作简单、工程量大而其他投标人都可以做的工程；③投标人目前急于打入某一地区、某一市场；④投标对手多，竞争激烈的工程；⑤非急需工程；⑥支付条件好的工程。

（2）不平衡报价法。不平衡报价法是指一个工程项目的投标报价，在总价基本确定后，通过调整内部各个项目的报价，以期既不提高总报价、不影响中标，又能在结算时得到更理想的经济效益。一般适用以下情况：

1）对能先拿到工程款的项目（如建筑工程中的土方、基础等前期工程）的单价可以报高一些，有利于资金周转，提高资金时间价值。后期工程如设备安装、装饰工程等的报价可适当降低。

2）预计今后工程量会增加的项目，单价适当提高，这样在最终结算时可多盈利，而将来工程量有可能减少的项目单价降低，工程结算时损失不大。

3）设计图纸不明确、修改后工程量要增加的，可以提高单价；而工程内容说明不清楚的，则可以降低一些单价。

4）没有工程量的，只填单价的项目（如土方工程中的挖淤泥、岩石等），其单价宜高，这样做既不影响投标报价，以后发生时又可多获利。

5）暂定项目又叫任意项目或选择项目，对这类项目如以后施工的可能性较大，价格可高些；如施工的可能性较小，价格可低些。

采用不平衡报价法，一定要建立在对工程量表中工程量仔细核对分析的基础上，优点是总价相对稳定，不会过高；缺点是难以掌握单价报高或报低的合理幅度，不确定因素较多，调整幅度过大，有可能成为废标。因此调整幅度一定要控制在合理幅度内，一般为8%~10%。

（3）多方案报价法。对于一些招标文件，如果发现工程范围不明确，条款不清楚或很不公正，或技术规范要求过于苛刻时，则要在充分估计投标风险的基础上，按多方案报价法处理，即按原招标文件的要求报一个价，然后再提出如某某条款做某些变动，报价可降低多少，由此可报出一个较低的价。这样可以降低总价，吸引招标人。

（4）计日工单价的报价。如果是单纯报计日工单价，而且不计入总价中，可以报高些，以便在招标人额外用工或使用施工机械时可多盈利。但如果计日工单价要计入总报价时，则需具体分析是否报高价，以免抬高总报价。

（5）突然降价法。这是一种为迷惑竞争对手而采用的一种竞争方法。通常的做法是，在准备投标报价的过程中预先考虑好降价的幅度，然后有意散布一些假情报，如打算弃标、按一般情况报价或准备报高价等，等临近投标截止日期前，突然前往投标，并降低报价，以战胜竞争对手。

（6）许诺优惠条件。投标报价时附带优惠条件是一种行之有效的手法。招标人评标时，除了主要考虑报价和技术方案外，还要分析别的条件，如工期、支付条件等，投标人许诺一些优惠条件，可增加中标机会。

11. 编制并提交投标文件

经过上述的准备工作后，投标人就要开始着手编制投标文件。投标人在编制投标文件时，一定要按照招标文件的要求和格式进行编写，如不按要求编制投标文件，按废标处理。投标文件编制结束后，按招标文件的要求进行密封，并按招标文件中规定的时间、地点递交投标文件。

12. 参加开标会议

开标会议是招标人主持召开一个会议，主要目的是为了体现招（投）标过程的公开、公正、公平原则。投标人在递交投标文件之后，应按招标文件中规定的时间、地点参加开标会议。按照惯例，投标人不参加开标会议的，视为弃标，其投标文件将不予启封，不予唱标，不允许参加评标。开标会议主要有以下内容：

（1）宣布开标纪律。
（2）公布在投标截止时间前递交投标文件的投标人名称，并点名确认投标人是否派人到场。
（3）宣布开标人、唱标人、记录人、监标人等有关人员姓名。
（4）按照投标人须知前附表的规定检查投标文件的密封情况。
（5）按照投标人须知前附表的规定确定并宣布投标文件的开标顺序。
（6）设有标底的，公布标底。
（7）按照宣布的开标顺序当众开标，公布投标人名称、标段名称、投标保证金的递交情况、投标报价、质量目标、工期及其他内容，并记录在案。
（8）投标人代表、招标人代表、监标人、记录人等有关人员在开标记录上签字确认。

13. 接受招标人或招标代理人的询问

投标人在参加完开标会议后，招（投）标活动进入评标阶段。在评标期间，评标委员会要求澄清投标文件中不清楚问题的，投标人应积极予以说明、解释、澄清。澄清投标文件一般可以采用向投标人发出书面询问，由投标人书面做出说明或澄清的方式，也可以采用召开澄清会的方式。

14. 接受中标通知书，签订合同，领回投标保证金，提交履约保函

经评标，投标人被确定为中标人后，应接受招标人发出的中标通知书。中标人收到中标通知书后，应在规定的时间和地点与招标人签订施工合同。招标人和中标人应当自中标通知书发出之日起的 30 日内根据相关法律规定，依据招标文件、投标文件的要求签订合同。同时，按照招标文件的要求提交履约保证金或履约保函，招标人同时退还中标人的投标保证金。中标人与招标人正式签订合同后，应按要求将合同副本分送有关主管部门备案。未中标的投标人有权要求招标人退还其投标保证金。

至此，投标程序结束。实际上，招标程序与投标程序是两个相对应的工作程序，如图 3-2 所示。

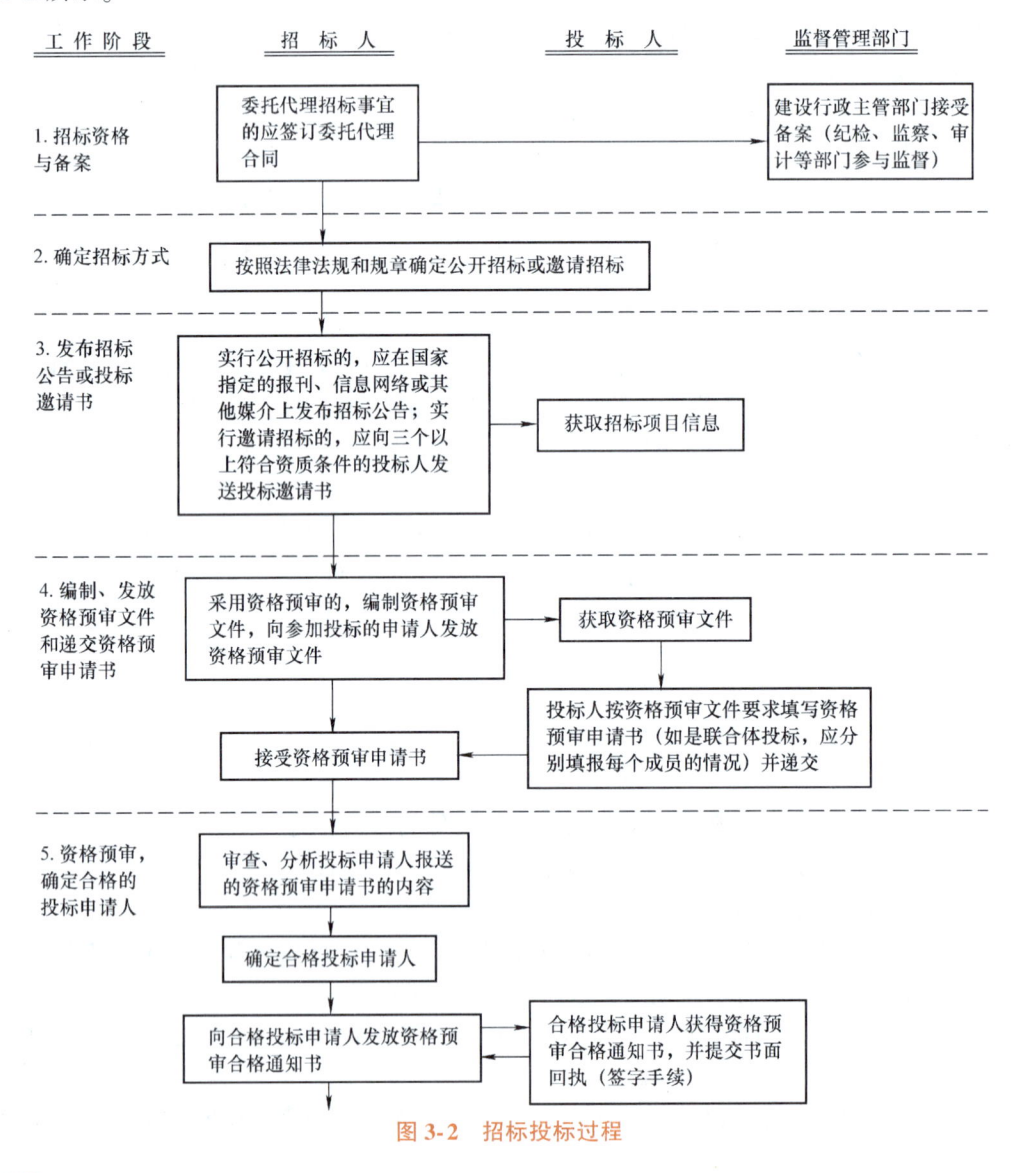

图 3-2　招标投标过程

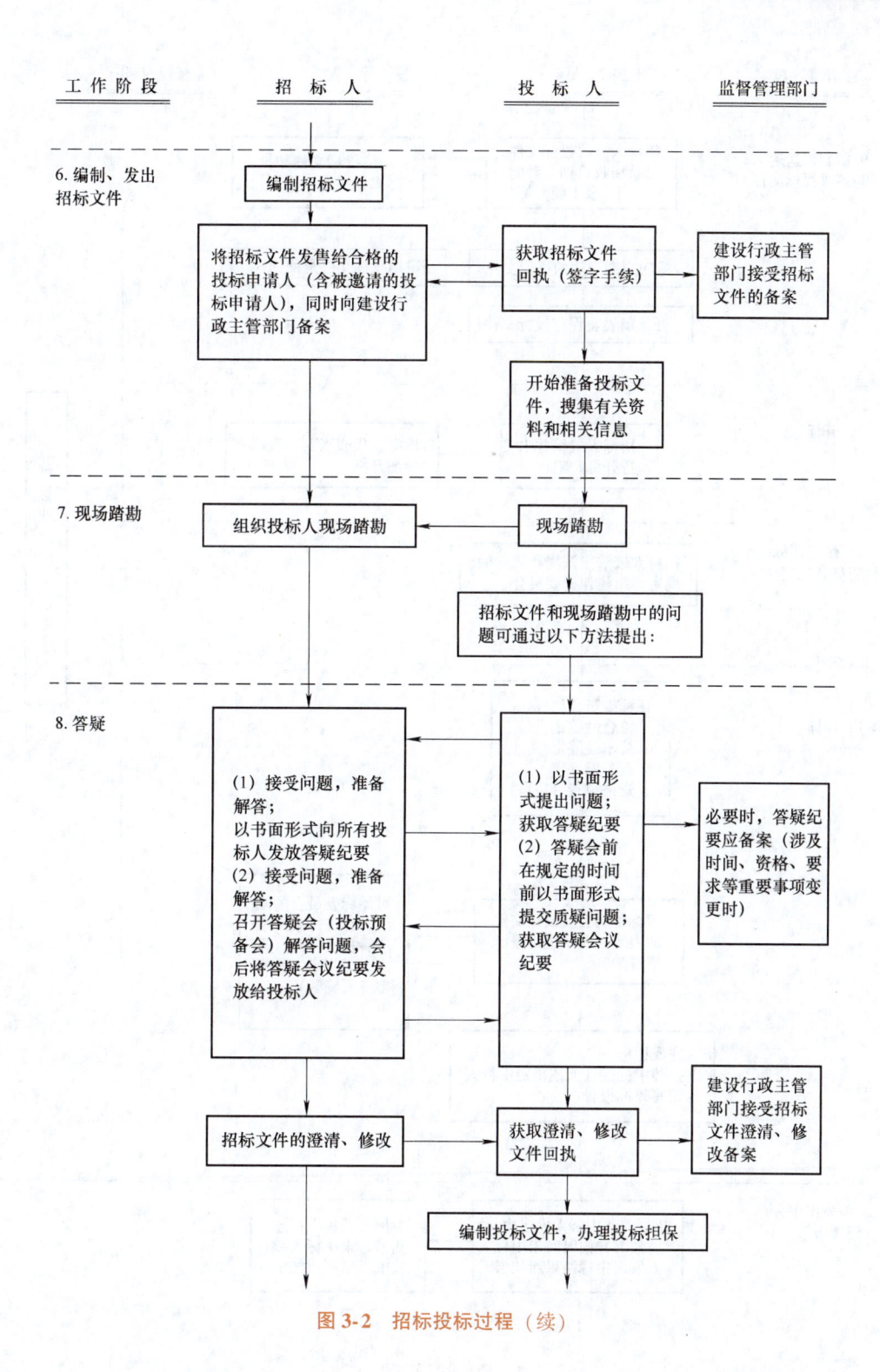

单元三
建设工程施工投标

工作阶段	招标人	投标人	监督管理部门

6. 编制、发出招标文件

编制招标文件

将招标文件发售给合格的投标申请人（含被邀请的投标申请人），同时向建设行政主管部门备案

获取招标文件回执（签字手续）

建设行政主管部门接受招标文件的备案

开始准备投标文件，搜集有关资料和相关信息

7. 现场踏勘

组织投标人现场踏勘 ← 现场踏勘

招标文件和现场踏勘中的问题可通过以下方法提出：

8. 答疑

（1）接受问题，准备解答；
以书面形式向所有投标人发放答疑纪要
（2）接受问题，准备解答；
召开答疑会（投标预备会）解答问题，会后将答疑会议纪要发放给投标人

（1）以书面形式提出问题；获取答疑纪要
（2）答疑会前在规定的时间前以书面形式提交质疑问题；获取答疑会议纪要

必要时，答疑纪要应备案（涉及时间、资格、要求等重要事项变更时）

招标文件的澄清、修改 → 获取澄清、修改文件回执

建设行政主管部门接受招标文件澄清、修改备案

编制投标文件，办理投标担保

图 3-2　招标投标过程（续）

图 3-2　招标投标过程（续）

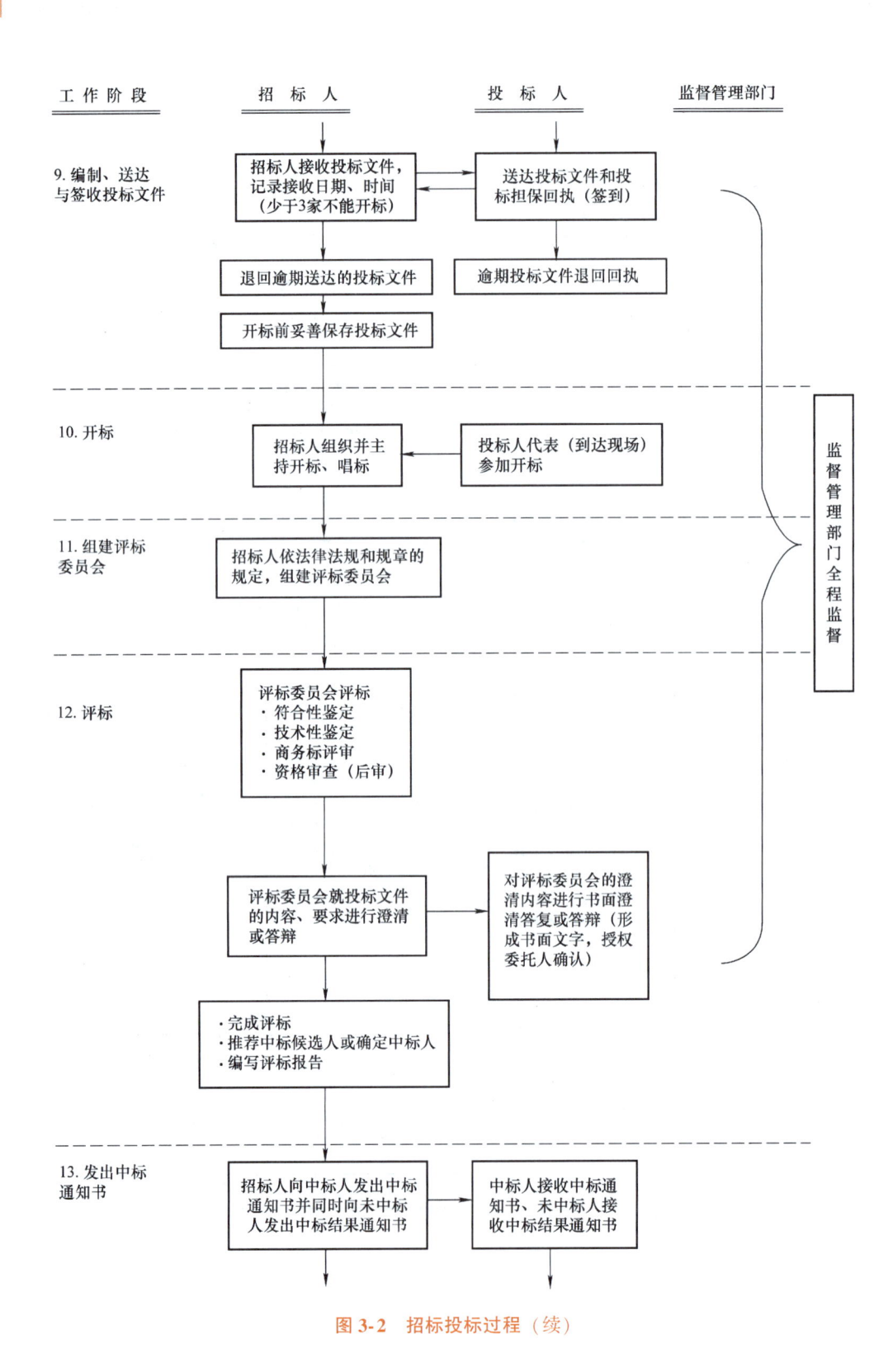

图 3-2　招标投标过程（续）

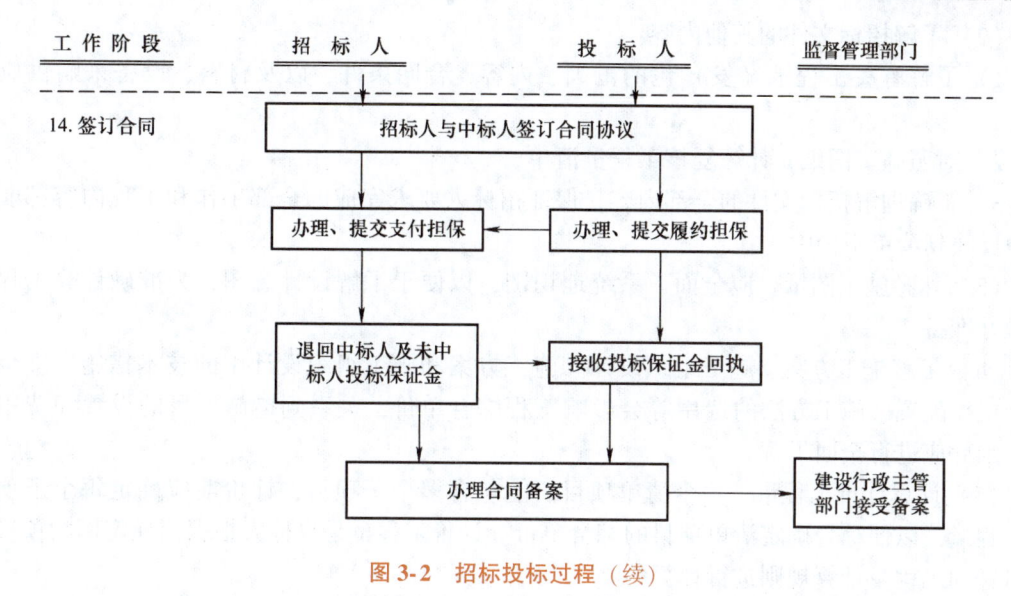

课题三　建设工程施工投标报价

投标报价是按照国家有关部门计价的规定和投标文件的规定，依据招标人提供的工程量清单、施工图纸、施工现场情况、拟定的施工方案、企业定额以及市场价格，在考虑风险、成本、企业发展战略等因素的条件下编制的参加建设项目投标竞争的价格。它是影响承包商投标成败的关键性因素。因此，正确编制建设工程施工投标报价十分重要。我国现在主要采用工程量清单计价模式的投标报价。

一、投标报价的主要依据

根据《计价规范》规定，投标报价应根据下列依据编制：
（1）工程量清单计价相关规范。
（2）国家或省级、行业建设主管部门颁发的计价办法。
（3）企业定额，国家或省级、行业建设主管部门颁发的计价定额。
（4）招标文件、工程量清单及其补充通知、答疑纪要。
（5）建设工程设计文件及相关资料。
（6）施工现场情况、工程特点及拟定的施工组织设计或施工方案。
（7）与建设项目相关的标准、规范等技术资料。
（8）市场价格信息或工程造价管理机构发布的工程造价信息。
（9）其他的相关资料。

二、投标报价的步骤及编制方法

（1）熟悉工程量清单。应了解清单项目、项目特征以及所包含的工程内容等，以保证正确计价。

(2) 了解招标文件的其他内容:

1) 了解有关工程承(发)包的范围、内容、合同条件,以及材料、设备采购供应方式等。

2) 对照施工图纸,计算复核工程量清单。

3) 正确理解招标文件的全部内容,保证招标人要求完成的全部工作和工程内容都能准确地反映到清单报价中。

(3) 熟悉施工图纸。应全面、系统地识图,以便于了解设计意图,为准确计算工程造价做好准备。

(4) 了解施工方案、施工组织设计。施工方案和施工组织设计中的技术措施、安全措施、机械配置、施工方法的选用等会影响工程综合单价,关系到措施项目的设置和费用内容,因此应进行全面了解。

(5) 计算计价工程量。一个清单项目可能包含多个子项目,计价前应确定每个子项目的工程量,以便综合确定清单项目的综合单价。计价工程量是投标人根据消耗定额的项目划分口径和工程量计算规则进行计算的。

(6) 综合单价计算:

1) 综合单价是完成每个清单项目发生的直接费、管理费、利润等全部费用的综合。

2) 综合单价是完成每个清单项目所包含的工程内容的全部子项目的费用综合。

3) 综合单价应包括清单项目内容没有体现,而在施工过程中又必须发生的工程内容所需的费用。

4) 综合单价应综合考虑在各种施工条件下需要增加的费用。

综合单价一般以消耗定额、基础单价和前述的分析为基础进行计算。不同时期的人工单价、材料单价、机械台班单价应反映在综合单价内,管理费和利润应包括在综合单价内。

(7) 计算分部分项工程费。根据清单工程量和综合单价可以计算分部分项工程费,即

$$分部分项工程费 = \Sigma(各项目清单工程量 \times 综合单价)$$

计算分部分项工程费时常采用表3-1的方式进行。

表3-1 分部分项工程量清单与计价表

工程名称: 　　　　　标段: 　　　　　　　　　　　　　　　　　第　页共　页

序号	项目编码	项目名称	项目特征描述	计量单位	工程量	金额/元		
						综合单价	合价	其中:暂估价
本页小计								
合计								

(8) 计算措施项目费。投标报价时，措施项目费由投标人根据自己企业的情况自行计算，措施项目清单与计价表见表3-2。投标人没有计算或少计算的费用，视为此费用已包括在其他费项目内，额外的费用除招标文件和合同约定外，一般不予支付，这一点要特别注意。

表3-2 措施项目清单与计价表

工程名称：　　　　　　　标段：　　　　　　　　　　　　　　　　　　　第 页共 页

序　号	项 目 名 称	计 算 基 础	费率（%）	金额/元
（一）	通用措施项目			
1	现场安全文明施工			
1.1	基本费			
1.2	考评费			
1.3	奖励费			
2	夜间施工			
3	冬（雨）期施工			
4	已完工程及设备保护			
5	临时设施			
6	材料与设备检验试验			
7	赶工措施			
8	工程按质论价			
（二）	专业工程措施项目			
1	各专业工程以"费率"计价的措施项目			
……	……			
合　计				

(9) 计算其他项目费。编制人可参考各地制定的费用项目和计算方法进行计算，其他项目清单与计价汇总表见表3-3。

表3-3 其他项目清单与计价汇总表

工程名称：　　　　　　　标段：　　　　　　　　　　　　　　　　　　　第 页共 页

序　号	项 目 名 称	计量单位	金　额/元	备　注
1	暂列金额			详见明细表
2	暂估价			—
2.1	材料暂估价			详见明细表
2.2	专业工程暂估价			详见明细表
3	计日工			详见明细表
4	总承包服务费			详见明细表
……	……			
合计				

(10) 计算规费、税金，汇总即为单位工程造价。

课题四　建设工程施工投标文件

建设工程施工投标文件是招标人判断投标人是否愿意参加投标的依据，也是评标委员会进行评审和比较的对象，中标的投标文件和招标文件一起成为施工合同的组成部分。因此，投标人必须高度重视建设工程施工投标文件的编制工作。

一、投标文件的组成

建设工程施工投标文件，是建设工程施工投标人单方面阐述自己响应招标文件要求，旨在向招标人提出愿意订立合同的意思表示，是投标人确定、修改和解释有关招标事项的各种书面表达形式的统称。从合同订立过程来分析，投标人按招标文件要求编制的投标文件属于要约，即向招标人发出的希望与对方订立合同的意思表示，投标文件应符合下列条件：

（1）必须明确向招标人表示愿以招标文件的内容要求订立合同的意思。
（2）必须对招标文件中的要求和条件做出实质上的响应，不得以低于成本报价竞标。
（3）必须按照规定的时间、地点递交。

建设工程施工投标文件是由一系列有关投标方面的书面资料组成的，一般来说，投标文件由以下几个部分组成：

（1）投标函及投标函附录。
（2）法定代表人身份证明或附有法定代表人身份证明的授权委托书。
（3）联合体协议书。
（4）投标担保函。
（5）已标价工程量清单及报价表。
（6）施工组织设计。
（7）项目管理机构。
（8）拟分包项目情况表。
（9）对招标文件中合同协议条款内容的确认和响应。
（10）资格审查资料（采用资格后审时）。
（11）投标人须知前附表规定的其他材料。

实际上，投标文件最主要的是三个部分：投标函、商务标部分和技术标部分。

二、投标文件的编制

1. 投标文件的编制步骤

投标人在领取招标文件之后，就要进行招标文件的编制工作。编制投标文件的一般步骤是：

（1）熟悉招标文件、图纸、资料，对图纸、资料有不清楚、不理解的地方，可以用书面或口头方式向招标人询问、澄清。
（2）参加现场踏勘和投标预备会。
（3）调查当地材料供应和价格情况。
（4）了解交通运输条件和有关事项。

(5) 编制施工组织设计，复查、计算图纸工程量。
(6) 编制招标单价。
(7) 计算取费标准或确定取费标准。
(8) 计算投标报价。
(9) 核对、调整投标报价。
(10) 确定投标报价。
(11) 装订成册。

2. 编制建设工程施工投标文件的注意事项

编制投标文件时的注意事项如下：

(1) 投标人编制投标文件时必须使用招标文件提供的投标文件表格格式，但表格可以按同样的格式扩展。投标保证金、履约保证金的方式，按招标文件有关条款的规定可以选择。投标人根据招标文件的要求和条件填写投标文件的空格时，凡要求填写的空格都必须填写，不得空着不填；实质性的项目或数字如工期、质量等级、价格等未填写的，属于实质上不响应招标文件的要求，投标文件按废标处理。

(2) 应当编制的投标文件"正本"仅一份，"副本"的数量则按招标文件前附表所述的份数提供，同时在封面上要明确标明"投标文件正本"和"投标文件副本"字样。投标文件正（副）本如有不一致之处，以正本为准。

(3) 投标文件正本与副本均应使用不能擦去的墨水打印或书写，各种投标文件的填写都要字迹清晰、端正，补充资料要整洁、美观。

(4) 填报投标文件应反复校核，保证分项和汇总计算均无错误。全套投标文件均应无涂改和行间插字，除非这些删改是根据招标人的要求进行的，或者是投标人造成的必须修改的错误。修改处应由投标文件签字人签字证明并加盖印鉴。

(5) 所有投标文件均由投标人的法定代表人签署、加盖印鉴，并加盖法人单位公章。

(6) 投标人应将投标文件的正本和副本分别密封在内层包封，再密封在一个外层包封中，并在内包封上正确标明"投标文件正本"和"投标文件副本"字样。内、外包封上都应写明招标人名称和地址、合同名称、工程名称、招标编号，并注明开标时间以前不得开封。如果内外层包封没有按上述规定密封并加写标记，招标人将不承担投标文件错放或提前开封的责任，没有按规定密封并加写标记的投标文件，招标人可以拒绝接受，并退还给投标人。

(7) 认真对待招标文件中关于废标的条件，以免投标文件被判为无效标书而前功尽弃。

投标文件有下列情形之一的，在开标时将被作为无效或作废的投标文件，不能参加评标：

1) 投标文件未按规定标记、密封的。
2) 未经法定代表人签署或未加盖投标人公章或未加盖法定代表人印鉴的。
3) 未按规定的格式填写，内容不全或字迹模糊辨认不清的。
4) 投标截止时间以后送达的投标文件。
5) 招标文件中规定的其他情况。

投标人在编制投标文件时应避免上述情况发生。

3. 投标文件的递交

投标人应当在招标文件前附表规定的投标截止时间之前、到规定的地点将投标文件递交给招标人。招标人可以按招标文件中的投标人须知中规定的方式，酌情延长递交投标文件的截止日期；如延长了投标截止日期，招标人与投标人以前在投标截止日期方面的全部权利、责任和义务，将适用于延长后新的投标截止日期。在投标截止日期以后送达的投标文件，招标人应当拒绝接收。

投标人可以在递交投标文件以后，在规定的投标截止时间之前，采用书面形式向招标人递交补充、修改或撤回其投标文件的通知。在投标截止日期之后的投标有效期内，投标人不能修改、撤回投标文件，但可以澄清、说明投标文件，因为在评标时，投标文件中有含义不明确的内容、明显文字或者计算错误，评标委员会认为需要投标人做出必要澄清、说明的，应当书面通知该投标人，投标人的澄清、说明应当采用书面形式，并不得超出投标文件的范围或者改变投标文件的实质性内容，澄清、说明材料为投标文件的组成部分。在投标截止时间与规定的投标有效期终止日之间的这段时间内，投标人不能撤回、撤销或修改其投标文件，否则其投标保证金将不予退回。

编制投标文件常见注意事项

课题五　建设工程施工招（投）标案例

范例一　某项目招标文件

某学院图书馆建设项目施工招标文件

第一章　投标人须知

投标人须知前附表

项目号	条款号	内容	说明与要求
1	1.1	工程名称	某学院图书馆建设项目
2	1.1	建设地点	武汉市××区××镇××村
3	1.1	建设规模	本项目的建设面积约为12108m^2
4	1.1	承包方式	施工总承包
5	1.1	质量标准	达到国家现行施工验收规范的合格标准
6	2.1	招标范围	施工设计图纸范围内的土建、水电安装等所有内容
7	2.2	工期要求	计划工期：360 日历天 计划开工日期：2020 年 10 月 10 日
8	3.1	资金来源	企业自筹
9	4.1	投标人资质等级要求	房屋建筑工程施工总承包三级及以上资质
		项目经理资格要求	建筑工程二级及以上注册建造师资格
10	4.3	资格审查方式	资格预审
11	13.1	工程报价方式	采用工程量清单计价（综合单价法）
12	15.1	投标有效期	90 日历天（从投标截止之日算起）

（续）

项目号	条款号	内容	说明与要求
13	16.1	投标担保金额	人民币500000.00元，投标保证金必须在投标截止日期前到达以下账户，并以收款单位出具的投标保证金收款收据作为凭证： 收款单位： 开户银行： 行　号： 账　号：
14	5.1	现场踏勘	投标人自行现场踏勘
15	17.1	安全生产管理目标	安全合格施工现场（市级安全优良施工现场）
		文明施工管理目标	文明施工优良工地（市级文明施工样板工地）
16	18.1	投标文件份数	文本一式三份，正本一份，副本二份
17	21.1	投标文件提交地点及截止时间	截止时间：2020年9月19日9时30分 收件人：某工程招标有限公司 地点：湖北省建设工程招标投标交易管理中心
18	25.1	开标	开标时间：2020年9月19日9时30分 开标地点：湖北省建设工程招标投标交易管理中心
19	33.2	评标方法及标准	综合评估法（详见附件3）
20	33.3	定标原则	招标人按照评标委员会推荐的中标候选人，依排名顺序，依法依序确定中标人
21	37	担保金额	投标人提供的履约担保金额为合同价款的　10　% 招标人提供的支付担保金额为合同价款的　10　%

注：招标人根据需要填写"说明与要求"的具体内容。

一、总则

1. 工程说明

1.1　本招标工程项目说明详见投标人须知前附表第1项~第5项。

1.2　本招标工程项目按照《建筑法》《招标投标法》等有关法律、行政法规和部门规章，通过公开招标方式选定承包人。

2. 招标范围及工期

2.1　本招标工程项目的范围详见投标人须知前附表第6项。

2.2　本招标工程项目的工期要求详见投标人须知前附表第7项。

3. 资金来源

3.1　本招标工程项目资金来源详见投标人须知前附表第8项。

4. 合格的投标人

4.1　投标人资质等级要求详见投标人须知前附表第9项。

4.2　投标人合格条件详见本招标工程施工招标公告。

4.3　本招标工程项目采用投标人须知前附表第10项所述的资格审查方式确定合格投标人。

5. 现场踏勘

5.1　投标人按投标人须知前附表第14项所述自行对工程现场及周围环境进行踏勘，投标人承担踏勘现场所发生的自身费用。

5.2　招标人向投标人提供的有关现场的数据和资料，是招标人现有的能被投标人利用的资料，招标人对投标人做出的任何推论、理解和结论均不负责任。

5.3　投标人可为踏勘目的进入招标人的项目现场，但投标人不得因此使招标人承担有关的责任和蒙受损失。投标人应承担现场踏勘的全部费用、责任和风险。

6. 投标费用

6.1　投标人应承担其参加本招标活动自身所发生的一切费用。

二、招标文件

7. 本招标文件的组成

7.1　招标文件包括下列内容：
第一章　投标人须知
第二章　合同条款
第三章　合同文件格式
第四章　工程建设标准
第五章　图纸
第六章　工程量清单
第七章　投标文件综合标格式
第八章　投标文件商务标格式
第九章　投标文件技术标格式
第十章　附件
附件1：工程招标工作日程安排表
附件2：专用条款
附件3：评标方法及标准
附件4：需要说明的其他事项
附件5：工程量清单

7.2　除第7.1条内容外，招标人在提交投标文件截止时间__15__日前，以书面形式发出的对招标文件的澄清或修改内容均为招标文件的组成部分，对招标人和投标人起约束作用。

7.3　投标人获取招标文件后，应仔细检查招标文件的所有内容，如有残缺等问题应在获得招标文件3日内向招标人提出，否则，由此引起的损失由投标人自己承担。投标人同时应认真审阅招标文件中所有的事项、格式、条款和规范要求等，若投标人的投标文件没有按招标文件要求提交全部资料，或投标文件没有对招标文件做出实质性响应，其风险由投标人自行承担，并根据有关条款规定，该投标有可能被拒绝。

8. 招标文件的澄清

8.1　投标人若对招标文件有任何疑问，应于投标截止日期前__16__日以书面形式向招标人提出澄清要求，书面文件送至某招标有限公司，同时将电子版文件发送至某电子邮箱。无论是招标人根据需要主动对招标文件进行必要的澄清，或是根据投标人的要求对招标文件做出澄清，招标人都将于投标截止时间__15__日前以书面形式予以澄清，同时将书面澄清文件向所有投标人发送。投标人在收到该澄清文件后应于__当__日内,以书面形式给予确认,该澄清文件作为招标文件的组成部分,具有约束作用。

9. 招标文件的修改

9.1 招标文件发出后,在提交投标文件截止时间__15__日前,招标人可对招标文件进行必要的澄清或修改。

9.2 招标文件的修改将以书面形式发送给所有投标人,投标人应于收到该修改文件后__当__日内以书面形式给予确认。招标文件的修改内容作为招标文件的组成部分,具有约束作用。

9.3 招标文件的澄清、修改、补充等内容均以书面形式明确的内容为准。当招标文件、投标文件的澄清、修改、补充等在同一内容的表述上不一致时,以最后发出的书面文件为准。

9.4 为使投标人在编制投标文件时有充分的时间对招标文件的澄清、修改、补充等内容进行研究,必要时,招标人将酌情延长提交投标文件的截止时间,具体时间将在招标文件的修改、补充通知中予以明确。

三、投标文件的编制

10. 投标文件的语言及度量衡单位

10.1 投标文件和与投标有关的所有文件的语言文字均使用中文。

10.2 除工程规范另有规定外,投标文件使用的度量衡单位,均采用中华人民共和国法定计量单位。

11. 投标文件的组成

11.1 投标文件由综合标、商务标和技术标三部分组成。

11.2 综合标主要包括下列内容:

11.2.1 投标函。

11.2.2 投标函附录。

11.2.3 投标担保(银行保函、投标保证金)。

11.2.4 法定代表人身份证明书。

11.2.5 投标文件签署授权委托书。

11.2.6 招标文件要求投标人提交的其他投标资料。

综合标必须包括但不限于:

(1) 企业营业执照(复印件)。

(2) 企业资质等级证书(复印件)。

(3) 企业安全生产许可证(复印件)。

11.2.7 项目管理机构配备

(1) 项目管理机构配备情况表,本表后附但不限于:项目班子成员的岗位证书、学历证书、职称证书等(复印件)及工程经验的证明资料。

(2) 项目经理简历表,本表后附但不限于:

1) 项目经理只承担本工程的承诺。

2) 项目经理身份证、学历证书、职称证书、注册建造师证书等(复印件)。

3）项目经理类似工程经验证明文件，包括施工合同、施工许可证、竣工验收证明单等（复印件）。

（3）项目技术负责人简历表，本表后附但不限于：

1）项目技术负责人身份证、学历证书、职称证书等（复印件）。

2）项目技术负责人类似工程经验证明文件，包括施工合同、施工许可证、竣工验收证明单等（复印件）。

（4）其他辅助说明资料（证明等）。

11.3 商务标主要包括下列内容：

（1）投标总价。

（2）总说明。

（3）工程项目投标报价汇总表。

（4）单项工程投标报价汇总表。

（5）单位工程投标报价汇总表。

（6）分部分项工程量清单与计价表。

（7）工程量清单综合单价分析表。

（8）措施项目清单与计价表（一）。

（9）措施项目清单与计价表（二）。

（10）其他项目清单与计价汇总表。

（11）暂列金额明细表。

（12）材料暂估单价表。

（13）专业工程暂估价表。

（14）计日工表。

（15）总承包服务费计价表。

（16）规费、税金项目清单与计价表。

（17）投标报价需要的其他资料。

11.4 技术标主要包括下列内容：

11.4.1 施工组织设计或施工方案应包括下列内容：

（1）各分部分项工程的主要施工方法。

（2）拟投入的主要物资计划。

（3）拟投入的主要施工机械设备情况。

（4）劳动力安排计划。

（5）确保工程质量的技术组织措施。

（6）确保安全生产的技术组织措施。

（7）确保文明施工的技术组织措施。

（8）确保工期的技术组织措施。

（9）施工总进度表或施工网络图。

（10）施工总平面布置图。

（11）有必要说明的其他内容。

11.4.2 拟分包项目情况。

12. 投标文件格式

12.1 投标文件包括投标人须知第11条中规定的内容，投标人提交的投标文件应当使用投标人须知第7.1条中第七、第八、第九章所提供的投标文件的全部格式（表格可以按同样格式扩展）。

13. 工程量清单、工程量清单计价

13.1 本工程采用工程量清单计价，执行标准为《计价规范》。

13.2 工程量清单的编制

13.2.1 工程量清单应由具有编制能力的招标人或受其委托，具有相应资质的工程造价咨询人编制。

13.2.2 工程量清单作为招标文件的组成部分，其准确性和完整性由招标人负责。投标人依据工程量清单进行投标报价，对工程量清单不负有核实的义务，更不具有修改和调整的权力。

13.2.3 工程量清单是工程量清单计价的基础，是编制招标控制价、投标报价、计算工程量、支付工程款、调整合同价款、办理竣工结算以及工程索赔等的依据之一。

13.2.4 工程量清单应由分部分项工程量清单、措施项目清单、其他项目清单、规费项目清单、税金项目清单组成。

13.2.5 编制工程量清单的依据：

（1）《计价规范》。

（2）国家或省级、行业建设主管部门颁发的计价依据和办法。

（3）建设工程设计文件。

（4）与建设工程项目有关的标准、规范、技术资料。

（5）招标文件及其补充通知、答疑纪要。

（6）施工现场情况、工程特点及常规施工方案。

（7）其他相关资料。

13.2.6 编制工程量清单时出现《计价规范》附录中未包括的项目，编制人应作补充，并报省工程造价管理机构备案。

13.2.7 分部分项工程量清单的项目特征是确定一个清单项目综合单价的重要依据，在编制的工程量清单中必须对其项目特征进行准确和全面的描述。

13.2.8 招标人可依据项目特性，选择有代表性的或组成合同造价占较大比重的分部分项工程量清单项目，要求投标人做出"主要工程量清单综合单价分析表"。如招标文件未作详细规定，则投标人应做一份全部分部分项工程量清单的"工程量清单综合单价分析表"，按招标文件规定的次序附在投标文件商务标的正本中。

13.2.9 依据《关于公布取消和停止征收100项行政事业性收费项目的通知》（财综[2008]78号）的规定，工程定额测定费自2009年1月1日起取消收费，规费项目清单中不列该项。

13.3 工程量清单计价

13.3.1 采用工程量清单计价的，建设工程造价由分部分项工程费、措施项目费、其他项目费、规费和税金组成。

13.3.2 分部分项工程量清单采用综合单价计价。

13.3.3 招标文件中的工程量清单标明的工程量是投标人投标报价的共同基础，竣工结算的工程量按发、承包双方在合同中约定应予计量且实际完成的工程量确定。

13.3.4 措施项目清单计价应根据拟建工程的施工组织设计进行，可以计算工程量的措施项目，应按分部分项工程量清单的方式采用综合单价计价；其余的措施项目以"项"为单位的方式计价，应包括除规费、税金外的全部费用。

13.3.5 措施项目清单中的安全文明施工费应按照国家或省级、行业建设主管部门的规定计价，不得作为竞争性费用。

13.3.6 其他项目清单应根据工程特点和投标人须知第13.4.6、第13.5.6条的规定计价。

13.3.7 招标人在工程量清单中提供了暂估价的材料和专业工程属于依法必须招标的，由承包人和招标人共同通过招标确定材料单价与专业工程分包价。

若材料不属于依法必须招标的，经发、承包双方协商确认单价后计价。

若专业工程不属于依法必须招标的，由发包人、总承包人与分包人按有关计价依据进行计价。

13.3.8 规费和税金应按国家或省级、行业建设主管部门的规定计算，不得作为竞争性费用。

13.3.9 招标人应在招标文件或合同中明确风险的内容及范围（幅度），不得采用无限风险、所有风险或类似语句规定风险的内容及范围（幅度）。如招标文件或合同中未明确风险的内容及范围（幅度），则发、承包双方对施工阶段的风险按《计价规范》条文说明中相关条款规定的原则分摊。

13.4 招标控制价

13.4.1 实行工程量清单招标的项目招标人应设置招标控制价。招标控制价超过批准的概算时，招标人应将其报原概算部门审核。投标人的投标报价高于招标控制价的，其投标将被拒绝。

13.4.2 招标控制价应由具有编制能力的招标人，或受其委托具有相应资质的工程造价咨询人编制。

13.4.3 招标控制价应根据下列依据编制：
（1）《计价规范》。
（2）国家或省级、行业建设主管部门颁发的计价定额和计价办法。
（3）建设工程设计文件及相关资料。
（4）招标文件中的工程量清单及有关要求。
（5）与建设项目相关的标准、规范、技术资料。
（6）工程造价管理机构发布的工程造价信息；工程造价信息没有发布的，参照市场价。
（7）其他的相关资料。

13.4.4 分部分项工程费应根据招标文件中的分部分项工程量清单项目的特征描述及有关要求，按投标人须知第13.3条的规定确定综合单价计算。

综合单价中应包括招标文件中要求投标人承担的风险费用。

招标文件提供了暂估单价的材料的，按暂估的单价计入综合单价。

13.4.5 措施项目费应根据招标文件中的措施项目清单按投标人须知第13.3条的规定计价。

13.4.6　其他项目费应按下列规定计价：
（1）暂列金额应根据工程特点，按有关计价规定估算。
（2）暂估价中的材料单价应根据工程造价信息或参照市场价格估算；暂估价中的专业工程金额应分不同专业，按有关计价规定估算。
（3）计日工应根据工程特点和有关计价依据计算。
（4）总承包服务费应根据招标文件列出的内容和要求估算。
13.4.7　规费和税金应按《计价规范》的规定计算。
13.4.8　招标控制价一般在招标时，最迟应在开标前10日公布，不应上调或下浮。同时招标人应将招标控制价及有关资料报送招（投）标监督机构和工程造价管理机构备查。
招标人在公布招标控制价时，应公布招标控制价各组成部分的详细内容，不得只公布招标控制价总价。
13.4.9　投标人经复核认为招标人公布的招标控制价未按照《计价规范》的规定编制的，应在开标前5日向招（投）标监督机构或（和）工程造价管理机构投诉。
招（投）标监督机构应会同工程造价管理机构对投诉进行处理，发现有错误的，应责成招标人修改。

13.5　投标价

13.5.1　除《计价规范》强制性规定外，投标价由投标人自主确定，但不得低于成本。投标价应由投标人或受其委托具有相应资质的工程造价咨询人编制。
投标人在进行工程量清单招标的投标报价时，不能进行投标报价优惠（或降价、让利），投标人对投标报价的任何优惠（或降价、让利）均应反映在相应清单项目的综合单价中。不得出现任意一项单价的重大让利及低于成本报价。投标人不得以自有机械闲置、自有材料等不计成本为由进行投标报价。
13.5.2　投标人应按招标人提供的工程量清单填报价格。填写的项目编码、项目名称、项目特征、计量单位、工程量必须与招标人提供的一致。
13.5.3　投标报价应根据下列依据编制：
（1）《计价规范》。
（2）国家或省级、行业建设主管部门颁发的计价办法。
（3）企业定额，国家或省级、行业建设主管部门颁发的计价定额。
（4）招标文件、工程量清单及其补充通知、答疑纪要。
（5）建设工程设计文件及相关资料。
（6）施工现场情况、工程特点及拟定的投标施工组织设计或施工方案。
（7）与建设项目相关的标准、规范等技术资料。
（8）市场价格信息或工程造价管理机构发布的工程造价信息。
（9）其他的相关资料。
13.5.4　分部分项工程费应依据《计价规范》，按招标文件中分部分项工程量清单项目的特征描述确定综合单价后计算。
综合单价中应考虑招标文件中要求投标人承担的风险费用。
招标文件中提供了暂估单价的材料，按暂估的单价计入综合单价。
13.5.5　投标人可根据工程实际情况结合施工组织设计，对招标人所列的措施项目进行增补。

措施项目费应根据招标文件中的措施项目清单及投标时拟定的施工组织设计或施工方案按投标人须知第13.3.4条的规定自主确定。其中安全文明施工费应按照投标人须知第13.3.5条的规定确定。

13.5.6 其他项目费应按下列规定报价：

（1）暂列金额应按招标人在其他项目清单中列出的金额填写。

（2）材料暂估价应按招标人在其他项目清单中列出的单价计入综合单价；专业工程暂估价应按招标人在其他项目清单中列出的金额填写。

（3）计日工按招标人在其他项目清单中列出的项目和数量，自主确定综合单价并计算计日工费用。

（4）总承包服务费根据招标文件中列出的内容和提出的要求自主确定。

13.5.7 规费和税金应按投标人须知第13.3.8条的规定确定。

13.5.8 投标总价应当与分部分项工程费、措施项目费、其他项目费和规费、税金的合计金额一致。

13.6 其他

13.6.1 本工程在全部结构部位使用商品混凝土。

13.6.2 本工程采用工程量清单范围内的固定单价承包方式。

13.6.3 除非招标人对招标文件予以修改，投标人应按照招标人提供的工程量清单中列出的工程项目和工程量填报单价和合价。每一个项目只允许有一个报价，任何有选择的报价将不予接受。投标人未填单价或合价的工程项目，在工程实施后，招标人将不予支付，并视为该费用已包括在其他有价款的单价或合价内。

13.6.4 招标文件要求的创优工程和赶工措施费用（如有）等，应体现在投标报价中。

13.6.5 招标人将对中标候选人（中标人）进行不平衡报价的审查。中标候选人（中标人）的报价相对于市场价格严重不平衡和不合理的，招标人有权根据实际情况采取下列措施：在保持投标总价不变的前提下，要求中标候选人（中标人）对明显存在不平衡报价的投标单价进行适当调整，使其趋于平衡或直接对其不平衡的投标单价按照市场价格进行调整，中标候选人（中标人）不得拒绝。

14. 投标货币

14.1 本工程投标报价采用的币种为人民币。

15. 投标有效期

15.1 投标有效期见投标人须知前附表第12项所规定的期限，在此期限内，凡符合本招标文件要求的投标文件均保持有效。

16. 投标担保

16.1 投标人应在提交投标文件的同时，按有关规定提交投标人须知前附表第13项所规定数额的投标担保，并作为其投标文件的一部分。

16.2 投标人应按要求提交投标担保，并采用投标保证金的形式。

16.2.1 投标保函应为中国境内注册并经招标人认可的银行出具的银行保函，或具有担保资格或能力的担保机构出具的担保书。银行保函的格式，应按照担保银行提供的格式提供；担保书的格式，应按照招标文件中所附格式提供。银行保函或担保书的有效期应在投标有效期满后 28 日内继续有效。

16.2.2 投标保证金

（1）电汇。

（2）现金。

16.2.3 对于未能按要求提交投标担保的投标，招标人将视为不响应招标文件而予以拒绝。

16.2.4 未中标的投标人的投标担保将按照投标人须知第 15 条规定的投标有效期满后 7 日内予以退还（不计利息）。

16.2.5 中标人的投标担保，在中标人按投标人须知第 36 条的规定签订合同并按投标人须知第 37 条的规定提交履约担保后的 3 日内予以退还（不计利息）。

16.2.6 中标人未能按投标人须知第 36 条、第 37 条的规定提交履约担保或签订合同协议的，投标担保将被没收。

17. 安全生产，文明施工管理目标

17.1 本招标工程的安全生产和文明施工管理目标按投标人须知前附表第 15 项要求执行。

17.2 投标人在投标文件中必须对投标项目的文明施工提出明确的实施方案和相关措施，对招标文件关于文明施工的要求做出实质性承诺和明确细致的安排。这些方案和措施必须保证符合市政府和管理部门关于文明施工的规范、标准要求。

17.3 安全生产和文明施工的措施及办法应充分考虑周边环境要求。

18. 投标文件的份数和签署

18.1 投标人应按投标人须知前附表第 16 项规定的份数提交投标文件。

18.2 投标文件的正本和副本均需打印或使用不褪色的蓝色、黑色墨水笔书写，字迹应清晰易于辨认，并应在投标文件封面的右上角清楚地注明"正本"或"副本"。正本和副本有不一致之处，以正本为准。

18.3 投标文件封面、投标函均应加盖投标人印章并经法定代表人或其委托代理人签字或盖章；技术标实行标准保密化评审的，应在规定位置签署、盖章并密封。由委托代理人签字或盖章的投标文件中须同时提交投标文件签署授权委托书。投标文件签署授权委托书的格式、签字、盖章及内容均应符合要求，否则投标文件签署授权委托书无效。

18.4 除投标人对错误处须修改外，全套投标文件应无涂改或行间插字和增删。如有修改，修改处应由投标人加盖投标人的印章或由投标文件签字人签字或盖章。技术标实行标准保密化评审的，应遵循投标人须知第 19.7.5 条的规定。

四、投标文件的提交

19. 投标文件的制作、装订、密封和标记

19.1 投标文件的装订要求综合标和商务标合订为一本（分正、副本），两部分中间加封面间隔，技术标采用暗标形式单独装订。

19.2 投标人应将投标文件的综合标和商务标、技术标分别各做一个内层包装；并另附投标函和投标函附录，单独用一个信封密封；分别在内层或信封包装上标明"综合标和商务标""技术标""投标函和投标函附录"字样，然后合封在一个外层包装内。

19.3 在内层和外层投标文件密封袋上均应有以下内容：

19.3.1 写明招标人名称或招标代理机构名称和投标人名称。

19.3.2 注明下列识别标记：

（1）工程名称：<u>某学院图书馆建设项目</u>。

（2）<u>　2020　</u>年<u>　9　</u>月<u>　19　</u>日<u>　9　</u>时<u>　30　</u>分开标，此时间以前不得开封。

19.4 除了投标人须知第19.1条和第19.2条所要求的识别处理外，在内层密封袋上还应写明投标人的名称与地址、邮政编码，以便投标人须知第19.5条的情况发生时，招标人可按内层密封袋上标明的投标人地址将投标文件原封退回。

19.5 如果投标文件没有按投标人须知第19.1条、第19.2条和第19.3条的规定装订和加写标记及密封，招标人将不承担投标文件提前开封的责任，对由此造成的提前开封的投标文件将予以拒绝，并退还给投标人。

19.6 所有投标文件的内层密封袋的封口处应加盖投标人印章，所有投标文件的外层密封袋的封口处应加盖投标人印章。

19.7 技术标实行标准保密化评审的，其标书制作要求如下：

19.7.1 使用统一印制的封面、封底及装订编杆，在规定的位置按要求填写单位名称、盖章并密封。

19.7.2 文本一律采用A4规格的白色纸张；文字为4号简写宋体，黑色打印，不得出现手写。

19.7.3 施工进度横道图、网络计划图及施工平面布置图一律采用计算机绘制，黑色打印，白色纸张，纸张大小不限，字体不限，字号大小不限。

19.7.4 所有表格和插图一律采用计算机绘制，黑色打印，A4规格白色纸张，文字为不大于4号的简写宋体。

19.7.5 页面不注明页码，页眉、页脚处不得画线或作其他任何标记或书写文字。

19.7.6 版面整洁、字迹清楚、不许涂改，不得出现投标人单位名称或人员姓名及已承建工程名称，也不得有任何暗示该投标人单位名称或人员姓名及承建工程的文字或标记。

20. 投标文件的提交形式

20.1 投标人应按投标人须知前附表第17项所规定的地点，于截止时间前提交投标文件。

20.2 投标人应随投标文件提交一份和投标文件内容一致的电子文件（以U盘为主要载体）。电子文件中除工程量清单报价书应为Excel格式外，其余部分应为Word格式。电子版投标文件应一同密封在商务标包装中，并在U盘表面上注明工程名称及投标单位名称。

21. 投标文件提交的截止时间

21.1 投标文件提交的截止时间见投标人须知前附表第17项的规定。

21.2 招标人可按投标人须知第9条的规定以修改补充通知的方式，酌情延长提交投标文件的截止时间。在此情况下，投标人的所有权利和义务以及投标人受制约的截止时间，均以延长后新的投标截止时间为准。

21.3 到投标截止时间止，若招标人收到的投标文件少于3个，招标人将依法重新组织招标。

22. 迟交的投标文件

22.1 招标人在投标人须知第21条规定的投标截止时间以后收到的投标文件，将被拒绝并退回给投标人。

23. 投标文件的补充、修改与撤回

23.1 投标人在提交投标文件以后，在规定的投标截止时间之前，准许以书面形式补充、修改或撤回已提交的投标文件，并以书面形式通知招标人。补充、修改的内容为投标文件的组成部分。

23.2 投标人对投标文件的补充、修改，应按投标人须知第19条的有关规定密封、标记和提交，并在内外层投标文件密封袋上清楚标明"补充、修改"或"撤回"字样。

23.3 在投标截止时间之后，投标人不得补充、修改投标文件。

24. 资格预审申请书材料的更新

24.1 投标人在提交投标文件时，如资格预审申请书中的内容发生重大变化，投标人须征得招标人同意后，对其更新，以证明其仍能满足资格预审标准，并且所提供的材料是经过确认的。如果在评标时投标人已经不能达到资格评审标准，其投标将被拒绝。

五、开标

25. 开标

25.1 招标人按投标人须知前附表第18项所规定的时间和地点公开开标。投标人的法定代表人或其委托代理人应当参加开标会，并在招标人按开标程序进行点名时，向招标人提交法定代表人身份证明文件或法定代表人授权委托书，出示本人身份证（二代证），以证明其出席。

投标人的法定代表人或其委托代理人未参加开标会的，未提交法定代表人身份证明文件或法定代表人授权委托书和本人身份证（二代证）进行核验的，经核验（以居民身份证识读器识别为准）被认定是提供虚假证件的，投标文件作废标处理。

25.2 按规定提交合格的撤回通知的投标文件不予开封，并退回给投标人；按投标人须知第22条的规定，出现该情况的投标文件，招标人不予受理。

25.3 开标程序

25.3.1 开标由招标人主持，并对递交投标文件参加开标会的投标人的法定代表人或委托代理人点名，同时对其提交的法定代表人身份证明文件或法定代表人授权委托书、身份证（二代证）进行验证和核查。

25.3.2 由投标人或其推选的代表检查投标文件的密封情况。

25.3.3 密封情况经确认无误后，由有关工作人员当众拆封，宣读投标人名称、投标价格和投标文件的其他主要内容。

25.3.4 招标人在招标文件要求提交投标文件的截止时间前收到的合格的投标文件，开标时都应当众予以拆封、宣读。

25.3.5 招标人对开标过程进行记录，并存档备查。唱标结束后，投标人法人代表或其委托代理人应进行签字确认。

26. 投标文件的有效性

26.1 投标文件出现下列情形之一的，招标人不予受理：

26.1.1 投标文件逾期送达的或者未送达指定地点的。

26.1.2 投标文件未按照投标人须知第19.6条的要求密封的。

26.2 投标文件出现投标人须知第31.4条~第31.7条情形之一的，由评标委员会初审后按废标处理。

六、评标和定标

27. 评标委员会与评标

27.1 评标委员会由招标人依法组建，负责评标活动。

27.2 评标委员会成员人数为五人以上单数。其中招标人以外的技术、经济等方面专家不得少于成员总数的三分之二。

27.3 评标委员会的专家成员，由招标人从建设行政主管部门确定的专家名册内的相关专业的专家库中随机抽取产生。

27.4 开标结束后，开始评标。评标采用保密方式进行。

28. 评标过程的保密

28.1 开标后，直至授予中标人合同为止，凡属于对投标文件的审查、澄清、评价和比较有关的资料以及中标候选人的推荐情况、与评标有关的其他任何情况均应严格保密。

28.2 在投标文件的评审和比较、中标候选人推荐以及授予合同的过程中，投标人向招标人和评标委员会施加影响的任何行为，都将会导致其投标被拒绝。

28.3 中标人确定后，招标人不对未中标人就评标过程以及未能中标原因做出任何解释。未中标人不得向评标委员会成员或其他有关人员索问评标过程的情况和材料。

29. 资格后审（如采用时）

29.1 本招标工程采取资格后审，在评标前对投标人进行资格审查，审查其是否有能力和条件有效地履行合同义务。如投标人未达到招标文件规定的能力和条件，其投标将被拒绝，不进行评审。

30. 投标文件的澄清

30.1 为有助于投标文件的审查、评价和比较，必要时，评标委员会以书面形式要求投标人对投标文件含义不明确的内容作必要的澄清或说明，投标人应采用书面形式进行澄清、说明，但不得超出投标文件的范围或改变投标文件的实质性内容。评标委员会不接受投标人主动提出的澄清、说明或补正。

31. 投标文件的初步评审

31.1 开标后，招标人将所有受理的投标文件，提交评标委员会进行评审。

31.2 评标时，评标委员会首先评定每份投标文件是否在实质上响应了招标文件的要求。这里的"实质上响应"是指投标文件应与招标文件的所有实质性条款、条件和规定相符，无显著差异或保留。

31.3 如果投标文件实质上不响应招标文件的各项要求，评标委员会将予以拒绝，并且不允许投标人通过修改或撤销其不符合要求的差异或保留，使之成为具有响应性的投标。

31.4 投标文件有下述情形之一的，属于重大偏差，视为未能对招标文件做出实质性响应，并按前述规定作废标处理：

31.4.1 技术标没有按照投标人须知第19.7条的要求制作的。

31.4.2　没有按照招标文件的要求提交投标保证金或者投标保函的。

31.4.3　投标人须知第 11 条规定的投标文件有关内容未按投标人须知第 18.3 条的规定加盖投标人印章或未经法定代表人或其委托代理人签字或盖章的；有委托代理人签字或盖章的，但未随投标文件一起提交有效的"授权委托书"原件的。

31.4.4　投标文件载明的招标项目完成期限超过招标文件规定的期限的。

31.4.5　明显不符合招标文件规定的技术要求和标准的。

31.4.6　未按规定格式填写，内容不全或关键字迹模糊、无法辨认的。

31.4.7　投标人名称或组织结构与资格预审时不一致的。

31.4.8　投标文件中所报的工程项目经理与通过资格预审的项目经理不相符的。

31.4.9　两个及两个以上投标人的投标文件内容有雷同的。

31.4.10　对投标报价及主要合同条款、合同格式等招标文件规定的要求有重大偏离或保留的。重大偏离或保留是指下列情况之一：

（1）对投标的工程范围和工作内容有实质性的偏离。

（2）对工程质量或使用性能产生不利影响。

（3）对合同中规定的双方的权利和义务作实质性修改。

31.4.11　投标人递交两份或多份内容不同的投标文件，或在一份投标文件中对同一项目报有两个或多个报价，且未声明哪一个有效的。

31.4.12　按照投标人须知第 13.4.1 条的规定，投标人的投标报价高于招标控制价的。

31.4.13　按照投标人须知第 13.5.2 条的规定，投标人填写工程量清单的项目编码、项目名称、项目特征、计量单位、工程量与招标人提供的不一致的。

31.4.14　按照投标人须知第 13.3.5 条的规定，措施项目清单中的安全文明施工费未按规定计价，作为竞争性费用的。

31.4.15　按照投标人须知第 13.3.8 条的规定，规费和税金未按规定计算，作为竞争性费用的。

31.4.16　投标报价中的其他项目费未按照投标人须知第 13.5.6 条的规定报价的。

31.4.17　按照投标人须知第 13.5.8 条的规定，投标总价与分部分项工程费、措施项目费、其他项目费和规费、税金的合计金额不一致的。

31.4.18　投标人的法定代表人或其委托代理人未参加开标会的，未提交法定代表人身份证明文件或法定代表人授权委托书和本人身份证（二代证）进行核验的，经核验（以居民身份证识读器识别为准）被认定是提供虚假证件的。

31.4.19　提供虚假证明材料的。

31.5　在评标过程中，评标委员会发现投标人以他人的名义投标、串通投标或以其他弄虚作假方式投标的，该投标人的投标应作废标处理。

31.6　在评标过程中，评标委员会发现投标人的报价明显低于其他投标报价或者明显低于招标控制价，使得其投标报价可能低于其个别成本的，应当要求该投标人做出书面说明并提供相关证明材料。投标人不能合理说明或者不能提供相关证明材料的，由评标委员会认定该投标人以低于成本报价竞标，其投标应作废标处理。

31.7　投标人资格条件不符合国家有关规定和招标文件要求的，或者拒不按照要求对投标文件进行澄清、说明或者补正的，评标委员会可以否决其投标。

31.8 评标委员会按上述第 31.4 条~第 31.7 条的规定否决不合格投标或者界定为废标的投标文件，不再进入详细评审阶段。

32. 投标文件计算错误的处理

32.1 评标委员会对确定为实质上响应招标文件要求的投标文件进行校核，看其是否有计算上、累计上或表达上的错误，修正错误的原则如下：

32.1.1 如果数字表示的金额和用文字表示的金额不一致时，应以文字表示的金额为准。

32.1.2 当单价与数量的乘积与合价不一致时，以单价为准，除非评标委员会认为单价有明显的小数点错误，此时应以标出的合价为准，并修改单价。

32.2 按上述修正错误的原则及方法调整或修正投标文件的投标报价，投标人同意后，调整后的投标报价对投标人起约束作用。如果投标人不接受修正后的报价，则其投标将被拒绝并且其投标保证金或投标保函也将被没收，并不影响评标工作。

33. 投标文件的评审、比较和否决（详细评审）

33.1 评标委员会将按照投标人须知第 31 条的规定，仅对在实质上响应招标文件的合格投标（有效）文件进行评估和比较。

33.2 评标方法及标准见附件 3。

33.3 评标委员会对投标文件进行评审和比较后，向招标人提出书面评标报告，并推荐不超过 3 名有排序的合格的中标候选人。招标人按投标人须知前附表第 20 项的原则确定中标人。

33.4 评标委员会经评审，认为所有投标都不符合招标文件要求的，或者有效投标不足 3 个使得投标明显缺乏竞争的，可以否决所有投标。所有投标被否决后，招标人将依法重新招标。

七、合同的授予

34. 合同授予标准

34.1 本招标工程的施工合同将授予按投标人须知第 33.3 条所确定的中标人。

35. 中标通知书

35.1 中标人确定后，招标人将于 15 日内向招（投）标监管部门提交招标情况的书面报告（评标报告）及拟定的中标通知书。

35.2 招（投）标监管部门自收到书面报告（评标报告）及拟定的中标通知书后，在指定网站上公示 3 个工作日；从公示结束之日起，未发现招标人在招标投标活动中有违法违规行为的，在办理完中标通知书备案手续后，招标人将向中标人发出中标通知书。

35.3 招标人将在发出中标通知书的同时，将中标结果以书面形式通知所有未中标的投标人。

36. 合同协议书的签订

36.1 招标人与中标人将于中标通知书发出之日起 30 日内，按照招标文件和中标人的投标文件订立书面工程施工合同。

36.2 中标人如不按投标人须知第 36.1 条的规定与招标人订立合同，则招标人将废除授标，投标担保不予退还，给招标人造成的损失超过投标担保数额的，还应当对超过部分予以赔偿，同时依法承担相应法律责任。

36.3 中标人应当按照合同约定履行义务，完成中标项目施工，不得将中标项目施工转让（转包）给他人。需要分包的，应在投标文件中提出分包计划，并按有关规定进行分包。

37. 履约担保

37.1 合同协议书签署后__7__日内，中标人应按投标人须知前附表第 21 项规定的金额向招标人提交履约担保。

37.2 若中标人不能按投标人须知第 37.1 条的规定执行，招标人将有充分的理由解除合同，并没收其投标担保，给招标人造成的损失超过投标担保数额的，还应当对超过部分予以赔偿。

37.3 招标人要求中标人提交履约担保时，招标人也应在中标人提交履约担保的同时，按投标人须知前附表第 21 项规定的金额向中标人提供同等数额的工程款支付担保。

第二章 合 同 条 款

一、通用条款

使用湖北省工商行政管理局、湖北省建设厅于 2007 年 9 月监制的《湖北省建设工程施工合同》（EF—2007—0203）第二部分《通用条款》，本招标文件中省略。

二、专用条款

由招标人参考湖北省工商行政管理局、湖北省建设厅于 2007 年 9 月监制的《湖北省建设工程施工合同》（EF—2007—0203）第三部分《专用条款》，结合工程招标和后续管理的实际情况自行制定，并作为招标文件的附件，随招标文件一并发出（见附件2）。

第三章 合同文件格式

一、合同协议书

使用湖北省工商行政管理局、湖北省建设厅于 2007 年 9 月监制的《湖北省建设工程施工合同》（EF—2007—0203）第一部分《协议书》，本招标文件中省略。

二、工程质量保修书

使用湖北省工商行政管理局、湖北省建设厅于 2007 年 9 月监制的《湖北省建设工程施工合同》（EF—2007—0203）附件一《工程质量保修书》，本招标文件中省略。

三、湖北省房屋建筑和市政工程建设廉洁协议书

使用湖北省工商行政管理局、湖北省建设厅于 2007 年 9 月监制的《湖北省建设工程施工合同》（EF—2007—0203）附件三《湖北省房屋建筑和市政工程建设廉洁协议书》，本招标文件中省略。

四、履约银行保函

使用湖北省工商行政管理局、湖北省建设厅于2007年9月监制的《湖北省建设工程施工合同》(EF—2007—0203)附件四《履约银行保函》，本招标文件中省略。

五、支付银行保函

使用湖北省工商行政管理局、湖北省建设厅于2007年9月监制的《湖北省建设工程施工合同》(EF—2007—0203)附件五《支付银行保函》，本招标文件中省略。

六、预付款银行保函

使用湖北省工商行政管理局、湖北省建设厅于2007年9月监制的《湖北省建设工程施工合同》(EF—2007—0203)附件六《预付款银行保函》，本招标文件中省略。

第四章　工程建设标准（略）

第五章　图纸（略）

第六章　工程量清单

本部分的"工程量清单说明"和"工程量清单"内容是为规范工程量清单的编制而提供的示范格式，如采用工程量清单招标时，由招标人根据《计价规范》编制，并作为招标文件的附件（见附件5），与招标文件一并发出。

一、工程量清单说明

1. 本工程量清单是按分部分项工程提供的。

2. 本工程量清单是依据《建设工程工程量清单计价规范》(GB 50500—2013)的工程量计算规则编制的，为招标文件的组成部分，一经中标且签订合同，即成为合同的组成部分。

3. 本工程量清单所列工程量是本招标人估算的，作为投标报价的基础；付款是以由承包人计量，由招标人或其授权委托的监理工程师核准的实际完成工程量为依据。

4. 本工程量清单应与投标人须知、合同条件、合同协议条款、工程规范和图纸一起使用。

二、工程量清单

1. 分部分项工程量清单与计价表（略）

2. 措施项目清单与计价表（略）

3. 其他项目清单与计价汇总表（略）

4. 暂列金额明细表（略）

5. 材料暂估单价表（略）

6. 专业工程暂估价表（略）

7. 计日工表（略）

8. 总承包服务费计价表（略）
9. 规费、税金项目清单与计价表（略）

第七章　投标文件综合标格式（略）

第八章　投标文件商务标格式（略）

第九章　投标文件技术标格式（略）

第十章　附件

附件1　工程招标工作日程安排表（略）

附件2　专用条款（略）

附件3　评标方法及标准（略）

附件4　需要说明的其他事项（略）

附件5　工程量清单（略）

范例二　某项目投标文件

某学院图书馆建设项目投标文件

目　录

第一部分　综合标

一、投标函

二、投标函附录

三、投标担保

四、法定代表人身份证明书

五、法定代表人授权委托书

六、招标文件要求投标人提交的其他投标资料

（1）企业营业执照（复印件）

（2）企业资质等级证书（复印件）

（3）企业安全生产许可证（复印件）

（4）税务登记证（复印件）

（5）组织机构代码证（复印件）

（6）各项承诺书

（7）近年完成的类似项目情况表

（8）正在施工的和新承接的项目情况表

七、项目管理机构配备情况

（1）项目管理机构配备情况表

（2）项目经理简历表

附：项目经理只承担本工程项目的承诺函

（3）技术负责人简历表

（4）项目管理机构配备情况辅助说明资料

（5）企业荣誉

八、报价表

1. 投标总价表

2. 工程项目投标报价汇总表

3. 单位工程投标报价汇总表

4. 分部分项工程量清单计价表

5. 措施项目清单计价表（一）

6. 措施项目清单计价表（二）

7. 规费、税金项目清单与计价表

8. 分部分项工程量清单综合单价分析表

9. 单位工程人、材、机分析表

10. 技术措施项目清单综合单价分析表

第二部分　技术标

第一部分　综　合　标

一、投标函

致：<u>某学院</u>

1. 根据你方招标工程项目编号为 <u>HBGC112051/02</u> 的某学院图书馆建设工程招标文件，遵照《招标投标法》等有关规定，经踏勘项目现场和研究上述招标文件的投标须知、合同条款、图纸、工程建设标准和工程量清单及其他有关文件后，我方愿以（大写）<u>壹仟陆佰叁拾万零肆仟伍佰贰拾伍元伍角玖分</u>（小写）<u>16304525.59元</u> 的投标总报价并按上述图纸、合同条款、工程建设标准和工程量清单的条件要求承包上述工程的施工、竣工并承担任何质量缺陷保修责任。

2. 我方已详细审核全部招标文件，包括修改文件及有关附件。

3. 我方承认投标函附录是我方投标函的组成部分。

4. 一旦我方中标，我方保证按投标函附录第 3 项承诺的工期 <u>270</u> 日历天内完成并移交全部工程。

5. 如果我方中标，我方将按照规定提交上述总价 <u>×××%</u> 的银行保函或上述总价 <u>10%</u> 的由具有担保资格和能力的担保机构出具的履约担保书或 <u>×××××××××</u> 的履约保证金作为履约担保。

6. 我方同意所提交的投标文件在"投标人须知"第 15 条规定的投标有效期内有效，在此期间内如果中标，我方将受此约束。

7. 除非另外达成协议并生效，你方的中标通知书和本投标文件将成为约束双方的合同文件的组成部分。

8. 我方将与本投标函一起，提交<u>伍拾万元整</u>作为投标担保。

　　　　　　　　　投标人：_____<u>某建设有限公司</u>_____（盖章）

　　　　　　　　　单位地址：_____

　　　　　　　　　法定代表人或其委托代理人：_____（签字或盖章）

　　　　　　　　　邮政编码：_____ 电话：_____ 传真：_____

　　　　　　　　　开户银行名称：_____

　　　　　　　　　开户银行账号：_____

　　　　　　　　　开户银行地址：_____

　　　　　　　　　开户银行电话：_____

　　　　　　　　　日　　期：____<u>2020</u>__年__<u>9</u>__月__<u>13</u>__日

二、投标函附录

序　号	项目内容	单　位	约定内容
1	建筑面积	m²	12108m²
2	投标总报价	万元	1630.452559
3	投标工期	日历天	270
4	误期违约赔偿金额		延误 1~5 日，罚 2000 元；延误 6~10 日，罚 5000 元；工期延误 10 日以上罚 10000 元
5	误期违约金赔偿限额		10000 元
6	工程质量等级目标		施工验收规范合格标准
7	对质量目标的承诺		合同价 5%的罚款
8	文明施工管理目标		市级文明施工样板工地
9	对文明施工目标的承诺		合同价 1%的罚款
10	安全生产管理目标		市级安全优良施工现场
11	对安全生产目标的承诺		合同价 1%的罚款
12	钢筋用量	t	644.32
13	商品混凝土用量	m³	4468
14	水泥用量	t	695.92
15	项目经理（注册建造师）	姓名、级别	
		承诺	只承担本工程施工管理工作

投标人（盖章）：　某建设有限公司　

日　　期：　2020　年　9　月　13　日

三、投标担保（附收据，略）

四、法定代表人身份证明书

单位名称：　某建设有限公司　

单位性质：　有限责任制　

地　　址：　　　　　　　　

成立时间：　　　年　　　月　　　日

经营期限：　长期　

姓　　名：　　　性别：　　　年龄：　　　职务：董事长系某建设有限公司的法定代表人。

特此证明！

投标人：　某建设有限公司　（盖章）

日　　期：　2020　年　9　月　13　日

法定代表人身份证明书（略）

五、法定代表人授权委托书

本授权委托书声明：我_____系__某建设有限公司__的法定代表人，现授权委托__某建设有限公司__的_____为我的代理人，以本公司的名义参加某学院图书馆建设工程的投标。授权委托人在开标、评标、合同谈判过程中所签署的一切文件和处理与之有关的一切事务，我均予以承认。

代理人无转委托权，特此委托。

（身份证复印件）

投标人（盖章）：__某建设有限公司__
法定代表人（盖章）：_____
代理人：_____性别：_____年龄：_____
身份证号码：_____职务：__经理__
授权委托日期：__2020__年__9__月__13__日

六、招标文件要求投标人提交的其他投标资料

（1）企业营业执照（复印件）
（2）企业资质等级证书（复印件）
（3）企业安全生产许可证（复印件）
（4）税务登记证（复印件）
（5）组织机构代码证（复印件）
（6）各项承诺书

1）投标工期承诺及违约处罚措施。我公司如能中标承建该工程项目，确保按期开工，并在工期期限<u>270</u>日内完成全部工程量。如因我方原因造成工期延误，按延误1~5日罚2000元；延误6~10日罚5000元；延误10日以上罚款10000元，逾期竣工违约金限额为10000元。

投标人（盖章）：__某建设有限公司__
法定代表人或其委托代理人（签字或盖章）：_____
日　　期：__2020__年__9__月__13__日

2）工程质量目标承诺及违约处罚措施。我公司如能中标承建该工程项目，我公司确保该工程达到合格标准，如因我公司原因导致工程质量验收未达标，我方愿接受合同价5%的罚款，我方无条件负责修复至合格。

特此承诺！

投标人（盖章）：__某建设有限公司__
法定代表人或其委托代理人（签字或盖章）：_____
日　　期：__2020__年__9__月__13__日

3）安全生产、文明施工目标承诺及违约处罚措施。我公司如能中标承建该工程项目，我公司确保安全文明施工，安全生产管理目标达到市级安全优良施工现场，文明施工管理目标达到市级文明施工样板工地。如达不到上述目标，愿意接受合同价1%的罚款。如在本工程施工期间发生人员伤亡事故，其法律和经济责任概由我方承担。

特此承诺！

投标人（盖章）：__某建设有限公司__
法定代表人或其委托代理人（签字或盖章）：_____
日　　期：__2020__年__9__月__13__日

4）投标人不拖欠农民工工资的承诺书。我公司如能中标承建该工程项目，我方将保证按国家有关规定支付农民工工资，不拖欠农民工工资。如有违约，愿接受你方20000元人民币的处罚并返还拖欠的农民工工资。

投标人（盖章）：__某建设有限公司__
法定代表人或其委托代理人（签字或盖章）：_____
日　　期：__2020__年__9__月__13__日

附：无相关诉讼、不良行为记录证明。

(7) 近年完成的类似项目情况表

项目名称	某学生公寓工程
项目所在地	
发包人名称	
发包人地址	
发包人电话	
签约合同价	1845.62 万元
开工日期	2019.6.20
计划竣工（交工）日期	2019.12.18
承担的工作	土建及安装
工程质量要求	合格
项目经理	
项目总工程师	

（续）

总监理工程师及电话	
项目描述	教学设施相关建设工程、框架6~7层，建筑面积为16126m²
备注	

附：中标通知书、施工合同、工程竣工移交证书、项目获奖证书。

（8）正在施工的和新承接的项目情况表

项目名称	
项目所在地	
发包人名称	
发包人地址	
发包人电话	
签约合同价	4687.5167万元
开工日期	2020.5.18
计划竣工（交工）日期	2021.11.8
承担的工作	土建及安装
工程质量要求	优质
项目经理	
项目总工程师	
总监理工程师及电话	
项目描述	该工程为框架-剪力墙结构，32层，地下一层，建筑面积为38601m²
备注	

附：中标通知书、施工合同。

七、项目管理机构配备情况

（1）项目管理机构配备情况表

某学院图书馆建设 工程

职务	姓名	职称	执业或职业资格证明				已承担在建工程情况	
			证书名称	级别	证号	专业	项目数	主要项目名称
项目经理		工程师	建造师证	二级				
技术负责人		高级工程师	职称证	—				
施工员		助工	上岗证	—				
质检员		工程师	上岗证	—				
安全员		工程师	上岗证	—				
材料员		工程师	上岗证	—				

（续）

职　务	姓　名	职　称	执业或职业资格证明				已承担在建工程情况	
			证书名称	级　别	证　号	专　业	项　目　数	主要项目名称
造价员		工程师	上岗证	—				
……								

一旦我单位中标，将实行项目经理负责制，并配备上述项目管理机构。我方保证上述填写内容的真实性，若不真实，愿按有关规定接受处理。项目管理班子的机构设置、职责分工等情况另附资料说明。

附：施工员职业资格证书、职称证、身份证、学历证
　　质检员职业资格证书、职称证、身份证、学历证
　　安全员职业资格证书、安全员岗位证书（C类）、职称证、身份证、学历证
　　材料员职业资格证书、职称证、身份证、学历证
　　造价员职业资格证书、职称证、身份证、学历证

（2）项目经理简历表

<u>某学院图书馆建设</u>　工程

姓　　名			性　别			年　龄	
职　　务	项目经理		职　称	工程师		学　历	大　专
参加工作时间	2000年		担任项目经理年限		7		
在建和已完工程项目								

建设单位	项目名称	建设规模	开、竣工日期	在建或已完	工程质量
某市民政局	某市××馆整体搬迁工程	框架2层，6558.40m²	2018.12.16 2019.6.16	已完	合格
某学院	某学院1#教师宿舍、3#学生公寓工程	框架6~7层，16126 m²	2019.6.20 2019.12.18	已完	黄鹤奖

项目经理只承担本工程项目的承诺函

某学院：

我公司承诺如果我方中标，参加本工程投标的项目经理_____只承担本工程项目的工作，每周驻工地时间不少于5个工作日，未经发包人允许，我方决不更换项目经理或其他管理人员。如项目经理每周驻现场不足5个工作日，愿意接受2万元/周的罚款，项目经理连续三周的每周驻工地时间均不足5个工作日的，发包人可单方面终止施工合同，由此带来的损失由我方负责。

若因不可抗力因素，确需更换项目经理时：

（1）新更换的项目经理与投标时所承诺的专业、资格等级、技术职称等内容一致或高于。

（2）不能同时在其他工程项目中服务。

（3）至少提前7日以书面形式通知发包人，并将拟更换的项目经理的个人资料上报，经发包人面试合格、书面同意后方可更换，否则我公司须向发包人支付合同总价款2%的违约金。

投标人（盖章）：　某建设有限公司

法定代表人或其委托代理人（签字或盖章）：_____

日　期：　2020　年　9　月　13　日

附：项目经理建造师证、身份证、职称证、学历证、安全岗位证书（B类）、工程业绩（中标通知书、施工合同、获奖证书）

（3）技术负责人简历表

某学院图书馆建设　工程

姓　　名		性　　别		年　　龄	
职　　务	技术负责人	职　　称	高级工程师	学　　历	大　专
参加工作时间		1996年		担任技术负责人年限	15
在建和已完工程项目					
建设单位	项目名称	建设规模	开、竣工日期	在建或已完	工程质量
某小学建设工程指挥部	某小学一标段（教学楼、办公室）	13600m²	2019.11.2 2020.5.31	已完	楚天杯

附：技术负责人职称证、身份证、学历证、工程业绩（中标通知书、施工合同、获奖证书）

（4）项目管理机构配备情况辅助说明资料（略）

（5）企业荣誉

获奖证书、质量管理体系证书、环境管理体系证书、环境管理体系认证等复印件。

八、报价表

1. 投标总价表（略）
2. 工程项目投标报价汇总表（略）
3. 单位工程投标报价汇总表（略）
4. 分部分项工程量清单计价表（略）
5. 措施项目清单计价表（一）（略）
6. 措施项目清单计价表（二）（略）
7. 规费、税金项目清单与计价表（略）
8. 分部分项工程量清单综合单价分析表（略）
9. 单位工程人、材、机分析表（略）
10. 技术措施项目清单综合单价分析表（略）

第二部分　技　术　标

（仅供目录，内容略）

1. 编制说明

　　1.1 综合说明

　　1.2 编制原则

1.3 编制依据
1.4 适用范围
2. 工程概况
    2.1 工程名称与现场情况
    2.2 建筑设计
    2.3 结构设计
    2.4 本工程的特点与施工难点
3. 项目经理部组成
    3.1 项目经理部组织机构图
    3.2 项目经理部的组成人员
    3.3 项目经理部主要成员岗位职责
    3.4 项目经理部的协调管理
4. 施工部署及总平面布置
    4.1 工程施工部署
    4.2 主要工序项目的施工方法
    4.3 施工准备
    4.4 现场施工管理
    4.5 主要技术经济指标
    4.6 总平面布置
5. 施工进度计划及措施
    5.1 施工总体进度计划安排
    5.2 施工进度计划控制措施
6. 施工方案
    6.1 总体施工程序
    6.2 施工流水作业段的划分与组织
    6.3 施工测量及沉降观测
    6.4 钢筋工程
    6.5 模板工程
    6.6 混凝土工程
    6.7 砌体工程
    6.8 装修工程施工
    6.9 防水及屋面工程
    6.10 脚手架工程
    6.11 安装工程施工
7. 质量保证措施
    7.1 工程质量目标
    7.2 质量目标分解
    7.3 质量管理体系
    7.4 质量管理职责

7.5 质量保证措施
8. 安全保证措施
   8.1 安全生产目标
   8.2 安全生产管理体系
   8.3 安全生产措施
   8.4 安全生产职责
9. 主要材料、构（配）件计划
   9.1 材料供应安排
   9.2 材料质量检验
10. 主要机械及设备调配计划
    10.1 施工机械计划安排
    10.2 机械调度计划的保证措施
    10.3 机械施工组织调度
    10.4 施工机械的维护和保养
    10.5 检验、测量和试验设备的检定
    10.6 施工机械的监督检查
    10.7 施工机械的使用
11. 主要劳动力安排
12. 文明工地措施
    12.1 文明工地目标
    12.2 文明施工管理体系
    12.3 文明工地施工措施
13. 施工技术措施
    13.1 季节性施工技术措施
    13.2 防止质量通病的技术措施
    13.3 现场管理技术措施
    13.4 降低成本的技术措施
14. 其他措施
    14.1 环境保护措施
    14.2 工程回访及保修办法
    14.3 噪声污染防治措施

附图：
劳动力安排计划
主要施工机械表
施工现场平面布置图
临时用地表
施工进度计划网络图
施工进度计划横道图
拟分包情况表

拓展讨论

党的二十大报告提出，深入实施人才强国战略，培养造就大批德才兼备的高素质人才，是国家和民族长远发展大计。加快建设国家战略人才力量，努力培养造就更多大师、战略科学家、一流科技领军人才和创新团队、青年科技人才、卓越工程师、大国工匠、高技能人才。

请思考：有的建设工程项目投标要求项目主要负责人（项目经理和技术负责人）具备一定的业绩，这就要求建筑施工企业要培养理论知识丰富和实践能力强的人才，如何才能使一个人成为德才兼备的高素质人才呢？

同步测试

一、单项选择题

1. 甲、乙两个工程承包单位组成施工联合体投标，甲单位为施工总承包一级资质，乙单位为施工总承包二级资质，则该施工联合体应按（　　）资质确定等级。
   A. 一级　　　　　B. 二级　　　　　C. 三级　　　　　D. 特级

2. 甲、乙两个工程承包单位组成施工联合体投标，参与竞标某房地产开发商的住宅工程，则下列说法错误的是（　　）。
   A. 甲、乙两个单位以一个投标人的身份参与投标
   B. 如果中标，甲、乙两个单位应就各自承担的部分与房地产开发商签订合同
   C. 如果中标，甲、乙两个单位应就中标项目向该房地产开发商承担连带责任
   D. 如果在履行合同中乙单位破产，则甲单位应当承担原由乙单位承担的工程任务

3. 联合体中标的，联合体各方应当（　　）。
   A. 共同与招标人签订合同，就中标项目向招标人承担连带责任
   B. 分别与招标人签订合同，就中标项目向招标人承担连带责任
   C. 共同与招标人签订合同，就中标项目各自独立向招标人承担责任
   D. 分别与招标人签订合同，就中标项目各自独立向招标人承担责任

4. 建设工程施工招标投标中，招标人发出的招标公告是（　　）。
   A. 要约邀请　　　B. 承诺要约　　　C. 要约　　　　　D. 承诺

5. 从行为性质上说，工程招标属于（　　）。
   A. 要约　　　　　B. 承诺　　　　　C. 要约邀请　　　D. 反要约

6. 中标通知书是一种（　　）。
   A. 要约　　　　　B. 承诺　　　　　C. 要约邀请　　　D. 反要约

7. 工程投标属于（　　）。
   A. 要约　　　　　B. 承诺　　　　　C. 要约邀请　　　D. 反要约

8. 投标保证金一般不得超过投标总价的（　　），但最高不得超过（　　）万元人民币。
   A. 1%，80　　　　B. 2%，80　　　　C. 1%，100　　　 D. 2%，100

9. 投标人在处理工程量清单计价时如发现招标人提供的工程量清单中的工程量与有关施工设计图纸标定的工程量差异较大时，投标人（　　）自行调整工程量。

A. 可以　　　　B. 不可以　　　　C. A、B 都行　　　　D. A、B 都不行

10. 中标通知书发出（　　）内，中标单位应与建设单位依据招标文件、投标书等签订工程施工合同。

A. 15 日　　　　B. 20 日　　　　C. 25 日　　　　D. 30 日

11. 下列关于建设工程施工招（投）标的说法，正确的是（　　）。

A. 在投标有效期内，投标人可以补充、修改或者撤回其投标文件

B. 投标人在招标文件要求提交投标文件的截止时间前，可以补充、修改或者撤回投标文件

C. 投标人可以挂靠或借用其他企业的资质证书参加投标

D. 投标人之间可以先进行内部竞价，内定中标人，然后再参加投标

12. 下列关于联合体共同投标的说法，正确的是（　　）。

A. 两个以上法人或其他组织可以组成一个联合体，以一个投标人的身份共同投标

B. 联合体各方只要其中任意一方具备承担招标项目的能力即可

C. 由同一专业的单位组成的联合体，投标时按照资质等级较高的单位确定资质等级

D. 联合体中标后，应选择其中一方代表与招标人签订合同

13. 若业主拟定的合同条件过于苛刻，为使业主修改合同，可准备"两个报价"，并阐明，若按原合同规定，投标报价为某一数值；若合同作某些修改，则投标报价为另一数值，即比前一数值的报价低一定的百分点，以此吸引对方修改合同。但必须先报按招标文件要求估算的价格而不能只报备选方案的价格，否则可能会被当成"废标"来处理，此种报价方法称为（　　）。

A. 不平衡报价法　　　　　　　　B. 多方案报价法

C. 突然袭击法　　　　　　　　　D. 低报价夺标法

14. 当一个工程项目总报价基本确定后，通过调整内部各个项目的报价，以期既不提高报价、不影响中标，又能在结算时得到较为理想的经济效益，这种报价技巧叫作（　　）。

A. 根据中标项目的不同特点采用不同报价

B. 多方案报价法

C. 可供选择的项目的报价

D. 不平衡报价法

15. 建设项目总承包招（投）标，实际上就是（　　）。

A. 技术招标　　　　　　　　　　B. 项目全过程招（投）标

C. 勘察设计招（投）标　　　　　D. 材料、设备供应招（投）标

16. 采用工程量清单计价法的项目招（投）标过程中，投标单位在投标报价中，应按招标单位提供的工程量清单的每一单项计算并填写单价和合价，如在开标后发现投标单位没有按招标文件的要求填写，则（　　）。

A. 允许投标单位补充填写

B. 视为废标

C. 认为此项费用已包括在工程量清单中的其他单价和合价中

D. 由招标人退回投标书

17. 工程项目投标是指具有（　　）的投标人，根据招标条件，经过初步研究和估算，在指定期限内填写标书，提出报价，并等候开标，决定能否中标的经济活动。

A. 合法资格　　　　B. 良好信誉　　　　C. 丰富委托经验　　D. 合法资格和能力

18. 不属于施工投标文件的内容有（　　）。

A. 投标函　　　　　　　　　　　　B. 投标报价

C. 拟签订合同的主要条款　　　　　D. 施工方案

19. 建设工程施工投标是指在同意招标人拟定好的招标文件的前提下，对招标项目提出自己的报价和相应的条件，通过（　　）以求获得招标项目的行为。

A. 协商　　　　　　B. 谈判　　　　　　C. 竞争　　　　　　D. 合作

20. 投标人对招标文件或者在现场踏勘中如果有疑问或有不清楚的问题，应当用（　　）的形式要求招标人予以解答。

A. 书面　　　　　　B. 电话　　　　　　C. 口头　　　　　　D. 会议

二、多项选择题

1. 《房屋建筑和市政基础设施工程施工招标投标管理办法》中规定的无效投标文件包括（　　）。

A. 投标文件未按照招标文件的要求予以密封的

B. 投标文件的关键内容字迹潦草，但可以辨认的

C. 投标人未提供投标保函或者投标保证金的

D. 投标文件中的投标函盖有投标人的企业印章，未盖企业法定代表人印章的

E. 投标文件中的投标函盖有投标人的企业印章和企业法定代表人或其委托代理人印章的

2. 投标文件应当包括的内容有（　　）。

A. 投标函　　B. 投标邀请书　　C. 投标报价　　D. 施工组织设计　　E. 投标须知

3. 符合（　　）情形之一的标书，应作为废标处理。

A. 逾期送达的

B. 按招标文件要求提交投标保证金的

C. 无单位盖章并无法定代表人签字或盖章的

D. 投标人名称与资格预审时不一致的

E. 联合体投标附有联合体各方共同投标协议的

4. 有下列（　　）情况，标书可判为无效标书。

A. 投标人未按时参加开标会

B. 投标书主要内容不全或与本工程无关，字迹模糊，辨认不清，无法评估

C. 标书情况汇总表与标书相关内容不符

D. 标书情况汇总表经涂改后未在涂改处加盖法定代表人或其委托代理人印鉴

E. 数据和文字清晰

5. 评审资格预审文件时，评审内容主要包括（　　）。

A. 法人资格　　B. 商业信誉　　C. 财务能力　　D. 技术能力　　E. 施工经验

6. 通常情况下，下列施工招标项目中应放弃投标的是（　　）。

A. 本施工企业主营和兼营能力之外的项目

B. 工程规模、技术要求超过本施工企业技术等级的项目

C. 本施工企业生产任务饱满，而招标工程的盈利水平较低或风险较大

D. 本施工企业技术等级、信誉、施工水平明显不如竞争对手的项目

E. 本施工企业在类似项目施工中信誉非常好的项目

7. 《中华人民共和国招标投标法实施条例》中规定的无效投标文件包括（　　）。

A. 未按规定的格式填写

B. 在一份投标文件中对同一招标项目报有多个报价的

C. 投标人名称与资格预审时不一致的

D. 无法定代表人盖章，只有单位盖章和法定代表人授权的代理人签字的

E. 无单位盖章的

8. 根据《标准施工招标文件》，在按宣布的开标顺序当众开标时，应公布的内容包括（　　）。

A. 投标人名称　　　B. 唱标人名称　　　C. 标段名称　　　D. 投标报价

E. 履约保证金的递交情况

三、思考题

1. 投标的基本概念是什么？
2. 建设工程施工投标有哪些步骤？
3. 常用的投标策略有哪些？
4. 投标文件由哪几部分组成？
5. 投标文件的编制有哪些步骤？

单元四

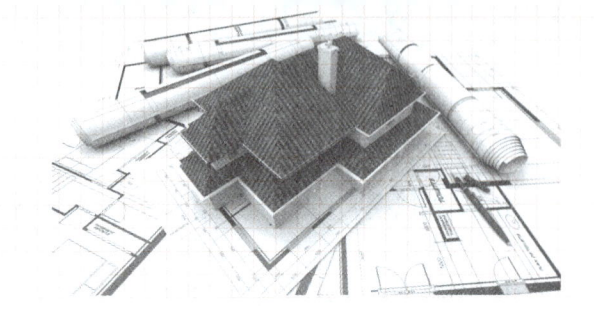

建设工程施工开标、评标和定标

知识目标

- 了解建设工程施工开标、评标与定标的概念。
- 熟悉初步评审（符合性鉴定、技术评估、商业评估）、详细评审和评审报告的内容、要求、方法。
- 掌握"综合评估法"和"经评审的最低投标价法"的评标要求、方法。

能力目标

- 通过学习建设工程开标、评标与定标的基本知识，能参与建设工程施工开标、评标与定标的相关工作。
- 根据评标的基本方法，能理论联系实际，进行案例分析，解决实际问题。

导　语

本单元学习建设工程施工开标过程的记录、评标的组织、评标相关表格的制定、报价得分的计算、报价合理性的定量计算、评标分数统计与核对、评标报告编写、中标通知书编写等知识。

课题一　建设工程施工开标

招标人在规定的时间和地点，在要求投标人参加的情况下，当众公开拆开投标资料（包括投标函件），宣布各投标人的名称、投标报价、工期等情况，这个过程叫开标。

公开招标和邀请招标均应举行开标会议，体现招标的公平、公开和公正原则。

一、建设工程施工开标的时间、地点

开标时间：开标应在招标文件确定的投标截止日期的同一时间公开进行。

开标地点：应是在招标文件规定的地点，已经建立建设工程交易中心的地方，开标应当在当地的建设工程交易中心举行。

推迟开标时间的情况：

(1) 招标文件发布后对原招标文件作了变更或补充。

(2) 开标前发现有影响招标公正情况的不正当行为。

(3) 出现突发事件等。

二、建设工程施工开标的程序

1. 参加开标会议的人员

开标会议由招标单位主持，所有投标单位的法定代表人或其代理人必须参加，公证机构公证人员及监督人员也要参加。

2. 开标程序

（1）招标人签收投标人递交的投标文件。在开标当日，且在开标地点递交的投标文件的签收应当填写投标文件报送签收一览表，招标人专人负责接收投标人递交的投标文件。提前递交的投标文件也应当办理签收手续，由招标人携带至开标现场。在招标文件规定的截标时间后递交的投标文件不得接收，由招标人原封退还给有关投标人。在截标时间前递交投标文件的投标人少于三家的，招标无效，开标会即告结束，招标人应当依法重新组织招标。

（2）投标人出席开标会的代表签到。投标人授权出席开标会的代表填写开标会签到表，招标人专人负责核对签到人身份，应与签到的内容一致。

（3）开标会主持人宣布开标会开始，主持人宣布开标人、唱标人、记录人和监督人员。主持人一般为招标人代表，也可以是招标人指定的招标代理机构的代表。开标人一般为招标人或招标代理机构的工作人员。唱标人可以是投标人的代表或者招标人或招标代理机构的工作人员。记录人由招标人指派，有形建筑市场的工作人员同时记录唱标内容，招（投）标管理工作办公室监督人员或招（投）标管理工作办公室授权的建筑市场工作人员进行监督。记录人按开标会记录的要求记录。

（4）开标会主持人介绍主要与会人员。主要与会人员包括到会的招标人代表、招标代理机构代表、各投标人代表、公证机构公证人员、见证人员及监督人员等。

（5）主持人宣布开标会程序、开标会纪律。开标会纪律一般包括：场内严禁吸烟，凡与开标无关人员不得进入开标会场，参加会议的所有人员应关闭手机等，开标期间不得高声喧哗，投标人代表有疑问应举手发言，参加会议人员未经主持人同意不得在场内随意走动。

（6）核对投标人授权代表的身份证件、授权委托书及出席开标会人数。招标人代表出示法定代表人委托书和有效身份证件，同时招标人代表当众核查投标人的授权代表的授权委托书和有效身份证件，确认授权代表的有效性，并留存授权委托书和身份证件的复印件。法定代表人出席开标会的要出示其有效证件。主持人还应当核查各投标人出席开标会代表的人数，无关人员应当退场。

（7）主持人介绍招标文件、补充文件或答疑文件的组成和发放情况，投标人确认。主要介绍招标文件组成部分、发标时间、答疑时间、补充文件或答疑文件的组成，以及发放和签收情况。可以同时强调主要条款和招标文件中的实质性要求。

（8）主持人宣布投标文件截止和实际送达时间。宣布招标文件规定的递交投标文件的截止时间和各投标单位实际送达时间。在截标时间后送达的投标文件应当场废标。

（9）招标人和投标人的代表（或公证机构）共同检查各投标书的密封情况。密封不符合招标文件要求的投标文件应当场废标，不得进入评标。密封不符合招标文件要求的，招标人应当通知招（投）标管理工作办公室监督人员到场见证。

（10）主持人宣布开标和唱标次序。一般按投标书送达时间的逆顺序开标、唱标。

（11）唱标人依唱标顺序依次开标并唱标。开标时，由指定的开标人在监督人员及与会代表的监督下当众拆封投标文件，拆封后应当检查投标文件组成情况并记入开标会记录，开标人应将投标书和投标书附件以及招标文件中可能规定需要唱标的其他文件交唱标人进行唱标。唱标内容一般包括投标报价、工期和质量标准、质量奖项等方面的承诺、替代方案报价、投标保证金、主要人员等；在递交投标文件截止时间前收到的投标人对投标文件的补充、修改；同时宣布，在递交投标文件截止时间前收到投标人撤回其投标的书面通知的投标文件不再唱标，但须在开标会上说明。

（12）开标记录签字确认。开标记录应当如实记录开标过程中的重要事项，包括开标时间、开标地点、出席开标会的各单位及人员、唱标记录、开标会程序，以及开标过程中出现的需要评标委员会评审的情况；有公证机构出席公证的还应记录公证结果。投标人的授权代表应当在开标会记录上签字确认，对记录内容有异议的可以注明，但必须对没有异议的部分签字确认。开标记录表见表4-1。

（13）公布标底。招标人设有标底的，标底必须公布，由唱标人公布标底。

（14）投标文件、开标会记录等送封闭评标区封存。实行工程量清单招标的，招标文件约定在评标前先进行清标工作的，封存投标文件正本，副本可用于清标工作。

（15）主持人宣布开标会结束。

表4-1 开标记录表

_____（项目名称）_____标段施工开标记录表

开标时间：_____年_____月_____日_____时_____分

序 号	投 标 人	密 封 情 况	投标保证金	投标报价/元	质量目标	工 期	备 注	签 名
1								
2								
3								
4								
招标人编制的标底								

招标人代表：_____ 记录人：_____ 监标人：_____
_____年_____月_____日

3. 无效投标文件的认定

在开标时，投标文件出现下列情形之一的，应当作为无效投标文件，不得进入评标：

（1）逾期送达的或者未送达指定地点的。

（2）投标文件未按照招标文件的要求予以密封的。

（3）投标文件无投标人单位盖章并无法定代表人签字或盖章的，或者法定代表人委托代理人没有合法、有效的委托书（原件）和委托代理人签字或盖章的。

（4）投标文件未按规定的格式填写，内容不全或关键内容字迹模糊、无法辨认的。

（5）投标人未按照招标文件的要求提供担保或者所提供的投标担保有瑕疵的。

（6）组成联合体投标的，投标文件未附联合体各方共同投标协议的。

开标会致辞

开标活动现场纪律

课题二 建设工程施工评标

一、建设工程施工评标原则

（1）认真阅读招标文件，严格按照招标文件规定的要求和条件对投标文件进行评审。

（2）公正、公平、科学、合理。

（3）质量好、信誉高、价格合理、工期适当、施工方案先进可行。

（4）规范性与灵活性相结合。

（5）评标委员会成员应当依照规定，按照招标文件规定的评标标准和方法，客观、公正地对投标文件提出评审意见。招标文件中没有规定的评标标准和方法不得作为评标的依据。

（6）投标文件中有含义不明确的内容、明显的文字或者计算错误，评标委员会认为需要投标人作出必要澄清、说明的，应当书面通知该投标人。投标人的澄清、说明应当采用书面形式，并不得超出投标文件的范围或者改变投标文件的实质性内容。

二、建设工程施工评标要求

1. 对评标委员会的要求

（1）评标由招标人依法组建的评标委员会负责。评标委员会由招标人的代表和有关技术、经济等方面的专家组成，成员人数为5人以上单数，其中招标人代表以外的技术、经济等方面专家不得少于成员总数的2/3。确定专家成员一般应当采取随机抽取的方式。

（2）与投标人有利害关系的人不得进入相关项目的评标委员会，已经进入的应当更换。评标委员会成员的名单在中标结果确定前应当保密。

评标委员会成员有下列情形之一的，应当回避：

1）招标人或投标人的主要负责人的亲属。

2）项目主管部门或者行政监督部门的人员。

3）与投标人有经济利益关系，可能影响对投标公正评审的。

4）曾因在招标、评标及其他与招标投标有关活动中从事违法行为而受过行政处罚或刑事处罚的。

2. 对招标人的纪律要求

招标人不得泄露招标投标活动中应当保密的情况和资料，不得与投标人串通损害国家利益、社会公共利益或者他人合法权益。

3. 对投标人的纪律要求

投标人不得相互串通投标或者与招标人串通投标，不得向招标人或评标委员会成员行贿谋取中标，不得以他人名义投标或者以其他方式弄虚作假骗取中标；投标人不得以任何方式干扰、影响评标工作。

4. 对与评标活动有关的工作人员的纪律要求

与评标活动有关的工作人员不得收受他人的财物或者其他好处，不得向他人泄露对投标文件的评审和比较、中标候选人的推荐情况及评标有关的任何情况。在评标活动中，与评标活动有关的工作人员不得擅离职守，影响评标程序的正常进行。

三、建设工程施工评标步骤

大中型工程项目的评审因评审内容复杂、涉及面宽广，通常分成初步评审和详细评审两个阶段进行。

1. 初步评审

初步评审也称对投标书的响应性审查，是以投标人须知为依据，检查各投标书是否为响应性投标，以确定投标书的有效性。初步评审主要包括以下内容：

（1）符合性评审。审查内容如下：

1）投标人的资格。
2）投标文件的有效性。
3）投标文件的完整性。
4）与招标文件的一致性。

符合性评审表见表4-2。

表4-2 符合性评审表

××××项目符合性评审表

序号	符合性评审（评审结果为合格、不合格）	投标单位名称及审查意见（合格、不合格）				备注说明
1	投标文件上法定代表人或法定代表人授权代理人的签字齐全					
2	投标文件按照招标文件规定的格式、内容填写，投标函件、技术标书、经济标书中主要内容齐全，字迹清晰可辨					
3	提供了有效的资质证明、投标承诺书（包括投标单位、项目经理）、拖欠工程款和农民工工资清理情况回执单、安全资格审查意见、外埠施工单位备案手续等招标文件中已明确要求提供的资料					
4	投标文件上标明的投标人未发生实质性改变					
5	按照工程量清单要求填报了单价和总价，未发现修改工程量清单内容的问题，编制人资格符合要求并加盖了印章；投标总价、分部分项工程量清单计价、综合单价分析表、主要材料价格表、设备价格表之间逻辑关系一致，无重大偏差					
6	工期、质量标准、质量目标、安全生产和文明施工要求、项目管理班组人员组成、主要材料和设备性能等满足招标文件要求					
7	除按招标文件规定在提供替代技术方案的同时提交选择性报价外，同一份投标文件中仅有一个报价					
8	未提出与招标文件相悖的不合理要求					
9	未发现有明显的串标、围标行为					

"√"表示通过，"×"表示不通过　　评委签字：　　　日期：

（2）技术性评审。投标文件的技术性评审主要是审查施工方案、工程进度与技术措施、质量管理体系与措施、安全保证措施、环境保护管理体系与措施、资源（劳务、材料、机械设备）、技术负责人等方面是否与国家相应规定及招标项目相匹配。

（3）商务性评审。投标文件的商务性评审主要是指投标报价的审核，审查全部报价数据计算的准确性。

（4）对招标文件响应的偏差。投标文件对招标文件实质性要求和条件响应的偏差分为重大偏差和细微偏差。所有存在重大偏差的投标文件都属于在初评阶段应淘汰的投标书。

下列情况属于重大偏差：

1) 没有按照招标文件要求提供投标担保或者所提供的投标担保有瑕疵。
2) 投标文件没有投标人授权代表签字和加盖公章。
3) 投标文件载明的招标项目完成期限超过招标文件规定的期限。
4) 明显不符合技术规格、技术标准的要求。
5) 投标文件载明的货物包装方式、检验标准和方法等不符合招标文件的要求。
6) 投标文件附有招标人不能接受的条件。
7) 不符合招标文件中规定的其他实质性要求。

投标文件有上述情形之一的，为未能对招标文件做出实质性响应，应按规定作废标处理。

细微偏差是指投标文件在实质上响应招标文件要求，但在个别地方存在漏项或者提供了不完整的技术信息和数据等情况，并且补正这些遗漏或者不完整不会对其他投标人造成不公平的结果。

（5）投标文件作废标处理的其他情况。投标文件有下列情形之一的，由评标委员会初审后按废标处理：

1) 无单位盖章并无法定代表人或法定代表人授权的代理人签字或盖章的。
2) 未按规定的格式填写，内容不全或关键字迹模糊、无法辨认的。
3) 投标人递交两份或多份内容不同的投标文件，或在一份投标文件中对同一招标项目报有两个或多个报价，且未声明哪一个有效，按招标文件规定提交备选投标方案的除外。
4) 投标人名称或组织结构与资格预审时不一致的。
5) 未按招标文件要求提交投标保证金的。
6) 联合体投标未附联合体各方共同投标协议的。

2. 详细评审

详细评审是指在初步评审的基础上，对经初步评审合格的投标文件，按照招标文件确定的评标标准和方法，对其技术部分（技术标）和商务部分（商务标）进行进一步审查，评定其合理性，以及合同授予该投标人在履行过程中可能带来的风险。

3. 对投标文件的澄清

先以口头形式询问并解答，随后在规定的时间内投标人以书面形式予以确认，并做出正式答复。但澄清或说明的问题不允许更改投标价格或投标书的实质内容。

投标文件中的大写金额和小写金额不一致的，以大写金额为准；总价金额与单价金额不一致的，以单价金额为准，但单价金额小数点有明显错误的除外；对不同文字文本投标文件的解释发生异议的，以中文文本为准。

四、建设工程施工评标主要方法

目前常用的评标方法有经评审的最低投标价法和综合评估法等。

1. 经评审的最低投标价法

经评审的最低投标价法是指对符合招标文件规定的技术标准，满足招标文件实质性要求的投标，根据招标文件规定的量化因素及量化标准进行价格折算，按照经评审的投标价由低到高的顺序推荐中标候选人，或根据招标人授权直接确定中标人，但投标报价低于其成本的除外。经评审的投标价相等时，投标报价低的优先；投标报价也相等的，由招标人自行确定。

（1）适用情况：一般适用于具有通用的技术、性能标准，或者招标人对其技术、性能标准没有特殊要求的招标项目。

（2）评标程序及原则：

1）评标委员会根据招标文件中评标办法的规定对投标人的投标文件进行初步评审。有一项不符合评审标准的，作废标处理。

2）评标委员会应当根据招标文件中规定的评标价格调整方法，对所有投标人的投标报价及投标文件的商务部分作必要的价格调整。

3）评标委员会应当拟定一份"标价比较表"，连同书面评标报告提交招标人。标价比较表应当注明投标人的投标报价、对商务偏差的价格调整和说明，以及经评审的最终投标价。

4）除招标文件中授权评标委员会直接确定中标人外，评标委员会按照经评审的价格由低到高的顺序推荐中标候选人。

（3）评标方法：评标委员会对满足招标文件实质要求的投标文件，根据规定的量化因素及量化标准进行价格折算，按照经评审的投标价由低到高的顺序推荐中标候选人，或根据招标人授权直接确定中标人，但投标报价低于其成本的除外。经评审的投标价相等时，投标报价低的优先；投标报价也相等的，由招标人自行确定。

（4）评审标准：

1）初步评审标准如下：

① 形式评审标准，见评标办法前附表（表4-3）。

② 资格评审标准，未进行资格预审的见评标办法前附表（表4-3）；已进行资格预审的见资格预审文件中"资格审查办法"中的详细审查标准。

③ 响应性评审标准，见评标办法前附表（表4-3）。

④ 施工组织设计和项目管理机构评审标准，见评标办法前附表（表4-3）。

2）详细评审标准，见评标办法前附表（表4-3）。

表 4-3　评标办法前附表（经评审的最低投标价法）

条　款　号	评审因素		评审标准
2.1.1	形式评审标准	投标人名称	与营业执照、资质证书、安全生产许可证一致
		投标函签字盖章	有法定代表人或其委托代理人签字或加盖单位章
		投标文件格式	符合"投标文件格式"的要求
		联合体投标人	提交联合体协议书，并明确联合体牵头人（如有）
		报价唯一	只能有一个有效报价
		……	……
2.1.2	资格评审标准	营业执照	具备有效的营业执照
		安全生产许可证	具备有效的安全生产许可证
		资质等级	符合"投标人须知"第×××项规定
		财务状况	符合"投标人须知"第×××项规定
		类似项目业绩	符合"投标人须知"第×××项规定
		信誉	符合"投标人须知"第×××项规定
		项目经理	符合"投标人须知"第×××项规定
		其他要求	符合"投标人须知"第×××项规定
		联合体投标人	符合"投标人须知"第×××项规定（如有）
		……	……
2.1.3	响应性评审标准	投标内容	符合"投标人须知"第×××项规定
		工期	符合"投标人须知"第×××项规定
		工程质量	符合"投标人须知"第×××项规定
		投标有效期	符合"投标人须知"第×××项规定
		投标保证金	符合"投标人须知"第×××项规定
		权利与义务	符合"合同条款及格式"规定
		已标价工程量清单	符合"工程量清单"给出的范围及数量规定
		技术标准和要求	符合"技术标准和要求"规定
		……	……
2.1.4	施工组织设计和项目管理机构评审标准	施工方案与技术措施	
		质量管理体系与措施	
		安全管理体系与措施	
		环境保护管理体系与措施	
		工程进度计划与措施	
		资源配备计划	
		技术负责人	
		其他主要人员	
		施工设备	
		试验、检测仪器设备	
		……	

(续)

条款号	评审因素	评审标准
2.2 详细评审标准	单价遗漏	
	付款条件	
	……	

(5) 评标程序:

1) 初步评审。对于未进行资格预审的,评标委员会可以要求投标人提交"投标人须知"规定的有关证明和证件的原件,以便核验。评标委员会依据规定的标准对投标文件进行初步评审。有一项不符合评审标准的,作废标处理。

对于已进行资格预审的,评标委员会依据规定的标准对投标文件进行初步评审。有一项不符合评审标准的,作废标处理。当投标人资格预审申请文件的内容发生重大变化时,评标委员会依据规定的标准对其更新资料进行评审。

2) 详细评审。评标委员会按规定的量化因素和标准进行价格折算,计算出评标价,并编制标价比较表(表4-4)。

表 4-4　标价比较表

招标编号:　　　　　评标时间:　　　　年　　月　　日

公司名称或代码	投标总价	对商务标偏差的价格调整和说明	经评审的最终报价

评委签名:

评标委员会发现投标人的报价明显低于其他投标报价,或者在设有标底时明显低于标底,使得其投标报价可能低于其成本的,应当要求该投标人做出书面说明并提供相应的证明材料。投标人不能合理说明或者不能提供相应证明材料的,由评标委员会认定该投标人以低于成本报价竞标,其投标作废标处理。

3) 投标文件的澄清和补正:

① 在评标过程中,评标委员会可以书面形式要求投标人对所提交的投标文件中不明确的内容进行书面澄清或说明,或者对细微偏差进行补正。评标委员会不接受投标人主动提出的澄清、说明或补正。

② 澄清、说明和补正不得改变投标文件的实质性内容(算术性错误修正的除外)。投标人的书面澄清、说明和补正属于投标文件的组成部分。

③ 评标委员会对投标人提交的澄清、说明或补正有疑问的,可以要求投标人进一步澄清、说明或补正,直至满足评标委员会的要求。

2. 综合评估法

综合评估法,是对价格、施工组织设计(或施工方案)、项目经理的资历和业绩、工程质量、工期、投标人的信誉和业绩等各方面因素进行综合评价，从而确定中标人的评标定标方法。它是适用较广泛的评标定标方法。

评标委员会对满足招标文件实质性要求的投标文件，按照规定的评分标准进行打分，并按得分由高到低的顺序推荐中标候选人，或根据招标人授权直接确定中标人，但投标报价低于其成本的除外。综合评分相等时，以投标报价低的优先；投标报价也相等的，由招标人自行确定。

综合评估法的主要特点是要量化各评审因素。从理论上讲，评标因素指标的设置和评分标准分值的分配，应充分体现企业的整体素质和综合实力，准确反映公开、公平、公正的竞标法则，使质量好、信誉高、价格合理、技术强、方案优的企业能中标。

（1）综合评估法的评标办法前附表见表 4-5。

表 4-5　综合评估法的评标办法前附表

条款号	评审因素	评审标准
2.1.1	形式评审标准	
	投标人名称	与营业执照、资质证书、安全生产许可证一致
	投标函签字盖章	有法定代表人或其委托代理人签字或加盖单位章
	投标文件格式	符合"投标文件格式"的要求
	联合体投标人	提交联合体协议书，并明确联合体牵头人（如有）
	报价唯一	只能有一个有效报价
	……	……
2.1.2	资格评审标准	
	营业执照	具备有效的营业执照
	安全生产许可证	具备有效的安全生产许可证
	资质等级	符合"投标人须知"第×××项规定
	财务状况	符合"投标人须知"第×××项规定
	类似项目业绩	符合"投标人须知"第×××项规定
	信誉	符合"投标人须知"第×××项规定
	项目经理	符合"投标人须知"第×××项规定
	其他要求	符合"投标人须知"第×××项规定
	联合体投标人	符合"投标人须知"第×××项规定（如有）
	……	……
2.1.3	响应性评审标准	
	投标内容	符合"投标人须知"第×××项规定
	工期	符合"投标人须知"第×××项规定
	工程质量	符合"投标人须知"第×××项规定
	投标有效期	符合"投标人须知"第×××项规定
	投标保证金	符合"投标人须知"第×××项规定
	权利与义务	符合"合同条款及格式"规定
	已标价工程量清单	符合"工程量清单"给出的范围及数量规定
	技术标准和要求	符合"技术标准和要求"规定
	……	……

(续)

条款号	条款内容	编列内容
2.2.1	分值构成 （总分100分）	施工组织设计：_____分 项目管理机构：_____分 投标报价：_____分 其他评分因素：_____分
2.2.2	评标基准价计算方法	
2.2.3	投标报价偏差率计算公式	偏差率=100%×（投标人报价-评标基准价）/评标基准价

条款号		评分因素	评分标准
2.2.4（1）	施工组织设计评分标准	内容完整性和编制水平 施工方案与技术措施 质量管理体系与措施 安全管理体系与措施 环境保护管理体系与措施 工程进度计划与措施 资源配备计划 ……	
2.2.4（2）	项目管理机构评分标准	项目经理任职资格与业绩 技术负责人任职资格与业绩 其他主要人员 ……	
2.2.4（3）	投标报价评分标准	偏差率 ……	
2.2.4（4）	其他因素评分标准	……	

（2）综合评估法的分值构成与评分标准。综合评估法的分值构成与评分标准的每个项目均不同，表4-6、表4-7为某项目的综合评估法的分值构成与评分标准（含技术标和商务标）。

表4-6 综合评估法技术标分值构成与评分标准（满分100分，占20%）

项目		满分	评分标准
总体概述（5分）		5	对工程整体有深刻认识，表述完整、清晰；措施先进，施工段划分清晰、合理，符合规范要求，得0~5分
施工组织设计（满分68分）	施工进度计划和进度保证措施	25	（1）所报工期符合招标文件要求，否则投标无效 （2）网络计划编排合理、可行，关键路线清晰、准确、无错误，得0~15分 （3）进度保证措施可靠，冬、雨期施工措施具体可行，农忙保勤措施可行，得0~5分 （4）已完工程保护措施完善，得0~5分

（续）

项目		满分	评分标准
施工组织设计（满分68分）	劳动力、材料、机械设备投入计划及保证措施	5	投入计划与进度计划相呼应，满足工程施工需要，投入计划合理准确，得0~5分
	施工总平面图	5	总平面图内容齐全、有针对性、合理，符合安全文明生产要求，满足施工需要，得0~5分
	针对项目实际，对关键施工技术、工艺及工程项目实施的重点、难点的分析和解决方案	18	（1）对关键技术、工艺有深入表述，得0~8分 （2）对重点、难点的解决方案完整、安全、经济、切实可行，措施得力，得0~10分
	安全文明施工	5	针对项目实际情况，采用规范正确，有具体完整的措施和应急救援预案，措施齐全、预案可行（防洪、防火、防触电、防坠落、防倒塌等），得0~5分
	质量保证	10	（1）所报质量等级必须符合招标文件要求，否则投标无效 （2）有完整的质量体系，针对项目实际情况，有先进、可行、具体的保证措施，得0~5分 （3）有针对本工程质量通病的治理措施的，得0~5分
项目管理机构（满分21分）	项目经理	10	（1）项目经理近三年内具有同类工程业绩的，每1个业绩得1分，最多加3分 （2）项目经理为一级注册建造师得2分，是高级职称得2分，中级职称得1分，其余不得分 （3）项目经理承担的工程获得省级优良加1分，有效期三年；获国家级优良加2分，有效期三年，最高加2分 （4）对于投标项目负责人承担的工程获得省级以上住房和城乡建设行政主管部门评定的"安全文明示范工地"奖项的加分，其中：省级最高加0.5分；获国家级最高加1分，有效期均为三年。加分时只针对上述奖项中的一个最高奖项计分
	技术负责人	5	（1）技术负责人具有高级职称得2分，中级职称得1分，其余不得分 （2）近三年曾担任过同类项目技术负责人的，每一项加1分，最多加3分
	项目部配备	6	（1）项目班子管理人员及技术人员配备合理，组织机构设置合理、科学，满足招标文件要求，得0~5分 （2）有资料专管人员，得1分
企业信誉及业绩（满分6分）	质量	2	企业近三年获国家"鲁班奖"（或同等级别奖）的加2分，获"泰山杯"奖（或同等级别奖）的加1分；同一工程以获最高奖计，不重复计分
	安全	2	企业近三年承建的建筑工程获省部级及其以上"安全文明示范工地"奖的，加2分
	业绩	2	企业近三年具有类似工程业绩的，加2分
合计		100	

表4-7　综合评估法商务标分值构成与评分标准（满分100分，占80%）

项　　目	满　分	评　分　标　准
总报价	36	各投标人总报价与评标基准值 A 值相等的，得基本分36分；高出 A 值后，每再高于 A 值1%（商值）时，在基本分基础上减0.4分，减完为止；低于 A 值后，每再低于 A 值1%（商值）时，在基本分基础上减0.2分，减完为止（不足1%的按插入法计算保留小数点后两位有效数字）
主要项目综合单价报价	40	（1）从所有清单项目中由造价专家按1∶3（或1∶2）的比例随机选取占工程造价权重较大的 N 个子项的综合单价进行比较；在监督人员监督下，由专家成员随机抽取其中的 $N/3$（或 $N/2$）项作为评分依据，由工作人员现场宣读项目编码、项目名称、工程量等并由专家组成员签字确认 （2）抽出的每个项目中，各投标人所报单价与评标基准值 B 值相等时得 $40/N$ 分，每高出 B 值1%（商值）减0.1分，减完为止；每低于 B 值1%（商值）减0.05分，减完为止（不足1%的按插入法计算保留小数点后两位有效数字） （3）本项得分等于抽出的每个单项综合单价报价得分之和
措施项目报价	10	各投标人的措施项目报价与评标基准值 C 值相等的，得基本分10分，每高出 C 值1%时（商值），在基本分基础上减0.5分；每低于 C 值1%（商值），在基本分基础上减0.25分，减完为止（不足1%的按插入法计算保留小数点后两位有效数字）
综合单价合理性分析	1	综合单价组成及分析是否符合清单计价规范，得0~1分
总包服务费费率	2	各投标人的总包服务费报价与评标基准值 D 值相等的，得基本分2分，每高出 D 值1%时（差值），在基本分基础上减0.2分；每低于 D 值1%（差值），在基本分基础上减0.1分，减完为止（不足1%的按插入法计算保留小数点后两位有效数字）
计日工费用	1	投标人所报单价与评标基准值 E 值相同者得满分；比 E 值每高1元扣0.2分，扣完为止；比 E 值每低1元扣0.1分，扣完为止
人工单价	1	投标人所报单价与评标基准值 F 值相同者得满分；比 F 值每高1元扣0.2分，扣完为止；比 F 值每低1元扣0.1分，扣完为止
清单以外项目费率	施工管理费费率（满分3分）	建筑企业管理费费率	1	凡所报费率等于评标基准值 G 值得1分。所报费率每高于 G 值1%（差值）减0.01分，所报费率每低于 G 值1%（差值）减0.05分，减完为止
		装饰企业管理费费率	1	凡所报费率等于评标基准值 H 值得1分。所报费率每高于 H 值10%（差值）减0.1分，所报费率每低于 H 值10%（差值）减0.05分，减完为止
		安装企业管理费费率	1	凡所报费率等于评标基准值 I 值得1分。所报费率每高于 I 值5%（差值）减0.1分，所报费率每低于 I 值5%（差值）减0.05分，减完为止

单元四 建设工程施工开标、评标和定标

（续）

项目			满分	评分标准
清单以外项目费率	利润率费率（满分3分）	建筑利润率	1	凡所报利润率等于评标基准值 J 值得 1 分。所报利润率每高于 J 值1%（差值）减 0.1 分，所报利润率每低于 J 值1%（差值）减 0.05 分，减完为止
		装饰利润率	1	凡所报利润率等于评标基准值 K 值得 1 分。所报利润率每高于 K 值10%（差值）减 0.1 分，所报利润率每低于 K 值10%（差值）减 0.05 分，减完为止
		安装利润率	1	凡所报利润率等于评标基准值 L 值得 1 分。所报利润率每高于 L 值5%（差值）减 0.1 分，所报利润率每低于 L 值5%（差值）减 0.05 分，减完为止
	措施费费率（满分3分）	建筑措施费费率	1	凡所报费率等于评标基准值 M 值得 1 分。所报费率每高于 M 值1%（差值）减 0.1 分，所报费率每低于 M 值1%（差值）减 0.05 分，减完为止
		装饰措施费费率	1	凡所报费率等于评标基准值 N 值得 1 分。所报费率每高于 N 值10%（差值）减 0.1 分，所报费率每低于 N 值10%（差值）减 0.05 分，减完为止
		安装措施费费率	1	凡所报费率等于评标基准值 O 值得 1 分。所报费率每高于 O 值5%（差值）减 0.1 分，所报费率每低于 O 值5%（差值）减 0.05 分，减完为止
合计			100	

（3）评标程序：

1）初步评审（同经评审的最低投标价法）。

2）详细评审。评标委员会按规定的量化因素和分值进行打分，并计算出综合评估得分。

评标委员会发现投标人的报价明显低于其他投标报价，或者在设有标底时明显低于标底，使得其投标报价可能低于其个别成本的，应当要求该投标人做出书面说明并提供相应的证明材料。投标人不能合理说明或者不能提供相应证明材料的，由评标委员会认定该投标人以低于成本报价竞标，其投标作废标处理。

3）投标文件的澄清和补正（同经评审的最低投标价法）。

五、评标报告

评标委员会在完成评标后，应向招标人提出书面评标结论性报告，并抄送有关行政监督部门。评标报告应当如实记载以下内容：

（1）基本情况和数据表。

（2）评标委员会成员名单。

（3）开标记录。

（4）符合要求的投标一览表。

（5）配表情况说明。

（6）评标标准、评标方法或者评标因素一览表。
（7）经评审的价格或者评分比较一览表。
（8）经评审的投标人排序。
（9）推荐的中标候选人名单与签订合同前要处理的事宜。
（10）澄清、说明、补正事项纪要。

评标报告由评标委员会全体成员签字。评标委员会应当对此做出书面说明并记录在案。评标委员会推荐的中标候选人应当限定在1~3人，并标明排列顺序。

向招标人提交书面评标报告后，评标委员会即告解散。

【案例】某项目评标报告

某项目评标报告

一、项目简介

受××××××工程建设管理办公室委托，××××××工程管理（集团）有限公司组织了××××××工程建设项目公开招标工作，本项目采用资格后审形式。

二、招标过程简介

××××××工程建设项目依照相关法律规定，采用国内公开招标方式，于××××年××月在国家和××省指定的招标公告发布媒介上发布招标公告，××月××日至××月××日有8家符合公告要求的投标人前来登记并购买了招标文件。

投标截止时间××××年×××月××日上午9时整，共有4家投标人在投标截止时间前递交了投标文件，他们是A建筑工程有限责任公司、B建筑工程有限责任公司、C建筑工程有限责任公司、D建筑工程有限责任公司。

开标一览表附后（略）。

三、评标委员会组成情况

评标委员会由技术、经济专家5人组成，他们是×××、×××、×××、×××、×××。本次评标的专家是在××市评标专家库××子库中随机抽取，负责本项目的评审工作，评委组推荐×××担任评标组长。

为协助做好评标工作，招标代理人确定3名工作人员，负责管理招标、投标和评标文件、资料及评标工作使用的表格，完成评标委员会指定的统计、计算、填表、核实、监督等工作，无评议权和投票权。

四、评标程序及情况

4.1 初步评审

评标委员会对投标文件进行了形式评审、资格评审、响应性评审。

本次评标对投标文件进行的形式评审的标准有（有违反下列情况之一的投标文件作为废标处理，不能进入下一阶段的评标）：

（1）投标人名称与营业执照、资质证书、安全生产许可证一致。
（2）投标函签字盖章，有法定代表人或其委托代理人签字或加盖单位章。
（3）投标文件格式，符合"投标文件格式"的要求。
（4）报价唯一，只能有一个有效报价。
（5）投标文件的正副本数量为一正四副（完整投标文件电子版2份，投标报价文件电子版2份，Excel格式）。
（6）投标文件的印制和装订，投标文件的正本与副本应采用A4纸印刷（图表页可例外），分别装订成册，编制目录和页码，并不得采用活页装订。
（7）形式评审的其他标准。

本次评标对投标人进行的资格评审的标准有（有违反下列情况之一的投标文件作为废标处理，不能进入下一阶段的评标）：
（1）营业执照，具备有效的营业执照。
（2）安全生产许可证，具备有效的安全生产许可证。
（3）资质要求，水利水电工程施工总承包贰级及以上。
（4）财务要求，近两年财务状况良好（无亏损情况）。
（5）业绩要求，近两年共承接××类似工程合同额达到6000万元以上。
（6）信誉要求，根据××省××厅《关于开展××工程投标企业信誉登记工作的通知》要求，投标企业须获××省××厅信用等级认证并签署《承诺书》，并在××市××局备案。
（7）项目经理资格，在投标单位注册的二级及以上项目经理或二级及以上××工程类注册建造师。
（8）技术负责人资格，高级工程师。
（9）其他要求，需取得建设行政主管部门颁发的安全生产许可证（并在有效期以内）。
（10）企业主要负责人安全生产考核合格证，具备有效的安全生产考核合格证。

本次评标对投标人进行的响应性评审的标准有（有违反下列情况之一的投标文件作为废标处理，不能进入下一阶段的评标）：
（1）招标范围，本项目的建筑及安装工程。
（2）计划工期，150日历天。
（3）质量要求，满足设计要求并达到合格标准。
（4）投标有效期，投标截止日期后的 90 日（日历天）。
（5）投标保证金，本招标项目投标保证金金额为人民币贰拾万元整，缴纳截止时间为××××年××月××日上午9时00分前（投标文件递交截止时间前，以到账时间为准），投标保证金需交到××市综合招（投）标中心专用账户，投标人交纳投标保证金必须从投标人的基本账户以实时电汇的方式，汇至××市综合招（投）标中心专用账户，不接受其他方式交纳。
（6）权利与义务，符合招标文件中"合同条款及格式"规定。
（7）已标价工程量清单，符合招标文件中"工程量清单"给出的范围及数量规定。
（8）技术标准和要求，符合招标文件中"技术标准和要求"规定。
（9）签署与递交投标文件以及参加开标大会的投标人代表（投标委托代理人），必须是投标人法定代表人或拟任本招标工程的项目经理（投标人法定代表人授权的注册在投标人的建造师或符合招标文件要求的项目经理），且投标人代表须进行身份证明文件原件与其复印件的一致性审查，否则投标文件将被拒收或视为无效投标文件。拟任本招标工程的项目经理的身份证明包括身份证、建造师注册证书、社会保险证明。

（10）招标文件涉及的投标人资格、信誉、业绩、能力以及相关人员证件等证明文件的复印件，须进行原件审查，只有原件与其复印件一致且符合评分标准要求的才作为有效证明文件，否则作为无效证明文件。

（11）招标人不提供标底而采用最高和最低限价的，投标总价（包括按招标文件要求进行算术修正后的投标总价）超过最高限价或低于最低限价的，其投标文件作废标处理。

经评标委员会评定，本次投标的4家投标人均通过初步评审，初步评审表附后（略）。

4.2 详细评审

详细评审的内容由施工组织设计、项目管理机构、投标报价和其他评分因素共4部分组成，总分值为100分。

4.2.1 施工组织设计（0~14分，内容略）

4.2.2 项目管理机构（0~10分，内容略）

4.2.3 投标报价（0~60分）

（1）投标总价（0~48分，内容略）

（2）投标报价的合理性（0~10分，内容略）

（3）投标报价的一致性（0~2分，内容略）

4.2.4 其他评分因素（-6~16分，内容略）

4.2.5 其他（略）

投标人最终得分计算方法：投标人的最终得分为所有评委的综合评分去掉一个最高分和一个最低分之后的算术平均值（保留小数点后两位，第三位小数四舍五入）。

定标原则：

（1）招标人将按照评标委员会推荐的中标候选人，依排名顺序依次确定中标人。排名第一的中标候选人放弃中标，因不可抗力提出不能履行合同，或在规定的时间内因自身原因未能与招标人签订合同的，招标人可以确定排名第二的中标候选人为中标人。排名第二的中标候选人因上述的同样原因不能签订合同的，招标人可以确定排名第三的中标候选人为中标人。

（2）当出现两名及以上排名第一的中标候选人得分相同时，选定投标总报价相对较低的为中标人。

（3）当出现两名及以上排名第一的中标候选人得分相同且投标总报价相同时，选定分部工程投标报价得分较高的为中标人。

此次招标有4位投标人未送达投标文件，他们是E工程有限公司、F实业有限责任公司、G建设有限责任公司、H建设有限责任公司。

五、评标结论及推荐建议

评标委员会决定按上述推荐的中标候选人排序结果上报××建设项目办公室，由××建设项目办公室最终确定首选预中标人和备选预中标人，结果列于下表中。

推荐中标候选人排序表

项目	投标单位			
得分排序		1	2	3
投标报价/（人民币/元）				

评标小组组长签字：

评标委员会签字：

监督人签字：

×××× 年 ×× 月 ×× 日

课题三　建设工程施工定标及合同签订

一、建设工程施工定标

定标亦称决标，是指招标人最终确定中标的单位。除特殊情况外，评标和定标应当在投标有效期结束日 30 个工作日前完成。招标文件应当载明投标有效期，投标有效期从提交投标文件截止日起计算。

评标完成后，评标委员会应当向招标人提交书面评标报告和中标候选人名单。中标候选人应当不超过 3 个，并标明排序。

评标报告应当由评标委员会全体成员签字。对评标结果有不同意见的评标委员会成员应当以书面形式说明其不同意见和理由，评标报告应当注明该不同意见。评标委员会成员拒绝在评标报告上签字又不书面说明其不同意见和理由的，视为同意评标结果。

依法必须进行招标的项目，招标人应当自收到评标报告之日起 3 日内公示中标候选人，公示期不得少于 3 日。

投标人或者其他利害关系人对依法必须进行招标的项目的评标结果有异议的，应当在中标候选人公示期间提出。招标人应当自收到异议之日起 3 日内做出答复；做出答复前，应当暂停招标投标活动。

国有资金占控股或者主导地位的依法必须进行招标的项目，招标人应当确定排名第一的中标候选人为中标人。排名第一的中标候选人放弃中标、因不可抗力不能履行合同、不按照招标文件要求提交履约保证金，或者被查实存在影响中标结果的违法行为等情形，不符合中标条件的，招标人可以按照评标委员会提出的中标候选人名单顺序依次确定其他中标候选人为中标人，也可以重新招标。

中标候选人的经营、财务状况发生较大变化或者存在违法行为，招标人认为可能影响其履约能力的，应当在发出中标通知书前由原评标委员会按照招标文件规定的标准和方法审查确认。

招标人和中标人应当依照《招标投标法》的规定签订书面合同，合同的标的、价款、质量、履行期限等主要条款应当与招标文件和中标人的投标文件的内容一致。招标人和中标人不得再行订立背离合同实质性内容的其他协议。

招标人最迟应当在书面合同签订后 5 日内向中标人和未中标的投标人退还投标保证金及银行同期存款利息。

根据《招标投标法》及其配套法规和有关规定，定标应满足下列要求：

（1）评标委员会经评审，认为所有投标都不符合招标文件要求的，可以否决所有投标。招标人应当重新招标。

（2）在确定中标人前，招标人不得与投标人就投标价格、投标方案等实质性内容进行谈判。

（3）评标委员会推荐的中标候选人应该为 1~3 人，并且要排列先后顺序，招标人优先确定排名第一的中标候选人作为中标人。

（4）依法必须进行招标的项目，招标人应当自确定中标人之日起 15 日内，向工程所在地县级以上建设行政主管部门提交招标投标情况的书面报告。

（5）中标人确定后，招标人应当向中标人发出中标通知书，并同时将中标结果通知所有未中标的投标人并退还他们的投标保证金或保函。中标通知书发出即生效，且对招标人和中标人都具有法律效力，招标人改变中标结果或中标人拒绝签订合同均要承担相应的法律责任。

（6）招标人和中标人应当自中标通知书发出之日起 30 日内，按照招标文件和中标人的投标文件订立书面合同。

（7）中标人应当按照合同约定履行义务，完成中标项目。中标人不得向他人转让中标项目，也不得将中标项目肢解后分别向他人转让。

（8）定标时，应当由业主行使决策权。

（9）中标人的投标文件应当符合下列条件之一：

1）能够最大限度地满足招标文件中规定的各项综合评价标准。

2）能够满足招标文件的各项要求，并且投标价格经评审后价格最低，但投标价格低于成本的除外。

（10）投标有效期是指招标文件规定的从投标截止日起至中标人公布日止的期间。一般不能延长，因为它是确定投标保证金有效期的依据。不能在投标有效期结束日 30 个工作日前完成评标和定标的，招标人应当通知所有投标人延长投标有效期。拒绝延长投标有效期的投标人有权收回投标保证金。

（11）退回招标文件押金。公布中标结果后，未中标的投标人应当在发出中标通知书后的 7 日内退回招标文件和相关的图样资料，同时招标人应当退回未中标的投标人的投标文件和发放招标文件时收取的押金。

二、发出中标通知书

中标人确定后，招标人应当向中标人发出中标通知书，同时通知未中标人，并与中标人在 30 个工作日之内签订合同。中标通知书对招标人和中标人具有法律约束力。

招标人迟迟不确定中标人或者无正当理由不与中标人签订合同的，给

中标通知书

予警告，根据情节可处 1 万元以下的罚款；造成中标人损失的，应当赔偿损失。

三、签订合同

1. 合同签订

招标人和中标人应当在中标通知书发出 30 日内，按照招标文件和中标人的投标文件订立书面合同。招标人与中标人不得再行订立背离合同实质性内容的其他协议。

2. 投标保证金和履约保证金

（1）投标保证金的退还。招标人与中标人签订合同后 5 个工作日内，应当向中标人和未中标的投标人退还投标保证金。

（2）提交履约保证金。招标文件要求中标人提交履约保证金的，中标人应当提交。若中标人不能按时提供履约保证金，可以视为投标人违约，没收其投标保证金，招标人再与下一位候选中标人商签合同。当招标文件要求中标人提供履约担保时，招标人也应当向中标人提供工程款支付担保。

拓展讨论

党的二十大报告提出，加快建设法治社会。法治社会是构筑法治国家的基础。弘扬社会主义法治精神，传承中华优秀传统法律文化，引导全体人民做社会主义法治的忠实崇尚者、自觉遵守者、坚定捍卫者。

请思考： 建筑施工评标专家要承担哪些法律责任？

同步测试

一、单项选择题

1．《评标委员会和评标方法暂行规定》规定，如果否决不合格投标者后，有效投标不足三家的处理办法是（　　）。

A．招标人应当依法重新招标

B．招标人继续进行招标

C．招标人通过商议决定中标单位

D．招标人自行选择中标人

2．在投标截止时间前递交投标文件的投标人少于（　　），招标无效，开标会即告结束，招标人应当依法重新组织招标。

A．三家　　　　B．两家　　　　C．五家　　　　D．四家

3．招标人和中标人应当自中标通知书发出之日起（　　）日内，按照招标文件和中标人的投标文件订立书面合同。

A．30　　　　　B．15　　　　　C．10　　　　　D．7

4．公布中标结果后，未中标的投标人应当在发出中标通知书后的（　　）日内退回招标文件和相关的图样资料，同时招标人应当退回未中标人的投标文件和发放招标文件时收取的押金。

A．7　　　　　　B．15　　　　　C．10　　　　　D．30

5. 评标委员会成员应从事相关专业领域工作满（　　）年，并具有高级职称或者是具有同等专业水平的工程技术、经济管理人员，并实行动态管理。

A. 8　　　　　　　B. 10　　　　　　　C. 5　　　　　　　D. 12

二、多项选择题

1. 有下列情形之一的人员，应当主动提出回避，不得担任评标委员会成员（　　）。
   A. 投标人主要负责人的亲属
   B. 项目主管部门或者行政监督部门的人员
   C. 与投标人有经济利益关系，可能影响投标公正评审的
   D. 曾因在招标投标有关活动中从事违法行为而受到行政处罚或刑事处罚的

2. 中标人的投标应当符合的条件有（　　）。
   A. 能够最大限度地满足招标文件中规定的各项综合评价标准
   B. 能够满足招标文件的各项要求，并经评审的价格最低，但投标价格低于成本的除外
   C. 未能实质上响应招标文件的投标，投标文件与招标文件有重大偏差
   D. 投标人的投标弄虚作假，以他人名义投标、串通投标、行贿谋取中标的

3. 重大偏差的投标文件包括以下情形（　　）。
   A. 没有按照招标文件要求提供投标担保或提供的投标担保有瑕疵
   B. 没有按照招标文件要求由投标人授权代表签字并加盖公章
   C. 投标文件记载的招标项目完成期限超过招标文件规定的完成期限
   D. 明显不符合技术规格、技术标准的要求
   E. 投标附有招标人不能接受的条件

4. 由于工程项目的规模不同、各类招标的标的不同，大中型工程的评标方法可以分为（　　）。
   A. 经评审的最低投标价法　　　　B. 综合评估法
   C. 低投标价夺标法　　　　　　　D. 联合保标法

5. 投标文件的初步评审主要包括以下内容（　　）。
   A. 投标文件的符合性鉴定　　　　B. 投标文件的技术评估
   C. 投标文件的商务评估　　　　　D. 投标文件的澄清
   E. 响应性审查　　　　　　　　　F. 废标文件的审定

6. 推迟开标时间的情况有（　　）。
   A. 招标文件发布后对原招标文件作了变更或补充
   B. 开标前发现有影响招标公正情况的不正当行为
   C. 出现严重的突发事件
   D. 因为某个投标人坐公交车延误了时间

7. 在开标时，如果投标文件出现下列情形之一，应当当场宣布为无效投标文件，不再进入评标（　　）。
   A. 投标文件未按照招标文件的要求予以标记、密封、盖章
   B. 投标文件未按照招标文件规定的格式、内容和要求填报，投标文件的关键内容字迹模糊、无法辨认
   C. 投标人在投标文件中对同一招标项目报有两个或多个报价，且未书面声明以哪个报

价为准
D. 投标人未按照招标文件的要求提供投标保证金或者投标保函
E. 组成联合体投标的，投标文件未附联合体各方共同投标协议
F. 投标人未按照招标文件的要求参加开标会议

三、思考题

1. 开标时作为无效投标文件的情形有哪些？
2. 简述评标的程序。
3. 建设工程评标方法主要有哪几种？分别进行解释。
4. 建设工程招（投）标的中标人一经确定就可以签订建设工程承（发）包合同吗？
5. 评标报告应包括哪些内容？
6. 废标的情况有哪些？

四、计算题

某工程某标段报价得分和报价合理性得分计算。

1. 投标报价评分标准

（1）投标总价得分（0~48分）计算。第 i 个有效报价的投标人的得分为

$$F_i = \begin{cases} 48 - 1.0 \times 100 \times \left|\dfrac{B_i - C}{C}\right| & \text{当 } B_i \leq C \\ 48 - 1.5 \times 100 \times \left|\dfrac{B_i - C}{C}\right| & \text{当 } B_i > C \end{cases}$$

式中　F_i——第 i 个有效报价的投标人的得分（保留两位小数，小数点后第三位四舍五入）；
　　　B_i——第 i 个有效报价，$i = 1, 2, 3, \cdots, n$；
　　　C——评标基准价；
　　　n——有效投标文件的投标人总计数。

如果投标总价得分经计算后小于或等于0分，则按0分计。

投标总价得分可由评标工作人员计算，在评委对其他详细评审项目评审结束后由评标委员会复核。

（2）投标报价合理性得分（0~10分）。分别计算各项目编号对应的投标人已标价工程量清单中的单价 W_{ij} 的合理性得分，然后计算投标报价合理性得分 S_i。

单价 W_{ij} 的合理性得分计算式为

$R_{ij} = 10/J_m - 0.05 \times 100 \times |W_{ij} - Q_j|/Q_j \quad 0 \leq R_{ij} \leq 10/J_m$；保留一位小数，第二位小数四舍五入

投标报价合理性得分计算式为

$$S_i = \sum R_{ij} + P_i \quad (0 \leq S_i \leq 15)$$

式中　j——从招标文件工程量清单中在评标委员会规定的范围内随机抽取的项目编号的顺序号，其值为 $1, 2, \cdots, J_m$；
　　　J_m——从招标文件工程量清单中在评标委员会规定的范围内随机抽取的项目编号的顺序号 j 的最大值；当工程量清单中的项目数大于5时，J_m 为5；当工程量清单中的项目数小于或等于5且大于1时，J_m 为2；当工程量清单中的项目数等于

1 时，J_m 为 1；

R_{ij}——第 i 个投标人及其已标价工程量清单中第 j 个项目编号为 H_j 的单价 W_{ij} 的合理性得分；

H_j——第 j 个从招标文件工程量清单中在评标委员会规定的范围内随机抽取的项目编号；

W_{ij}——第 i 个投标人及其已标价工程量清单中第 j 个项目编号为 H_j 的单价；

i——取值同前；

Q_j——j 相同的所有投标人的 W_{ij} 的算术平均值（保留四位小数，第五位小数四舍五入）；

S_i——第 i 个投标人投标报价合理性得分；

P_i——抽取的单价分析表中的单价与已标价工程量清单中对应的单价不一致或投标总价与已标价工程量清单合价的总计不一致时，除按招标文件规定对投标报价进行修正外，每一处不一致扣 0.5 分。

单价 W_{ij} 的合理性得分可由评标工作人员计算，由评标委员会核定。

（3）投标报价的一致性得分（0~2 分）。单价分析表中的单价与投标报价汇总表中对应的单价完全一致时得 2 分，否则在大于或等于 0 且小于 2 分之间得分（每有一处不一致少得 0.5 分，同时还应按招标文件的规定对投标报价进行修正）。

2. 评标基准价 C 计算

招标人不提供标底而采用最高和最低限价，最高限价于××××年××月××日在××市招标投标信息网上发布，最低限价为最高限价的 85%。评标基准价计算式为

$$C = \begin{cases} \dfrac{B_1 + B_2 + \cdots + B_n - M - L}{n - 2} \times (1 - K) & (n \geq 5) \\ \dfrac{B_1 + B_2 + \cdots + B_n}{n} \times (1 - K) & (n \leq 4) \end{cases}$$

式中 C——评标基准价（以万元为单位，保留四位小数，小数点后第五位四舍五入）；

B_n——投标人的有效报价（$n=1,2,\cdots$）；

n——有效报价的投标人个数；

M——投标人有效报价最高值；

L——投标人有效报价最低值；

K——评标基准价下降比例值；K 值为 0、0.5%、1%、1.5%、2%、2.5%、3% 这 7 个值的任意之一，具体数值由投标人代表在开标前，在监督人和其他投标人监督下，在开标现场当众随机抽取。

投标人的有效报价是指初步评审合格、符合招标文件实质性要求的投标文件的投标总价（包括按招标文件要求进行算术修正后的投标总报价；评标过程中投标文件被废标的，其投标总价不作为有效报价）。

3. 投标人最终得分计算方法

投标人的最终得分为所有评委的综合评分去掉一个最高分和一个最低分之后的算术平均值（保留小数点后两位，第三位小数四舍五入）。

根据上述评分方法，分别填写下面两表中的空白部分。

单元四 建设工程施工开标、评标和定标

投标总报价得分计算表

项目名称：××××建设项目施工招标
时间：××××年××月××日

序号	投标人名称	投标总报价/万元	已发布的拦标价/万元	投标报价是否在有效范围内	随机抽取的K值	评标基准价/万元	是否大于评标基准价	得分
(0)	(1)	(2)	(3)	(4)	(5)	(6)	(7)	(8)
1	A建筑工程有限责任公司	290.0000	无	是	0	291.3400		
2	B建筑工程有限责任公司	296.0000		是				
3	C建筑工程有限责任公司	291.0000		是				
4	D建筑工程有限责任公司	291.5000		是				
5	E建筑工程有限责任公司	292.0000		是				
6	F建筑工程有限责任公司	290.5000		是				
7	G建筑工程有限责任公司	291.7000		是				

主任评委（签字）：
委　　员（签字）：
监督人（签字）：

投标报价合理性得分统计表

合同名称：
合同编号：
随机抽取的项目编号 H_j：
项目名称：
平均单价 Q_i：

序号	投标人	合计得分 S_i	是否为有效投标文件	是否有漏项	扣分 P_i	单价 W_{i1}	得分 R_{i1}	单价 W_{i2}	得分 R_{i2}	单价 W_{i3}	得分 R_{i3}	单价 W_{i4}	得分 R_{i4}	单价 W_{i5}	得分 R_{i5}
(0)	(1)	(2)	(3)	(4)	(5)	(6)	(7)	(8)	(9)	(10)	(11)	(12)	(13)	(14)	(15)
						3	××	5	××	6	××	8	××	11	××
1	A建筑工程有限责任公司		是	否	0.00	500.00		23.00		56.00		110.00		33.00	
2	B建筑工程有限责任公司		是	否	0.00	501.00		23.50		56.10		111.00		32.00	
3	C建筑工程有限责任公司		是	否	0.00	500.50		23.30		56.30		112.00		23.00	
4	D建筑工程有限责任公司		是	否	0.00	500.70		23.70		57.00		113.00		34.00	
5	E建筑工程有限责任公司		是	否	0.00	500.90		23.40		59.00		112.00		23.00	
6	F建筑工程有限责任公司		是	否	0.00	499.70		22.80		58.00		112.00		24.00	
7	G建筑工程有限责任公司		是	否	0.00	499.80		22.90		60.00		111.00		24.00	

主任评委（签字）：
委　　员（签字）：
监督人（签字）：　　　　　　　　　　　　　　年　月　日

单元五

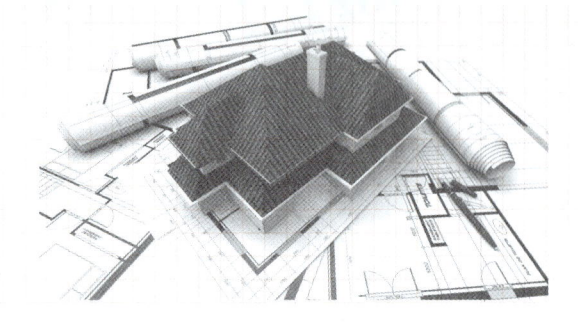

其他主要类型招（投）标

> **知识目标**
> - 了解建设工程勘察设计招（投）标的实施步骤。
> - 了解建设工程材料、设备采购招（投）标的实施步骤。
> - 了解建设工程监理招（投）标的实施步骤。
> - 掌握相关文件的编制和评标、定标的方法。

> **能力目标**
> - 能编制建设工程勘察设计招标的招标文件。
> - 能编制建设工程材料、设备采购招标的投标文件。
> - 能编制建设工程监理招标的投标文件。

> **导　语**
> 本单元介绍建筑市场中的建设工程勘察设计、建设工程材料、设备采购及建设工程监理这几种类型招（投）标的相关基础知识。

课题一　建设工程勘察设计招（投）标

建设项目立项报告批准后，进入实施阶段的第一项工作就是工程勘察设计招（投）标。勘察设计质量的优劣对工程建设能否顺利进行是至关重要的。

建设工程勘察设计招标是指招标人在实施工程勘察设计工作之前，以公开招标或邀请招标的方式提出招标项目的指标要求、投资限额和实施条件等，由愿意承担勘察设计任务的投标人按照招标文件的条件和要求，分别填报工程项目的构思方案和实施计划，然后由招标人通过开标、评标确定中标人。凡是具有国家批准的勘察设计许可证，并具有经有关部门核准的资质等级证的勘察设计单位，都可以按照其业务范围参加投标。

建设工程勘察设计的招（投）标双方都具有法人资格，招标和投标是法人之间的经济活动，受国家法律的保护和监督。建设工程勘察设计的招标和投标，不受部门、地区限制，招标部门不能厚此薄彼，对于外部门、外地区的中标单位，要提供方便，不得借故设置障碍。对于勘察设计单位来说，实行投标设计要遵循优质优价、按质论价的原则进行收费。

一、勘察设计招标概述

1. 勘察设计招标范围

凡符合《必须招标的工程项目规定》（中华人民共和国国家发展和改革委员会令第

16号）规定的范围和标准的，必须进行招标。

2. 勘察设计招标方式

工程建设项目勘察设计招标分为公开招标和邀请招标。

（1）全部使用国有资金投资或者国有资金投资占控股或者主导地位的工程建设项目，以及国务院发展和改革部门确定的国家重点项目和省、自治区、直辖市人民政府确定的地方重点项目，除具备以下条件并依法获得批准外，应当公开招标：

1）项目的技术性、专业性较强，或者环境资源条件特殊，符合条件的潜在投标人数量有限的。

2）如采用公开招标，所需费用占工程建设项目总投资的比例过大的。

3）建设条件受自然因素限制，如采用公开招标，将影响项目实施时机的。

（2）招标人采用邀请招标方式的，应保证有三个以上具备承担招标项目勘察设计的能力，并具有相应资质的特定法人或者其他组织参加投标。

3. 勘察设计招标应具备的条件

依法必须进行勘察设计招标的工程建设项目，在招标时应当具备下列条件：

（1）按照国家有关规定需要履行项目审批手续的，已履行审批手续，取得批准。

（2）勘察设计所需资金已经落实。

（3）所必需的勘察设计基础资料已经收集完成。

（4）法律法规规定的其他条件。

二、勘察设计招标与投标

1. 勘察设计招（投）标程序

各建设项目的规模和招标方式不同，其勘察设计程序的繁简程度也会不同，招标投标程序也不尽相同。根据《招标投标法》《工程建设项目勘察设计招标投标办法》的规定，建设工程勘察设计公开招标的一般程序如下：

（1）招标人编制招标文件。

（2）招标人发布招标公告。

（3）投标人登记，填写资格预审文件。

（4）招标人对投标人进行资格审查。

（5）投标人购买或领取招标文件。

（6）招标人组织投标人现场踏勘。

（7）招标人组织投标预备会，解答投标人对招标文件的疑问。

（8）投标人编制投标文件。

（9）投标人密封、报送投标文件。

（10）招标人组织开标、评标，确定中标单位，发出中标通知书。

（11）招标人与中标单位签订合同。

2. 勘察设计招标准备工作

（1）招标的准备工作。招标准备阶段需要确定招标范围、招标形式及办理招标备案手续。

1）勘察设计招标范围的确定。招标人可以依据工程建设项目的不同特点，实行勘察设计一次性总体招标；也可以在保证项目完整性、连续性的前提下，按照技术要求实行分段或分项招标。依法必须招标的工程建设项目，招标人可以对项目的勘察设计、施工，以及与工程建设有关的重要设备、材料的采购，实行总承包招标。

2）招标形式。招标人应按照《招标投标法》《工程建设项目勘察设计招标投标办法》及其他相关法律法规的规定以及建设项目的特点确定招标方式。

3）办理招标备案手续。招标人具有编制招标文件和组织评标能力的，可以自行办理招标事宜。

招标人自行办理招标的，招标人在发布招标公告或投标邀请书5日前，应向建设行政主管部门办理招标备案，建设行政主管部门自收到备案资料之日起5个工作日内没有异议的，招标人可以发布招标公告或投标邀请书；不具备招标条件的，责令其停止办理招标事宜。

办理招标备案应提交的主要材料有：

① 招标人自行招标条件备案表。
② 专门的招标组织机构和专职招标业务人员证明材料。
③ 专业技术人员名单、职称证书或执业资格证书及其工作经历的证明材料。

（2）招标文件的准备与编制。为了使投标人能够正确地进行投标，勘察设计招标文件应包括以下几方面内容：

1）投标须知。
2）投标文件格式及主要合同条款。
3）项目说明书，包括资金来源情况。
4）勘察设计范围，对勘察设计进度、阶段和深度的要求。
5）勘察设计基础资料。
6）勘察设计费用支付方式，对未中标人是否给予补偿及补偿标准。
7）投标报价要求。
8）对投标人资格审查的标准。
9）评标标准和方法。
10）投标有效期。

编制勘察设计招标文件的注意事项：

1）编制勘察设计招标文件的基本原则。编制勘察设计招标文件应兼顾三个方面：严格性，文字表达应清楚而不被误解；完整性，任务要求全面而不遗漏；灵活性，要为投标人发挥创造性留有充分的自由度。

2）提供勘察设计资料尽可能完整。招标阶段要求投标人提供的勘察设计方案时间较短，在招标文件中准许以附件的形式尽可能提供较详细的编制方案基础资料和数据，减少投标人调研这些数据的时间，以便集中精力考虑投标方案。当招标范围不包括勘察任务时，应提供项目所在地的工程地质、水文地质、气象、测量、周围环境等基础资料，详细程度应满足对招标内容深度的要求。可行性研究招标和初步设计招标由于前期准备工作不同，可提供资料的内容和详细程度差异很大。

3）勘察设计招标的主要特点。勘察设计招标不同于其他类型的招标，其特点表现为承包任务是投标人通过自己的智力劳动，将投标人对建设项目的设想变为可实施的蓝图。因此，勘察设计招标文件对投标人所提出的要求不那么明确具体，只是简单介绍工程项目的实施条件、预期达到的技术经济指标、投资限额、进度要求等。投标人按规定分别报出工程项目的构思方案、实施计划和报价。

招标人通过开标、评标程序对方案进行比较选择后确定中标人。鉴于勘察设计任务本身的特点，勘察设计招标应采用勘察设计方案竞选的方式招标。

3. 招标人对投标人资格审查

招标人对投标人的审查主要包括资质审查、能力审查、经验审查。

资质审查主要是检查投标人的资质等级和其可承接项目的范围，检查投标单位所持有的勘察和设计资质证书等级是否与拟建工程项目的级别一致，不允许无资质证书或低资质单位越级承担工程的勘察设计任务。建设工程勘察设计资质分为工程勘察资质、工程设计资质。

能力审查包括对投标单位勘察设计人员的技术力量和所拥有的设备能力等方面的审查。勘察设计人员的技术力量主要考察勘察设计负责人的资质能力和各类勘察设计人员的专业覆盖面、人员数量、各级职称人员的比例等是否满足完成勘察设计任务的需要。设备能力主要审查开展正常勘察设计任务所需的器材、设备的种类和数量是否满足要求。

《建设工程勘察设计资质管理规定》（建设部令第160号）相关规定

经验审查主要审查投标人报送的近年完成的工程项目，包括项目名称、规模、标准、结构形式、勘察设计期限等内容，考察投标人已完成的勘察设计项目与招标工程在规模、性质、形式上是否适应，判断投标人有无此类工程的设计经验。

招标人对其他关注的问题，也可以要求投标人报送有关材料，作为资格预审的内容，资格预审合格的投标人可以参加勘察设计投标竞争；对于不合格者，招标人需要向投标人发出资格预审未通过的通知。

4. 编写投标文件

投标人应严格按照招标文件的规定编制投标文件，并在规定时间之前送达规定地点。

勘察设计投标文件一般包括以下几方面内容：

（1）方案设计综合说明书，对总体方案的构思、意图进行详尽的文字阐述。列出总用地面积、总建筑面积、建筑占地面积及建筑的层数、高度、容积率、绿化率等技术经济指标表。

（2）方案设计的内容和图样（可以是总体平面布置图，单体工程的平面图、立面图、剖面图，透视渲染表现图等，必要时可以提供模型或沙盘）。

（3）工程投资估算和经济分析投资估算包括投资估算编制说明及投资估算表。投资估算编制说明的内容应包括编制依据，不包括的工程项目和费用，其他必要说明的问题。投资估算表是反映一个建设项目所需全部建筑安装工程投资的总文件，它是以各单位工程为基本组成基数的投资估算（如土方、道路、围墙大门、室外管线等）并考虑预备费后会总得到的承建该项目的总投资。

（4）项目建设工期。

（5）主要施工技术要求和施工组织方案。

（6）勘察设计进度计划。

（7）勘察设计费报价。

5. 开标、评标、定标

开标应当在招标文件确定的提交招标文件截止日期的同一时间公开进行，开标地点应当为招标文件预先确定的地点，招标人应邀请所有投标人参加。开标由招标人主持，由监督机关和投标人代表共同监督。

勘察设计招标的性质是技术服务，在进行评标的综合打分时，勘察设计费用报价所占综合评分比例较小，这是由技术招标的特性决定的。评标委员在评标后需要向招标人提供综合评标报告，并推荐 3 名中标候选人。招标人根据评标报告，可分别与候选人进行谈判，就评标时发现的问题应如何解决、如何改进或补充原勘察设计方案，或将其他投标人的某些设计特点融入该勘察设计方案中的可能性进行探讨、协商，最终选定中标人。为了保护未中标人的合法权益，如果使用未中标人的技术成果时，须征得其同意后才能实行，同时还需要支付一定的费用。

中标人收到中标通知书后，招标人与中标人应当自中标通知书发出之日起 30 日内，按照招标文件和中标人的投标文件正式签订书面合同。

三、勘察设计方案的竞选

1. 需要实行勘察设计方案竞选的城市建筑项目

凡符合下列条件之一的城市建筑项目的勘察设计，均要实行方案竞选：
（1）按建设项目分类标准规定的属于特级、一级的建筑项目。
（2）按国家或地方政府规定的重要地区或重要风景区的主体建筑项目。
（3）建筑面积 10 万 m^2 以上（含 10 万 m^2）的住宅小区。
（4）当地建设主管部门划定范围的建设项目。
（5）建设单位要求进行竞选的建设项目。

2. 组织勘察设计方案竞选的建设单位或受建设单位委托的中介机构应当具备的条件

（1）是法人或依法成立的董事会机构。
（2）有相应的工程技术、经济管理人员。
（3）有组织编制勘察设计方案竞选文件的能力。
（4）有组织勘察设计方案竞选、评定的能力。

3. 实行勘察设计方案竞选的建设项目应具备的条件

（1）具有经过审批机关批复的项目建议书或可行性研究报告。
（2）具有规划管理部门确定的项目建设地点、规划控制条件、设计要点和用地红线图。
（3）有符合要求的地形图，包括建设场地的工程地质、水文地质初勘资料或有参考价值的场地附近工程地质、水文地质详勘资料。水、电、燃气、供热、环保、通信、市政道路和交通等方面的基础资料。
（4）有勘察设计要求说明书。

4. 对勘察设计方案竞选单位的要求

经持有国家颁布有效的建筑工程设计证书、收费证书和营业执照的设计单位盖章的，并经相应资格的注册建筑师签字的方案可参加竞选。

境外设计事务所参加境内工程项目设计方案竞选的，在注册建筑师资格尚未相互确认前，其方案必须经持有中国政府颁发有效的建筑工程设计证书、收费证书和营业执照的设计单位咨询并由中国一级注册建筑师签字，方为有效。

参加竞选的单位应按勘察设计方案竞选文件做好方案和编制有关文件，经具有相应资格的注册建筑师签字，并加盖单位法定代表人或法定代表人委托的代理人的印鉴，在规定的日期内，密封送达组织勘察设计方案竞选单位。如果发现原文件有误，需在截止日期前用正式函件更正，否则以原文件为准。

5. 勘察设计方案竞选文件应包括的内容

（1）工程综合说明。包括工程名称、地址、竞选项目、占地范围、建筑面积、竞选方式等。

（2）经批准的项目建议书或可行性研究报告及其他文件的复印件。

（3）项目说明书。

（4）合同的主要条件和要求。

（5）提供勘察设计基础资料的内容、方式和期限。

（6）现场踏勘、竞选文件答疑的时间、地点。

（7）截止日期和评定时间。

（8）文件编制要求及评定原则。

（9）其他需要说明的事项。

6. 勘察设计方案竞选文件的发放

勘察设计方案竞选文件一经发出，组织勘察设计方案竞选的单位不得擅自变更其内容或附加条件；确需变更和补充的，应在截止日期7日前通知所有参加勘察设计方案竞选的单位。从发出勘察设计方案竞选文件至竞选截止时间，小型项目不少于15日，大中型项目不少于30日。

7. 勘察设计方案的评选

组织竞选单位应邀请有关单位专家参加评选会议，在公证机关公证下当众宣布评选办法，启封各参加竞选单位的文件和补充函件，公布其主要内容。评选小组由组织竞选单位和有关专家组成，一般为7~11人，其中技术专家人数应占2/3以上。参加竞选的单位和方案设计者不得参加评选小组。评选应采用科学方法，按适用、经济、美观的原则，以及技术先进，结构合理，满足建筑节能、环保等要求，综合评价勘察设计方案优劣，择优确定中选方案。

有下列情况之一的，参加竞选文件宣布作废：

（1）未经密封。

（2）无相应资格的注册建筑师签字，无单位和法定代表人或法定代表人委托的代理人的印鉴。

（3）未按规定的格式填写，内容不全或字迹模糊、辨认不清，以及被评委会认定文件有编制技术错误的。

（4）逾期送达。

8. 对中选单位和未中选单位的有关规定

自评选会议后至确定中选单位的期限一般应不超过15日。确定中选单位后，组织勘察设计方案竞选单位应于7日内发出中选通知书，同时抄送各未中选单位，未中选单位应在接到通知后7日内取回有关资料。

对未中选的单位，采用公开竞选方式的，是否给补偿费由组织者决定；采用邀请竞选方式的，应付给未中选单位补偿费，如方案设计达到《建筑工程设计文件编制深度规定》要求，一般补偿费金额不低于该项目方案设计费的40%。补偿费在工程设计费中列支。

中选单位使用未中选单位的方案成果时，须征得该单位的同意，并实行有偿转让，转让费由中选单位承担。

中选通知书发出30日内，建设单位应优先与中选单位依据有关规定签订工程设计承（发）包合同。如建设单位另择勘察设计单位承担初步设计和施工图设计，则应付给中选单位方案设计费，金额不低于该项目标准设计费的30%。

【案例】

1. 背景

某工程项目在设计文件完成后，业主委托了一家招标代理机构协助业主进行施工招标和实施施工阶段监理。施工招标前，招标代理机构编制了招标文件，主要内容包括：

（1）工程综合说明。
（2）设计图纸和技术资料。
（3）工程量清单。
（4）施工方案。
（5）主要材料与设备供应方式。
（6）保证工程质量、进度、安全的主要技术组织措施。
（7）特殊工程的施工要求。
（8）施工项目管理机构。
（9）合同条件。
……

2. 问题

施工招标文件内容中的哪几条不正确？为什么？

3. 答案

第（4）、第（6）、第（8）条不正确。因为第（4）、第（6）、第（8）条应是投标文件（投标单位编制）的内容。

设计招标与其他招标在程序上的主要区别

课题二 建设工程材料、设备采购招（投）标

一、概述

工程项目的建设有大量的物资需要通过招标的方式进行采购，这些物资通常包括建筑材料、通用性较强的设备、施工机具，工业生产设备以及需专门加工制造的非标准部件等。

1. 建筑材料和通用设备采购招标的特点

招标采购建筑材料和定型生产的中小型设备的供货合同，属于买卖合同，其主要特点表现为以下几点：

（1）合同标的数量较大。工程项目建设所需的建筑材料数额较大，且招标时一次订购但合同履行过程中可以分批交货。招标采购的通用设备往往数量多，品种与型号繁多。

（2）合同中权利和义务的内容不涉及标的物的生产过程。买卖双方签订的合同内的权利和义务的重点在货物的交付期间，而供货方如何生产或如何组织货源不属于合同内容。

（3）质量标准明确。建筑材料和通用设备的生产工艺均属于定型的工业化流水生产，合同的质量要求仅按国家制定的质量规范约定即可。

2. 大型工业设备采购招标的特点

大型工业设备由于生产技术复杂、标的物的金额较高，通常是投标中标后才去按买方要求加工制作，所以应属于承揽合同的范畴。

（1）标的物数量少金额大。对于成套设备，为了保证零（部）件的标准化和机组连接性能，最好只划分为一个合同包，由某一供货商来承包或联合体承包。

（2）合同中权利和义务的内容涉及期限较长。与买卖合同不同，大型工业设备订购合同中的权利和义务的约定是从使用的制造材料开始，直至设备生产运行后的保修期满为止。

（3）质量约定较为复杂。由于合同的内容是从产生标的物开始，至设备生命期终止为止，所以质量约定的内容非常复杂。

（4）买方关注生产进度。材料采购合同中的买方只要求供货方按时交货即可；而设备订购合同除了合同内约定交货期限之外，买方还要关注设备制造的生产进度，以便与土建施工合同配合协调。

（5）产品的标准化。大型工程项目的生产设备由于专业性较强，所以通用化、标准化程度较差。

3. 建设工程材料、设备采购的范围和特点

建设工程材料、设备采购的范围主要包括建设工程中所需要的大量建材、工具、用具、机械设备、电气设备等，这些材料、设备价格一般占工程合同总价的60%以上，大致可以划分为以下几个方面：

（1）工程用料。包括土建、水电设施及一切其他专业工程的用料。

（2）暂设工程用料。包括工地的活动房屋或固定房屋的材料、临时水电和道路工程及临时生产加工设施的用料。

（3）施工用料。包括一切周转使用的模板、脚手架、工具、安全防护网等，以及消耗性的用料，如焊条、氧气、扎丝、钉类等。

（4）工程机械。包括各类土方机械、打桩机械、混凝土搅拌机械、起重机械及其维修备件等。

（5）正式工程中的机械设备。包括一般建筑工程中常见的电梯、自动扶梯、备用电机、水泵等（生产型的机械设备，如加工生产线等，则需根据专门的工艺设计组织成套设备的供应、安装、调试、投产和培训）。

（6）其他辅助办公和试验设备等。包括办公家具、器具和昂贵的仪器等。

由于材料、设备招（投）标的标准设计物资还包括承包使用的工具、用具、设备，所以建设工程材料、设备的采购主体可以是业主，也可以是承包商或分包商。

对以上所述材料、设备，应当进一步划分，决定哪些由承包商自己采购供应，哪些拟交给分包商供应，哪些将由业主自行供给。属于承包商供应范围的，再进一步研究哪些可由其他工地调运（如某些大型的施工机具、设备、仪器，甚至部分暂设工棚等），哪些要由本工程采购，这样才能最终确定由各方采购的材料、设备的范围。

4. 建设工程材料、设备的采购方式

为工程项目采购材料、设备而选择供货商并与其签订物资购销合同或加工订购合同，多采用如下三种方式：

（1）招标选择供货商。这种方式适用于大宗的材料和较重要或较昂贵的大型机具、设备，或工程项目中的生产和辅助设备。承包商或业主根据项目的要求，详细列出采购物资的品名、规格、数量、技术性能要求；承包商或业主自己选定交货方式、交货时间、支付货币和支付条件，以及品质保证、检验、罚则、索赔和争议解决等合同条件和条款作为招标文件，邀请有资格的制造厂家或供应商参加投标（也可采用公开招标方式），通过竞争择优签订购货合同，这种方式实际上是将询价和签订合同连在一起进行的，在招标程序上与施工招标基本相同。

（2）询价选择供货商。这种方式采用的是询价——报价——签订合同的程序，即采购方对三家以上的供货商就采购的标的物进行询价，经过比较其报价后选择其中一家与其签订供货合同。这种方式实际上是一种议标的方式，无需采用复杂的招标程序，又可以保证价格有一定的竞争性，一般适用于建筑材料或价值较小的规格产品的采购。

（3）直接订购。直接订购方式由于不能进行产品的质量和价格比较，所以是一种非竞争性采购方式。

5. 建设工程材料、设备的采购招标的范围

工程建设项目符合《必须招标的工程项目规定》规定的范围和标准的，必须通过招标选择建设工程材料、设备供应单位。

工程建设项目招标人对项目实行总承包招标时，未包括在总承包范围内的材料、设备达到国家规定规模标准的，应当由工程建设项目招标人依法组织招标。工程建设项目招标人对项目实行总承包招标时，以暂估价形式包括在总承包范围内的材料、设备达到国家规定规模标准的，应当由总承包中标人和工程建设项目招标人共同依法组织招标。双方当事人的风险和责任承担由合同约定。工程建设项目招标人或者总承包中标人可委托招标代理机构承办招标代理业务。招标代理服务收费实行政府指导价，招标代理服务费用应当由招标人支付；招标人、招标代理机构与投标人另有约定的，从其约定。

依法必须招标的工程建设项目，应当具备下列条件才能进行材料、设备招标：

（1）招标人已经依法成立。

（2）按照国家有关规定应当履行项目审批、核准或者备案手续的，已经审批、核准或者备案。

（3）有相应资金或者资金来源已经落实。

（4）能够提出材料、设备的使用与技术要求。

依法必须进行招标的工程建设项目，按国家有关投资项目审批管理规定，凡应报送项目审批部门审批的，招标人应当在报送的可行性研究报告中将材料、设备招标的范围、招标方式（公开招标或邀请招标）、招标组织形式（自行招标或委托招标）等有关招标内容报项目审批部门核准。项目审批部门应当将核准招标内容的意见抄送有关行政监督部门。企业投资项目申请政府安排财政性资金的，招标内容由资金申请报告审批部门依法在批复中确定。

6. 建设工程材料、设备采购招标的方式

建设工程材料、设备采购招标分为公开招标和邀请招标。

国务院发展改革部门确定的国家重点建设项目和各省、自治区、直辖市人民政府确定的地方重点建设项目，其材料、设备采购应当公开招标；有下列情形之一的，经批准可以进行邀请招标：

（1）技术复杂、有特殊要求或者受自然环境限制，只有少量潜在投标人可供选择。

（2）采用公开招标方式的费用占项目合同金额的比例过大。

除《招标投标法》第六十六条规定的可以不进行招标的特殊情况外，有下列情形之一的，可以不进行招标：

（1）需要采用不可替代的专利或者专有技术。

（2）采购人依法能够自行建设、生产或者提供。

（3）已通过招标方式选定的特许经营项目的投资人依法能够自行建设、生产或者提供。

（4）需要向原中标人采购工程、货物或者服务，否则将影响施工或者功能配套要求。

（5）国家规定的其他特殊情形。

国家重点建设项目材料、设备的邀请招标，应当经国务院发展改革部门批准；地方重点建设项目材料、设备的邀请招标，应当经省、自治区、直辖市人民政府批准。

7. 建设工程材料、设备采购招标程序

建设工程材料、设备采购招标的一般程序如下：

（1）办理招标委托。

（2）确定招标类型和方式。

（3）编制实施计划，筹建项目评标委员会。

（4）编制招标文件。

（5）发布招标公告或发出投标邀请函。

（6）资格预审。

（7）发售招标文件。

（8）投标。

（9）开标、评标、定标。

（10）签订合同。

（11）项目总结归档，标后跟踪服务。

8. 建设工程材料、设备采购招标的招标人和投标人

建设工程材料、设备采购招标人是依法提出招标项目、进行招标的法人或者其他组织。总承包中标人共同招标时，也为招标人。

建设工程材料、设备采购投标人是响应招标、参加投标竞争的法人或者其他组织。法定代表人为同一个人的两个及两个以上法人、母公司、全资子公司及其控股公司，只能有一家单位参加投标。一个制造商对同一品牌、同一型号的货物，仅能委托一个代理商参加投标，否则应作废标处理。

二、材料、设备采购招（投）标工作内容

1. 招标前的准备工作

招标前的准备工作主要是根据项目对材料、设备的要求，开展信息咨询、收集各方面的有关资料，做好准备工作。

2. 招标前的分标工作

由于材料、设备种类多，不可能由一个供应商提供项目所需的全部材料，所以在招标之前要将材料、设备分成不同的标段。分标的原则：有利于吸引更多的投标人参加投标，以发挥供应商的专长，降低材料、设备的价格，保证供货时间和质量，同时还要考虑便于招标管理。

材料、设备分标时主要考虑招标项目的规模，材料、设备的性质和质量要求，工程进度，供货时间，供货地点，市场供应情况，货款来源等因素。

3. 招标文件的编写

（1）招标公告或投标邀请书的编写。招标公告或者投标邀请书应当载明下列内容：

1）招标人的名称和地址。
2）招标货物的名称、数量、技术规格、资金来源。
3）交货的地点和时间。
4）获取招标文件或者资格预审文件的地点和时间。
5）对招标文件或者资格预审文件收取的费用。
6）提交资格预审申请书或者投标文件的地点和截止日期。
7）对投标人的资格要求。

（2）资格预审文件的编写。资格预审文件一般包括下列内容：

1）资格预审邀请书。
2）申请人须知。
3）资格要求。
4）其他业绩要求。
5）资格审查标准和方法。
6）资格预审结果的通知方式。

（3）招标文件的编写。招标文件一般包括下列内容：

1）投标邀请书。
2）投标人须知，主要包括工程概况介绍、本次招标的采购范围、投标人的资格要求、投标程序的有关规定和注意事项。
3）投标文件格式。
4）技术规格、参数及其他要求。
5）评标标准和方法。
6）合同主要条款，主要包括合同标的、合同价格、交货时间、交货数量、质量标准、费用结算、违约责任、合同争议解决的方式等内容。

招标人应当在招标文件中规定实质性要求和条件，说明不满足其中任何一项实质性要求和条件的投标将被拒绝，并用醒目的方式标明；没有标明的要求和条件在评标时不得作为实质性要求和条件。对于非实质性要求和条件，应规定允许偏差的最大范围、最高项数，以及对这些偏差进行调整的方法。国家对招标货物的技术、标准、质量等有特殊要求的，招标人应当在招标文件中提出相应的特殊要求，并将其作为实质性要求和条件。

招标人可以要求投标人在提交符合招标文件规定要求的投标文件外，提交备选投标方案，但应当在招标文件中作出说明。不符合中标条件的投标人的备选投标方案不予考虑。

招标文件规定的各项技术规格应当符合国家技术法规的规定。招标文件中规定的各项技术规格均不得要求或标明某一特定的专利技术、商标、名称、设计、原产地或供应者等，不得含有倾向性或者排斥潜在投标人的其他内容。如果必须引用某一供应者的技术规格才能准确或清楚地说明拟招标货物的技术规格时，应当在参照物后面加上"或相当于"的字样。

招标文件应当明确规定评标时包含价格在内的所有评标因素，以及据此进行评估的方法。在评标过程中，不得改变招标文件中规定的评标标准、方法和中标条件。

招标人可以在招标文件中要求投标人以自己的名义提交投标保证金。投标保证金除现金外，可以是银行出具的银行保函、保兑支票、银行汇票或现金支票，也可以是招标人认可的其他合法担保形式。投标保证金一般不得超过投标总价的2%，但最高不得超过80万元人民币。投标保证金有效期应当与投标有效期一致。投标人应当按照招标文件要求的方式和金额，在提交投标文件截止之日前将投标保证金提交给招标人或其招标代理机构。投标人不按招标文件要求提交投标保证金的，该投标文件作废标处理。

招标文件应当规定一个适当的投标有效期，以保证招标人有足够的时间完成评标和与中标人签订合同。投标有效期从招标文件规定的提交投标文件截止之日起计算。在原投标有效期结束前，出现特殊情况的，招标人可以书面形式要求所有投标人延长投标有效期。投标人同意延长的，不得要求或被允许修改其投标文件的实质性内容，但应当相应延长其投标保证金的有效期；投标人拒绝延长的，其投标失效，但投标人有权收回其投标保证金。同意延长投标有效期的投标人少于三个的，招标人应当重新招标。

4. 标底文件的编写（如设置标底）

标底文件由招标单位编写，非标准设备招标的标底文件应报招（投）标管理机构审查，其他设备招标的标底文件报招（投）标管理机构备案。

标底文件应当依据设计单位出具的设计概算和国家、地方政府发布的有关价格政策编制，标底价格应当以编制标底文件时的全国机电设备市场的平均价格为基础，并包括不可预见费、技术措施费和其他有关政策规定的应计算在内的各种费用。

5. 资格预审

根据材料、设备的特点和需要，对潜在投标人的资格审查也可以分为资格预审和资格后审。资格预审是指招标人出售招标文件或者发出投标邀请书前对潜在投标人进行的资格审查。资格预审一般适用于潜在投标人较多或者大型、技术复杂货物的公开招标，以及需要公开选择潜在投标人的邀请招标。资格后审是指在开标后对投标人进行的资格审查，资格后审一般在评标过程中的初步评审开始时进行。

资格审查主要包括投标人资质审查和投标人提供的材料、设备的合格性审查。投标人资质审查主要审查投标人有资格参加投标和具有履约能力。材料、设备的合格性审查主要审查提供的材料、设备的技术指标，保证材料、设备正常连续使用的零（配）件清单等。

6. 解答招标文件疑问

对于投标人对于招标文件的疑问，招标人需要以书面或者以投标预备会的形式予以解答，解答的文件需要向所有的潜在投标人提供。解答内容作为招标文件的一部分，和招标文件具有同等效力。

7. 投标人编制投标文件

投标人应当按照招标文件的要求编制投标文件。投标文件应当对招标文件提出的实质性要求和条件做出响应。投标文件一般包括下列内容：

（1）投标函。

（2）投标一览表。

（3）技术性能参数的详细描述。

（4）商务和技术偏差表。

（5）投标保证金。

（6）有关资格证明文件。

（7）招标文件要求的其他内容。

投标人根据招标文件载明的货物实际情况，拟在中标后将供货合同中的非主要部分进行分包的，应当在投标文件中载明。

8. 开标、评标、定标

在招标文件规定的时间、地点由招标人主持开标会，邀请所有的投标人参加。当场宣读投标人的名称、报价等情况。

评标工作由招标单位组织评标委员会或评标小组秘密进行。评标委员会应具有一定的权威性，一般由不少于总人数2/3的技术、经济、合同等方面的专家以及招标方代表组成，评标委员会人数一般是5人以上的单数。评标委员会在评标结束后需向招标人提供1~3名中标候选人。招标人需要在评标委员会推荐的候选人中确定中标人。招标人可以依次与中标候选人接触、协商。材料、设备的评标工作一般不超过10日，大型项目设备承包的评标工作不超过30日。

9. 签订合同

招标人和中标人应在中标通知书发出30日之内，按照招标文件和投标文件订立书面合同。招标人和中标人不得再订立背离合同实质性内容的其他协议。招标人要求中标人提交履约保证金或其他形式的履约担保的，中标人应按照要求提交；拒绝提交的，视为放弃中标项目。

招标人和中标人签订合同后5个工作日内，应当向中标人和未中标的投标人一次性退还投标保证金。

依法必须进行招标的材料、设备项目，招标人应当在确定中标人15日内，向有关行政监督部门提交有关招（投）标情况说明的书面报告。

课题三　建设工程监理招（投）标

一、建设工程监理概述

1. 建设工程监理的概念

建设项目实行监理制度，是现行建筑市场规范化管理，并与国际建设项目管理接轨的一项重要制度。建设工程监理是指业主聘请监理单位，对项目的建设活动进行咨询，并将业主与承包商为实施项目建设所签订的各类合同履行过程交予其管理。

推行建设工程监理制度，业主仅需派出少量人员直接负责项目建设的管理工作，从较为宏观的角度对项目建设过程进行控制，如对总工期和重要阶段工期（里程碑工期）、总投资和重大合同外价款支付、最终建筑产品和重要工程部位质量等方面进行控制。具体的实施过程，由监理单位派人，对承包商履行合同义务的工作加以控制、监督和管理。这种管理模式一方面可以由专业化的监理单位对项目的实施过程进行管理，保证项目的建设达到预期目的；另一方面也可以使业主将更多的精力投入后续工作的规划、决策中，搞好保证建设项目顺利实施的外部协调工作。

2. 建设工程监理招投标适用范围

对大部分建设工程来说，实施建设工程监理制度是必要的。《建设工程监理范围和规模标准规定》规定，下列建设工程必须实行监理：

（1）国家重点建设工程，依据《国家重点建设项目管理办法》所确定的对国民经济和社会发展有重大影响的骨干项目。

（2）大中型公用事业工程，是指项目总投资额在3000万元以上的供水、供电、供气、供热等市政工程项目，科技、教育、文化等项目，体育、旅游、商业等项目，卫生、社会福利等项目，其他公用事业项目。

（3）成片开发建设的住宅小区工程，建筑面积在5万 m^2 以上的住宅建设工程必须实行监理；5万 m^2 以下的住宅建设工程，可以实行监理，具体范围和规模标准，由省、自治区、直辖市人民政府建设行政主管部门规定。为了保证住宅质量，对高层住宅及地基、结构复杂的多层住宅应当实行监理。

（4）利用外国政府或者国际组织贷款、援助资金的工程，包括使用世界银行、亚洲开发银行等国际组织贷款资金的项目，使用国外政府及其机构贷款资金的项目，使用国际组织或者国外政府援助资金的项目。

（5）国家规定必须实行监理的其他工程，项目总投资额在3000万元以上关系社会公共利益、公众安全的煤炭、石油、化工、天然气、电力、新能源等项目，铁路、公路、管道、水运、民航以及其他交通运输业等项目，邮政、电信枢纽、通信、信息网络等项目，防洪、灌溉、排涝、发电、引（供）水、滩涂治理、水资源保护、水土保持等水利建设项目，道路、桥梁、地铁和轻轨交通、污水排放及处理、垃圾处理、地下管道、公共停车场等城市基础设施项目，生态环境保护项目，其他基础设施项目，学校、影剧院、体育场馆项目。

3. 建设工程监理招标的方式

建设工程监理招标有公开招标和邀请招标两种方式。

招标人采用公开招标时，招标公告应在指定报刊、媒介或在当地建设工程交易中心发布。

招标人采用邀请招标时，应向3家以上具备资质条件的监理单位发出投标邀请书。

4. 建设工程监理招标人

建设工程监理的招标人是建设单位，招标人可以自行组织建设工程监理招标，也可以委托招标代理机构进行招标。任何单位和个人不得强制为招标人指定代理机构，必须进行监理招标的项目，招标人自行办理招标事宜的，应向招标管理部门备案。

5. 建设工程监理投标人

建设工程监理的投标人是取得监理资质证书、具有独立法人资格的监理公司、监理事务所和兼承监理业务的工程设计、科学研究及工程建设咨询的单位。监理单位资质，是指从事监理业务应当具备的人员素质、资金数量、专业技能、管理水平及监理业绩等。

6. 建设工程监理招（投）标程序

建设工程监理招标与投标应按下列程序进行：

（1）招标人组建项目管理班子，确定委托监理的范围，自行办理招标事宜的，应办理招标备案手续。

（2）编制招标文件。

（3）发布招标公告或发出投标邀请书。

（4）向投标人发出投标资格预审通知书，对投标人进行资格预审。

（5）招标人向投标人发出招标文件，投标人组织编写投标文件。

（6）招标人组织必要的答疑、现场踏勘，解答投标人提出的问题，编写答疑文件或补充招标文件等。

（7）投标人递送投标书，招标人接受投标书。

（8）招标人组织开标、评标、决标。

（9）招标人确定中标单位后向招标投标管理机构提交招标投标情况的书面报告。

（10）招标人向投标人发出中标或者未中标通知书。

（11）招标人与中标单位进行谈判，订立委托监理书面合同。

（12）投标人报送监理规划，实施监理工作。

二、建设工程监理招标

1. 选择委托监理的工作内容

由于建设工程监理的工作内容遍布项目建设的全过程，因此在选择监理单位前，应首先确定委托监理的工作内容，既可以将整个建设过程委托一个单位来完成，也可以按不同阶段的工作内容或不同合同的内容分别交予几个监理单位来完成。在划分委托监理的工作范围时，一般应考虑以下几方面的条件：工程规模、项目的专业特点、合同履行的难易程度、业主的管理能力等。

2. 监理单位的资格预审

业主根据项目的特点确定了委托监理的工作内容后，应开始选择合格的监理单位。由于监理单位是受业主委托进行工程建设的监理工作，用自己的知识和技能为业主提供技术咨询和服务工作，因此，衡量监理单位能力的标准应该是技术第一，其他因素应从属于技术标准。

目前，国内工程监理招标较多采用邀请招标，业主的项目管理班子在招标时根据项目的需要和对有关监理公司的了解，初选3~10家公司，并分别邀请每一家公司来进行委托监理任务的意向性洽谈，重要项目或大型项目才会核发资格预审文件。

监理资格预审的目的是对邀请的监理单位的资质、能力是否与拟实施项目的特点相适应的总体考查，而不是评定其实施该项目监理工作的建议是否可行、适用。因此，审查的重点应侧重于投标人的资质条件、监理经验、可用资源、社会信誉以及监理能力等方面。

3. 建设工程监理招标文件的内容

（1）工程概况。包括项目主要建设内容、规模、地点、总投资、现场条件和开（竣）工日期等。

（2）招标方式。

（3）委托监理的范围和要求。

（4）工程合同主要条款：包括监理费报价、投标人的责任、对投标人的资质和现场监理人员的要求以及招标人的交通、办公和食宿条件等。

（5）投标须知。

4. 建设工程监理招标的开标、评标、决标

（1）开标。开标一般在统一的交易中心进行，由招标人或其代理人主持，并邀请招标管理机构有关人员参加。在开标过程中，有下列情况之一的，按照无效标书处理：

1）招标人未按时参加开标会，或虽参加会议但无有效证件。

2）投标书未按规定的方式密封。

3）投标书未加盖单位公章和法定代表人印鉴。

4）唱标时弄虚作假，更改投标书内容。

5）投标书内容字迹难以辨认。

6）监理费报价低于国家规定下限的。

（2）评标。建设工程监理招标的评标方法一般采用专家评审法和记分评审法。

（3）决标。中标单位确定后，招标人应当向中标单位发出中标通知书，并同时将中标结果通知所有未中标的投标人。

三、建设工程监理投标

1. 接受资格预审

在接到投标邀请书或得到招标方公开招标的消息后，投标人应主动与招标方联系，获得资格预审文件，按照招标人的要求，提供参加资格预审的资料。资格预审文件的内容应与招标人资格预审的内容相符，一般包括下列文件：

（1）企业营业执照、资质等级证书和其他有效证明文件。

（2）企业简历。

（3）主要检测设备一览表。

（4）近三年来的主要监理业绩等。

资格预审文件制作完毕后，按规定的时间递送给招标人，接受招标人的资格预审。

2. 编制投标文件

在通过资格预审后，投标人应向招标人购买招标文件，根据招标文件的要求，编制投标文件。投标文件包括下列内容：

（1）投标书。

（2）监理大纲。

（3）监理企业证明资料。

（4）近三年来承担监理工作的主要工程。

（5）监理机构人员资料。

（6）反映监理单位自身信誉和能力的资料。

（7）监理费报价及其依据。

（8）招标文件中要求提供的其他内容。

（9）如委托有关单位对本工程进行试验检测，须明示其单位名称和资质等级

除以上主要内容外，还需提供下列附件资料：

(1) 投标人企业营业执照副本。
(2) 投标人监理资质证书。
(3) 监理单位三年内所获国家及地方政府荣誉证书复印件。
(4) 投标人法定代表人委托书。
(5) 监理单位综合情况一览表。
(6) 监理单位近三年来已完成的单位工程____万 m²（或总造价____万元）以上工程项目的业绩表。
(7) 拟派项目总监理工程师资格一览表。
(8) 拟派项目监理机构中监理工程师资格一览表。
(9) 拟在本项目中使用的主要仪器、检测设备一览表。
(10) 业主向投标人提供的条件。

3. 监理单位投标书的核心内容

(1) 监理大纲。如前所述，监理单位向业主提供的是技术服务，所以监理单位投标书的核心是反映提供的技术服务水平高低的监理大纲，尤其是主要的监理对策，这是业主评定投标书优劣的重要内容。由于建设工程监理招标的特殊性，监理费的高低不是选择监理单位的主要评定标准。作为监理单位，也不应以降低监理费作为竞争的主要手段。

(2) 监理费报价。虽然监理费报价并不作为业主评定投标书的首要因素，但是监理费是关系到监理单位能否顺利地完成监理任务、获得应有报酬的关键，所以对监理单位来说，监理费报价的确定就显得十分重要。

1) 监理费的构成。监理费由监理单位在工程项目建设监理活动中所需要的全部成本，再加上应交纳的税金和合理的利润构成。

① 直接成本。直接成本是指监理单位在完成某项具体监理业务中所发生的成本。主要包括监理人员和监理辅助人员的工资，包括津贴、附加工资、奖金等；用于监理人员和监理辅助人员的其他专项开支，包括差旅费、补助费、书报费、医疗费等；用于监理工作的计算机等办公设施的购置使用费和其他仪器、机械的租赁费等；以及所需的其他外部服务支出。

② 间接成本。有时称作日常管理费，包括全部业务经营开支和非工程项目监理的特定开支。间接成本一般包括管理人员、行政人员、后勤服务人员的工资，包括津贴、附加工资、奖金等；经营业务费，包括为招揽监理业务而发生的广告费、宣传费、有关契约或合同的公证费和签证费等活动经费；办公费，包括办公用具、用品购置费，通信费、邮寄费、交通费，办公室及相关设施的使用（或租用）费、维修费，以及会议费、差旅费等；其他固定资产及常用工具和设备的使用费；垫支资金贷款利息；业务培训费，图书、资料购置费等教育经费；新技术开发、研制、试用费；咨询费、专有技术使用费；职工福利费、劳动保护费；工会等职工组织活动经费；其他行政活动经费，如职工文化活动经费等。

③ 税金。税金是指按照国家规定，监理单位应交纳的各种税金总额，如交纳营业税、所得税等。监理单位属科技服务类单位，应享受一定的优惠政策。

④ 利润。利润是指监理单位的监理活动收入扣除直接成本、间接成本和各种税金之后的余额。监理单位是一种高智能群体，监理是一种高智能的技术服务，监理单位的利润应当高于社会平均利润。

2）监理费用的计算方法。按照招标文件中关于投标报价的要求，应选择相应的方法计算监理费，监理费的计算方法有比较固定的模式，常用的有以下五种：

① 按时计算法。这种方法是根据合同项目使用的时间（计算时间的单位可以是小时、工作日，或按月计算）补偿费再加上一定数额的补贴计算监理费的总额。单位时间的补偿费用一般以监理单位职员的基本工资为基础，加上一定的管理费和利润（税前利润）。采用这种方法时，监理人员的差旅费、工作函电费、资料费以及试验和检验费、交通和住宿费等均由业主另行支付。这种计算方法主要适用于临时性的、短期的监理业务活动，或者不宜按工程概（预）算的百分率等其他方法计算监理费时使用。由于这种方法在一定程度上限制了监理单位潜在效益的增加，因此单位时间内监理费的标准比监理单位内部实际的标准要高得多。

② 工资加一定比例的其他费用计算法。这种方法实际上是按时计算法的变换，即按参加监理工作人员实际工资的基数乘上一个系数。这个系数包括了应有的间接成本和税金、利润等。除了监理人员的工资之外，其他各项直接费用等均由项目业主另行支付。一般情况下，较少采用这种方法，尤其是在核定监理人员数量和监理人员的实际工资方面，业主与监理单位之间难以取得完全一致的意见。

③ 按工程建设成本的百分率计算法。这种方法是按照工程规模的大小和所委托的监理工作的繁简程度，以建设投资的一定百分率来计算。一般情况下，工程规模越大，建设投资越多，计算监理费的百分率越小。这种方法比较简便、科学，在建设工程监理招标中经常使用，采用这种方法的关键是确定和计算监理费的基数。

④ 监理成本加固定费用计算法。监理成本是指监理单位在工程监理项目上花费的直接成本（直接费用），固定费用是指直接费用之外的其他费用。各监理单位的直接费用与其他费用的比例是不同的。但是，一个监理单位的直接费用与其他费用之间大体上可以确定一个比例。这样，只要估算出某工程项目的监理成本，整个监理费也就可以确定了。问题是在建设工程监理招标时，往往难以较准确地确定监理成本，这就为监理报价带来较大的阻力。所以这种计算方法用得很少。

⑤ 固定价格计算法。这种方法适用于小型或中等规模工程项目监理费的计算，尤其是监理内容比较明确的小型或中等规模的工程项目监理。在明确监理工作内容的基础上，以一笔监理总价包死，工作量有增减变化时，一般不调整监理费。或者不同类别的工程项目监理价格不变，根据各项工程量的大小分别计算出各类监理费，合起来就是监理费。这种方法一般由监理方测算报价后，在签约前由业主和监理单位共同协商确定。

4. 递送投标文件

投标人应当使用专用投标袋并按照招标文件的要求密封，并在招标文件要求的截止时间前，将投标文件送达投标地点。

四、签订监理合同

收到招标人发来的中标通知书后，中标的监理单位会与业主进行合同签约前的谈判，主要就合同专用条款部分进行谈判。双方达成共识后签订合同，建设工程监理招标与投标即告结束。

五、投标注意事项

（1）严格遵守国家法律法规及相关规定，遵守监理行业职业道德。

（2）严格按照批准的经营范围承接监理业务，特殊情况下，承接经营范围以外的监理业务时，需向资质管理部门申请批准。

（3）承揽监理业务的总量要视本单位的力量而定，不得在与业主签订合同后，把监理业务转包给其他监理单位。

（4）对于监理风险较大的监理项目，或建设周期比较长的项目，遭受自然灾害或战争影响较大的项目，工程量庞大或技术难度较高的项目，监理单位除向保险公司投保外，还可以与几家监理单位组成联合体共同承担监理风险。

商务标书的重要性

拓展讨论

党的二十大报告提出，建设覆盖城乡的现代公共法律服务体系，深入开展法治宣传教育，增强全民法治观念。推进多层次多领域依法治理，提升社会治理法治化水平。发挥领导干部示范带头作用，努力使尊法学法守法用法在全社会蔚然成风。

请思考： 工程建设项目勘察单位、设计单位、监理单位依法执业要遵守哪些法律法规？

同 步 测 试

一、单项选择题

1. 根据《必须招标的工程项目规定》规定，工程建设项目招标范围的工程建设项目，勘察、设计、监理等服务，单项合同估算价在（　　）万元人民币以上的，必须进行招标。

　　A. 20　　　　　　B. 50　　　　　　C. 100　　　　　　D. 200

2. 某政府办公大楼项目监理任务对社会公开招标，招标文件中要求参与招标的工程监理单位必须是本省的企业，此举违背了招（投）标活动的（　　）。

　　A. 公开原则　　　B. 公平原则　　　C. 公正原则　　　D. 诚实信用原则

3. 根据相关规定，大中型设备的中标单位从接到中标通知书之日起（　　）内，与招标方订立设备供应书面合同。

　　A. 20 日　　　　B. 30 日　　　　C. 10 日　　　　D. 15 日

4. 招标人采用邀请招标方式进行建设工程监理招标时，应当向（　　）个以上具备承担招标项目能力、资信良好的特定法人或者其他组织发出投标邀请书。

　　A. 3　　　　　　B. 4　　　　　　C. 5　　　　　　D. 2

5. 勘察设计招标一般采用（　　）的方式确定中标单位。

　　A. 勘察设计方案竞选　B. 勘察设计报价比较　C. 勘察设计业绩比较　D. 业主满意度

二、多项选择题

1. 监理费包括（　　）。

　　A. 税金　　　　　B. 直接成本　　　C. 间接成本　　　D. 利润

　　E. 诉讼费

2. 某建设项目招标，评标委员会由二位招标人代表和三名技术、经济等方面的专家组成，这一组成不符合《招标投标法》的规定，则下列关于评标委员会重新组成的做法中，正确的有（   ）。

　A. 减少一名招标人代表，专家不再增加
　B. 减少一名招标人代表，再从专家库中抽取三名专家
　C. 不减少招标人代表，再从专家库中抽取一名专家
　D. 不减少招标人代表，再从专家库中抽取二名专家
　E. 不减少招标人代表，再从专家库中抽取三名专家

3. 实行勘察设计招标的建设项目必须具备的条件是（   ）。

　A. 有正式批准的项目建议书和可行性研究报告
　B. 建设资金来源已经落实
　C. 招标申请报告已批准
　D. 具有勘察设计所必需的可靠基础资料
　E. 项目建设批准手续已落实

4. 建设工程监理招标文件中的投标须知应包括的主要内容有（   ）。

　A. 工程的综合说明　　　　　B. 监理任务大纲
　C. 监理规划的要求　　　　　D. 监理实施细则的要求
　E. 合格条件与资格要求

5. 材料、设备采购招标文件包括（   ）等内容。

　A. 投标人须知　　　　　　　B. 资格审查表
　C. 报价单　　　　　　　　　D. 合同主要条款
　E. 履约保函

三、思考题

1. 试述勘察设计招标的主要特点。
2. 监理单位投标书的核心内容包括哪些？

单元六

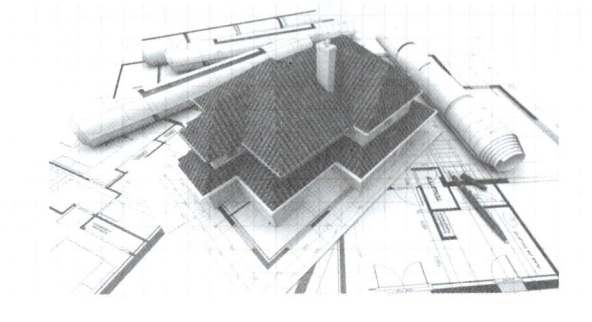

建设工程合同管理法律基础

知识目标

- 了解合同的分类标准与法律意义、合同法的基本原则。
- 了解要约与承诺的过程及缔约过失责任。
- 了解抗辩权制度和代位权、撤销权制度。
- 了解阴阳合同、解除合同、建设工程价款优先受偿权。
- 掌握合同生效、合同无效、合同可撤销与合同效力待定的概念、特征、类型及法律后果。
- 掌握违约责任的归责原则、构成要件以及承担违约责任的方式。

能力目标

- 能解释合同的概念。
- 能解释合同订立与合同成立的区别。
- 能解释合同效力的概念、内容及与合同成立的关系。
- 能解释合同履行的概念和特征。
- 能解释合同变更的概念、特征及法律要件。
- 能解释违约责任的概念与特征。
- 能解释工程担保的概念。

导 语

合同，也称为"契约"，它在人类经济史中占据着举足轻重的地位。经济生活中，人与人之间的各种交易就是契约，尤其是在经济领域，市场是由无数纷繁复杂的交易所组成的，这些交易都要以合同作为基本的法律表现形式，为了促成契约高效、快捷地订立，保障合同圆满安全地履行，就必须有相应的法律规则加以调整，我国将这些调整契约关系的法律规则融入了《民法典》。

工程合同管理是工程项目管理的重要组成部分，而合同管理主要的依据就是《民法典》，所以掌握《民法典》中有关合同的知识对于项目管理人员，尤其是合同管理人员而言是非常必要的。

课题一 合同基本知识

一、合同的概念

合同的本质在于，它是一种合意或协议，它必须包括以下要素：第一，合同的成立必须要有两个或两个以上的当事人；第二，各方当事人须互相做出意思表示；第三，每个意思表示是一致的，也就是说当事人达成了一致的协议。由于合同是两个或两个以上意思表示一致的产物，因此，当事人必须在平等自愿的基础上进行协商，才能使其意思表示达成一致。如果不存在平等自愿，也就没有真正的合意。《民法典》第四百六十四条规定："合同是当事人之间设立、变更、终止民事关系的协议。"这一关于合同的立法定义，也再次强调了合同本质上是一种协议，是当事人意思表示一致的产物。合同不仅是合意的产物，而且是一种合意关系。这种合意的关系既能以口头的形式表现出来，也能以书面或其他形式表现出来。合意的外在表现形式是多种多样的，但合同的本质仍然是当事人的合意。在法学中，一般将合同的概念区分为广义和狭义两种。

1. 广义的"合同"概念

此种观点认为，合同不仅仅是债发生的原因，也不局限于债权合同，凡是以发生司法上的效果为目的的合意，都属于合同的范畴。合同，不但包括所有以债之发生为直接目的的合同，也包括物权合同、身份合同（如婚姻合同）等。

2. 狭义的"合同"概念

此种观点认为民法上的合同仅指债权合同，即以发生债的关系为目的的合意，换言之，根据合同设定债的关系、消灭债的关系、变更债的关系。

我国《民法典》第四百六十四条规定："合同是民事主体之间设立、变更、终止民事法律关系的协议。"

二、合同的分类

根据不同的标准，可以将合同划分为不同的种类。根据与建设工程施工合同的关系，分述如下：

1. 要式合同与非要式合同

根据合同的成立是否必须采取一定形式为标准，可以将合同划分为要式合同与非要式合同。

（1）要式合同是必须采取法定形式的合同，例如中外合资经营合同经双方当事人签字盖章后必须经过政府主管部门批准后才成立，此"批准"即为法定形式。

（2）非要式合同不要求采取特定形式，当事人可以选择合同形式。合同实践中，以非要式合同居多。

区别要式合同与非要式合同的意义在于，某些要式合同如果不具备法律、行政法规要求的形式，可能不产生合同效力。

2. 双务合同与单务合同

（1）双务合同是双方当事人互负义务的合同。单务合同是一方当事人负担义务，另一方享有权利。有偿合同都是双务合同，没有例外，因为有偿合同存在对价。有偿合同是真正（典型）的双务合同。有偿合同与双务合同，是对同一事物，从不同角度的表达。

（2）无偿合同一般是单务合同，但无偿合同也可以是双务合同。如无偿委托合同，委托人支付处理委托事务的必要费用的义务，与受托人完成委托事务的义务，不是对价关系，因此，是不完全双务合同。无息借款合同不是双务合同。

3. 有偿合同与无偿合同

根据当事人取得权利有无代价（对价），可以将合同区分为有偿合同和无偿合同。有偿合同是交易关系，是双方财产的交换，是对价的交换。无偿合同不存在对价，不是财产的交换，是一方付出财产或者付出劳务（付出劳务可以视为付出财产利益）。赠与合同是典型的无偿合同，保管合同和两个自然人之间的借款合同原则上是无偿合同，但可以约定为有偿合同。

4. 有名合同与无名合同

根据法律是否赋予特定合同名称并设有专门规范，合同可以分为有名合同与无名合同。

（1）有名合同，也称典型合同，是法律对某类合同赋予专门名称，并设定专门规范的合同。如《民法典》规定了19类典型合同：买卖合同；供用电、水、气、热力合同；赠与合同；借款合同；保证合同；租赁合同；融资租赁合同；保理合同；承揽合同；建设工程合同；运输合同；技术合同；保管合同；仓储合同；委托合同；物业服务合同；行纪合同；中介合同；合伙合同。

（2）无名合同，也称非典型合同，是法律上未规定专门名称和专门规则的合同。根据合同自由原则，只要不违反法律、行政法规强制性规定，不违背社会公共利益和公德，不侵害他人利益，允许当事人根据自身意愿订立任何形式合同。因此，无名合同是合同实践的常态。

5. 束己合同和涉他合同

根据合同的履行是否涉及第三人，合同可以分为束己合同和涉他合同。束己合同是当事人为自己约定并承担权利义务的合同。狭义的涉他合同又可以分为两种：一种是为第三人设定债权的合同；另一种是为第三人设定债务的合同。为第三人设定债权的合同，如人身保险合同，可以第三人为受益人。为第三人设定债务的合同，要经第三人同意，否则第三人不承担债务。也就是说，当事人可以为自己设定债务，不能为第三人设定债务。

一般认为，广义的涉他合同，还包括第三人代为履行和第三人代为受领的合同。第三人代为履行，但第三人并不是合同的债务人。因此第三人不履行合同时，债权人只能起诉合同相对人，不能起诉第三人（代为履行人）。第三人代为受领，但第三人不是债权人，合同债务人不向第三人履行，第三人无权作为原告起诉，只能由合同债权人起诉。第三人代为履行和第三人代为受领的合同，名为"涉他"，但未突破合同相对性原则，本质上还是束己合同。

6. 主合同和从合同

根据两个合同的从属关系，可以把合同分成主合同和从合同。这种分类方法与上述分类方法不同，上述分类的合同均可以独立存在；而主合同与从合同不能各自独立存在，因为两个合同结合在一起，才有主从之分。

没有主合同，就没有从合同，反之亦然。

课题二　合同的订立

一、要约

1. 要约的概念

《民法典》第四百七十二条规定，要约是希望与他人订立合同的意思表示，该意思表示应当符合下列条件：内容具体确定；表明经受要约人承诺，要约人即受该意思表示约束。

2. 要约的构成要件

（1）要约是由特定人做出的意思表示。要约人如果不特定，则受要约人无法对之做出承诺，也就无法与之签订合同，这样的意思表示就不能称得上是要约。

（2）要约必须具有订立合同的意思表示。由于要约一经受要约人承诺，要约人即受该意思表示约束。因此，没有订立合同意图的意思表示不能是要约。例如，某承包商与某材料供应商聚会，交谈之中，材料供应商向承包商介绍了自己目前存有大量的建筑材料，并对该批材料的性能进行了详细的描述。这不能认为是要约，因为材料供应商并没有将这批材料出售给承包商的意图。

（3）要约必须向要约人希望与之订立合同的受要约人发出。要约只有发出，才能唤起受要约人的承诺。如果没有发出要约，受要约人就无从知道要约的内容，自然也就无法做出承诺。

受要约人必须是要约人希望与之订立合同的人，可以是特定的人。也可以是不特定的人。受要约人错误的要约不能称得上是要约。例如，某投标人计划对某开发商的建设项目进行投标，但是在投递标书的时候却误将标书送给了另一个开发商。尽管要约已经发出，但是由于该受要约人不是要约人希望与之签订合同的受要约人，因此，该要约不发生法律效力。

（4）要约的内容必须具体明确，这是《民法典》对要约的明确规定。如果要约的内容不具体明确，受要约人就无法对之做出承诺。如果受要约人对之进行了内容明显改变的补充修改而做出了承诺，就认为受要约人对要约的内容进行了实质性变更，其承诺也就不是应答原本要约的承诺了。

所以，要约的内容不明确的要约也不能称得上是要约，而仅能视为要约邀请。

3. 要约的生效

要约的生效是指要约开始发生法律效力。自要约生效起，其一旦被有效承诺，合同即告成立。

《民法典》第四百八十四条规定，以通知方式做出的承诺，生效的时间适用本法第一百三十七条的规定（以对话方式做出的意思表示，相对人知道其内容时生效）。承诺不需要通知的，根据交易习惯或者要约的要求做出承诺的行为时生效。

要约可以以书面形式做出，也可以以口头对话形式，而书面形式包括了信函、电报、传真、电子邮件等数据电文等可以有形地表现所载内容的形式。除法律明确规定外，要约人可以视具体情况自主选择要约的形式。

4. 要约的撤回与要约的撤销

要约的撤回是指在要约发生法律效力之前，要约人使其不发生法律效力而取消要约的行为。

《民法典》第四百八十五条规定，承诺可以撤回，承诺的撤回适用本法第一百四十一条的规定（行为人可以撤回意思表示。撤回意思表示的通知应当在意思表示到达相对人前或者与意思表示同时到达相对人）。

要约的撤销是指在要约发生法律效力之后，要约人使其丧失法律效力而取消要约的行为。

《民法典》第四百七十六条规定，要约可以撤销，但是有下列情形之一的除外：要约人以确定承诺期限或者其他形式明示要约不可撤销；受要约人有理由认为要约是不可撤销的，并已经为履行合同做了合理准备工作。

《民法典》第四百七十七条规定："撤销要约的意思表示以对话方式做出的，该意思表示的内容应当在受要约人做出承诺之前为受要约人所知道；撤销要约的意思表示以非对话方式做出的，应当在受要约人做出承诺之前到达受要约人。"

要约的撤回与要约的撤销都是否定了已经发出去的要约，其区别在于：要约的撤回发生在要约生效之前，而要约的撤销则是发生在要约生效之后。

5. 要约的失效

《民法典》第四百七十八条规定，有下列情形之一的，要约失效：①要约被拒绝；②要约被依法撤销；③承诺期限届满，受要约人未做出承诺；④受要约人对要约的内容做出实质性变更。

6. 要约邀请

（1）要约邀请的概念和表现形式。要约邀请又称为要约引诱。《民法典》第四百七十三条规定："要约邀请是希望他人向自己发出要约的表示。拍卖公告、招标公告、招股说明书、债券募集办法、基金招募说明书、商业广告和宣传、寄送的价目表等为要约邀请。商业广告和宣传的内容符合要约条件的，构成要约。"

（2）要约和要约邀请的区别。根据《民法典》的规定，要约必须同时具备两个条件，一是内容具体确定；二是表明经受要约人承诺，要约人即受该意思表示约束。欠缺当中任何一个条件，都不能构成要约；欠缺当中的一个条件，可以构成要约邀请。要约邀请是行为人为寻找合同对象，使自己能发出要约，或唤起他人要约于自己的宣传引诱活动。

要约与要约邀请的联系

二、承诺

1. 承诺的概念

承诺是对要约的接受，是指受要约人接受要约中的全部条款，向要约人做出的同意按要约成立合同的意思表示。承诺与要约结合方能构成合同。《民法典》第四百七十九条规定："承诺是受要约人同意要约的意思表示。"要约是一个诺言，承诺也是一个诺言，一个诺言代表一项债务，两个诺言取得了一致，就构成了一个合同。

2. 承诺的构成要件

（1）承诺必须由受要约人做出。做出承诺的可以是受要约人本人，也可以是其授权代理人。受要约人以外的任何第三人即使知道要约的内容并就此做出同意的意思表示，也不能认为是承诺。

（2）承诺须向要约人做出。承诺是对要约内容的同意，须由要约人作为合同一方当事人。因此，承诺只能向要约人本人或其授权代理人做出，具有绝对的特定性，否则不为承诺。

（3）承诺的内容必须与要约的内容一致。若受要约人对要约的内容作实质性变更，则不为承诺，而视为新要约。实质性变更是指对合同标的、质量、数量、价款或酬金、履行期限、履行地点和方式、违约责任和争议解决办法等的变更。

如果承诺对要约的内容做出非实质性变更的，除要约人及时表示反对或者要约表明承诺不得对要约的内容做出任何变更的以外，该承诺有效，合同的内容以承诺的内容为准。

（4）承诺应在有效期内做出。如果要约指定了有效期，则应在该有效期内做出承诺；如果要约未指定有效期，则应在合理期限内做出承诺。

3. 承诺的生效

（1）承诺生效时刻的确认。《民法典》第四百八十条规定："承诺应当以通知的方式做出；但是，根据交易习惯或者要约表明可以通过行为做出承诺的除外。"

采用数据电文形式订立合同的，收件人指定特定系统接收数据电文的，该数据电文进入该特定系统的时间，视为到达时间；未指定特定系统的，该数据电文进入收件人的任何系统的首次时间，视为到达时间。

承诺生效时合同成立。

（2）承诺期限的计算。依据《民法典》，要约以信件或者电报做出的，承诺期限自信件载明的日期或者电报交发之日开始计算。信件未载明日期的，自投寄该信件的邮戳日期开始计算。要约以电话、传真等快速通信方式做出的，承诺期限自要约到达受要约人时开始计算。

《民法典》第四百八十一条规定："承诺应当在要约确定的期限内到达要约人。"

要约没有确定承诺期限的，承诺应当依照下列规定到达。

1) 要约以对话方式做出的，应当即时做出承诺。

2) 要约以非对话方式做出的，承诺应当在合理期限内到达。

4. 承诺的撤回

承诺的撤回是指承诺发出之后，生效之前，承诺人阻止承诺发生法律效力的行为。

《民法典》第四百八十五条规定："承诺可以撤回。承诺的撤回适用本法第一百四十一条的规定。"

需要注意的是，要约可以撤回，也可以撤销。但是承诺却只可以撤回，而不可以撤销。

5. 承诺超期与承诺延误

承诺超期是指受要约人主观上超过承诺期限而发出承诺导致承诺延迟到达要约人。

《民法典》第四百八十六条规定："受要约人超过承诺期限发出承诺，或者在承诺期限内发出承诺，按照通常情形不能及时到达要约人的，为新要约；但是，要约人及时通知受要约人该承诺有效的除外。"

《民法典》第四百八十七条规定："受要约人在承诺期限内发出承诺，按照通常情形能够及时到达要约人，但是因其他原因致使承诺到达要约人时超过承诺期限的，除要约人及时通知受要约人因承诺超过期限不接受该承诺外，该承诺有效。"

承诺延误是指受要约人发出的承诺由于外界原因而延迟到达要约人。

三、合同条款

1. 合同的一般条款

《民法典》第四百七十条规定，合同的内容由当事人约定，一般包括下列条款：

（1）当事人的姓名或者名称和住所。

（2）标的。

(3) 数量。
(4) 质量。
(5) 价款或者报酬。
(6) 履行期限、地点和方式。
(7) 违约责任。
(8) 解决争议的方法。

当事人可以参照各类合同的示范文本订立合同。

2. 格式条款

《民法典》第四百九十六条规定："格式条款是当事人为了重复使用而预先拟定，并在订立合同时未与对方协商的条款。"

采用格式条款订立合同的，提供格式条款的一方应当遵循公平原则确定当事人之间的权利和义务，并采取合理的方式提示对方注意免除或者减轻其责任等与对方有重大利害关系的条款，按照对方的要求，对该条款予以说明。提供格式条款的一方未履行提示或者说明义务，致使对方没有注意或者理解与其有重大利害关系的条款的，对方可以主张该条款不成为合同的内容。

《民法典》第四百九十七条规定，有下列情形之一的，该格式条款无效：

(1) 具有本法第一编第六章第三节和本法第五百零六条规定的无效情形。
(2) 提供格式条款一方不合理地免除或者减轻其责任、加重对方责任、限制对方主要权利。
(3) 提供格式条款一方排除对方主要权利。

《民法典》第四百九十八条规定："对格式条款的理解发生争议的，应当按照通常理解予以解释。对格式条款有两种以上解释的，应当做出不利于提供格式条款一方的解释。格式条款和非格式条款不一致的，应当采用非格式条款。"

四、合同的形式

合同的形式，是合意的外在表现方式。合意是当事人表示意思的结合，是当事人思想意志的结合。这种结合，不能只停留在脑海之中，需要外在的形式表现出来。这种外在的表现形式，就是合同的形式。《民法典》第四百六十九条规定："当事人订立合同，可以采用书面形式、口头形式或者其他形式。"

书面形式是合同书、信件、电报、电传、传真等可以有形地表现所载内容的形式。

以电子数据交换、电子邮件等方式能够有形地表现所载内容，并可以随时调取查用的数据电文，视为书面形式。

【案例1】

1. 背景

建材公司因在某甲市 A 单位订购的水泥没能及时到达，不能向客户（施工单位）交货，情急之下，立即向乙市 B 单位发出电报，要求立即给自己发出 500 吨水泥，价钱按过去购买该单位的水泥的价格计算。乙市 B 单位收到电报后，立即回电说："按建材公司的意见办；立即发货，货到贵公司后请将货款汇到乙市 B 单位账户。"乙市 B 单位发货后，甲市 A 单位的水泥也运到建材公司。两地水泥均运到建材公司后，建材公司没有更多的销售渠道，便去电乙市 B 单位请求退货。B 单位不允，建材公司便以双方没有签订书面合同为由拒收。双方成讼，诉至法院。法院判决建材公司败诉。

2. 分析

此案建材公司之所以败诉，是因为建材公司与乙市 B 单位虽没有签订正式的书面合同书，但并非它们之间没有书面合同。它们之间的书面合同是双方往来的电报。建材公司需要水泥，发电报给乙市 B 单位，该电报提出了购货的名称、数量、价格、交货地点等。很显然，该电报具有书面要约性质。B 单位收到电报后立即回电，表示同意按建材公司的意见办，这是书面承诺。有要约和承诺，双方协商一致，合同成立。合同成立后，B 单位按约发货，履行了合同义务。建材公司拒收，属于违约，当然败诉。此案的关键是建材公司仅仅将合同书认为是书面合同，而不知道信件、数据电文（包括电报、电传、传真、电子数据和电子邮件等）均是合同的书面形式，故违约，其败诉理所当然。

课题三　合同的效力

合同的效力又称合同的法律效力。合同的效力是指依法成立的合同对当事人具有法律约束力。合同的效力是法律赋予的。合同有效，当事人应按合同约定履行债务，实现债权，合同具有履行效力；如果无效，法律认定其不能产生当事人追求的法律后果，当事人不能按合同的约定履行债务，实现债权，故有学者将无效合同称为不发生履行效力的合同，法律对当事人意图设立的债权债务关系不予认可和保护。

一、合同的生效

1. 合同成立

合同成立是指当事人完成了签订合同过程，并就合同内容协商一致。合同成立不同于合同生效。合同生效是法律认可合同效力，强调合同内容合法性。因此，合同成立体现了当事人的意志，而合同生效体现国家意志。

（1）合同成立的一般要件：

1）存在订约当事人。合同成立首先应具备双方或者多方订约当事人，只有一方当事人不可能成立合同。例如，某人以某公司的名义与某团体订立合同，若该公司根本不存在，则可认为只有一方当事人，合同不能成立。

2）订约当事人对主要条款达成一致意见。合同成立的根本标志是订约双方或者多方经协商，就合同主要条款达成一致意见。

3）经历要约与承诺两个阶段。《民法典》第四百七十一条规定："当事人订立合同，可以采取要约、承诺方式或者其他方式。"缔约当事人就订立合同达成合意，一般应经过要约、承诺阶段。若只停留在要约阶段，合同未成立。

（2）合同成立时间。合同成立时间关系到当事人何时受合同关系拘束，因此合同成立时间具有重要意义。确定合同成立时间，应遵守如下规则：

1）《民法典》第五百零二条规定："依法成立的合同，自成立时生效，但是法律另有规定或者当事人另有约定的除外。"

2）《民法典》第五百零二条规定："依照法律、行政法规的规定，合同应当办理批准等手续的，依照其规定。未办理批准等手续影响合同生效的，不影响合同中履行报批等义务条款以及相关条款的效力。应当办理申请批准等手续的当事人未履行义务的，对方可以请求其承担违反该义务的责任。"各方当事人签字或者盖章的时间不在同一时间的，最后一方签字或者盖章时合同成立。

3)《民法典》第四百九十一条规定："当事人采用信件、数据电文等形式订立合同要求签订确认书的，签订确认书时合同成立。"此时，确认书具有最终正式承诺的意义。

（3）合同成立地点。合同成立地点可能成为确定法院管辖的依据，因此具有重要意义。《民法典》第四百九十二条规定："承诺生效的地点为合同成立的地点。采用数据电文形式订立合同的，收件人的主营业地为合同成立的地点；没有主营业地的，其住所地为合同成立的地点。当事人另有约定的，按照其约定。"《民法典》第四百九十三条规定："当事人采用合同书形式订立合同的，最后签名、盖章或者按指印的地点为合同成立的地点，但是当事人另有约定的除外。"

2. 合同生效

合同生效是指合同具备生效条件而产生法律效力。这里的产生法律效力是指合同对当事人各方产生法律拘束力，即当事人的合同权利受法律保护，当事人的合同义务具有法律上的强制性。

合同生效需要具备以下要件：

（1）订立合同的当事人必须具有相应民事权利能力和民事行为能力。《民法典》第四百六十四条规定："合同是民事主体之间设立、变更、终止民事法律关系的协议。"主体不合格，所订立的合同不能发生法律效力。

（2）意思表示真实。意思表示真实是指表意人的表示行为真实反映其内心的效果意思，即表示行为应当与效果意思相一致。

（3）不违反法律、行政法规的强制性规定，不损害社会公共利益。有效合同不仅不得违反法律、行政法规的强制性规定，而且不得损害社会公共利益。社会公共利益是一个抽象的概念，内涵丰富、范围宽泛，包含了政治基础、社会秩序、社会公共道德要求，可以弥补法律、行政法规明文规定的不足，对于那些表面上虽未违反现行法律明文强制性规定但实质上损害社会公共利益的合同行为，具有重要的否定作用。

（4）具备法律所要求的形式。《民法典》第四百六十九条规定："当事人订立合同，可以采用书面形式、口头形式或者其他形式。"

【案例2】

1. 背景

甲公司与乙公司以合同书形式订立合同。甲公司的经理李某持甲公司的授权委托书在合同上签名并盖上了甲公司的合同专用章。乙公司董事长张某由于疏忽，未带公章，只在合同书上签上了自己的名字，表示几天后再加盖公章。后来，张某见市场行情有变，此合同有可能对自己不利，于是迟迟不在合同上加盖公章。当合同约定的履行期限到来时，甲公司要求乙公司履行合同，乙公司以未盖公章，合同未成立为由拒绝，甲公司因此而蒙受损失。

2. 分析

合同的成立，是指订约当事人就合同的主要条款达成合意。本案例中合同已成立，已构成法律事实，故乙公司应承担违约责任。

3. 无效合同财产后果的处理

（1）返还财产。合同被确认无效后，因该合同取得的财产应当予以返还。返还财产，是依据所有权返还，还是依据不当得利返还，目前还存在着争议。因我国《民法典》不承认无效合同的履行效力，因此，返还在原则上是根据所有权要求返还。

（2）折价补偿。不能返还或者没有必要返还的，应当折价补偿。折价补偿，不能使当事人从无效合同中获得利益，否则就违背了无效合同制度的初衷。为实现这一目标，可以同时适用追缴或罚款的措施。

（3）赔偿损失。赔偿损失以过错为条件。有过错的应当赔偿对方因此所受到的损失，双方都有过错的，应当各自承担相应的责任。

（4）收归国库所有、返还第三人。当事人恶意串通，损害国家、集体利益或者第三人利益的，因此取得的财产收归国库所有或者返还给第三人。收归国库所有又称为追缴，追缴的财产包括已经取得的财产和约定取得的财产。如果不追缴约定取得的财产，当事人仍会因无效合同获得非法利益。

二、无效的合同

1. 无效合同

无效合同是指虽经当事人协商成立，但因不符合法律要求而不予承认和保护的合同。

无效合同自始无效，在法律上不能产生当事人预期追求的效果。合同部分无效，不影响其他部分效力的，其他部分仍然有效。无效合同不发生效力是指不发生当事人所预期的法律效力。成立无效合同的行为可能具备侵权行为、不当得利、缔约过错要件而发生损害赔偿、返还不当得利的效力。无效合同是自始不发生当事人所预期的法律效力的合同，当事人不能通过同意或追认使其生效。这一点与无权代理、无权处分、限制行为能力人的行为不同，无权代理、无权处分、限制行为能力人的行为可以通过当事人的追认而生效。无效合同的无效性质具有必然性，不论当事人是否请求确认无效，人民法院、仲裁机关和法律规定的行政机关都可以确认其无效。

2. 免责条款无效

免责条款是指当事人在合同中约定免除或者限制其未来责任的合同条款，免责条款无效是指没有法律约束力的免责条款。

《民法典》第五百零六条规定，合同中的下列免责条款无效：造成对方人身损害的；因故意或者重大过失造成对方财产损失的。

人身安全权是不可转让、不可放弃的权利，也是法律重点保护的权利。因此，不能允许当事人以免责条款的方式事先约定免除这种责任（这种责任通常表现为违约责任与侵权责任竞合）。对于财产权，不允许当事人预先约定免除一方故意或因重大过失而给对方造成的损失，否则会给一方当事人提供滥用权利的机会。

【案例3】某三级建筑甲公司为了承揽超越自己资质许可范围的工程，在征得该公司主管领导同意的情况下，与某特级总承包企业乙公司签订了一个合同。合同包括如下内容："由甲公司以乙公司的名义承揽某建筑工程，由甲公司实际承建，乙公司向甲公司支付的管理费为合同价的10%。如出现工程质量事故，由乙公司承担责任。"虽然合同有免责条款，但该合同违反了法律规定，属于无效合同。

三、可变更、可撤销合同

1. 可变更、可撤销合同的概念

可变更、可撤销合同，是指合同当事人订立的合同欠缺生效条件时，一方当事人可以依照自己的意思，请求人民法院或仲裁机构做出裁判，从而使合同的内容变更或者使合同的效力归于消灭的合同。《民法典》第五百四十三条规定："当事人协商一致，可以变更合同。"合同被撤销后就没有法律约束力。合同被撤销的，不影响合同中独立存在的有关解决争议方法的条款的效力。

对可撤销的合同，当事人可以向人民法院或仲裁机关请求变更或撤销。任何一方当事人认为合同是因重大误解订立的，或者是显失公平的，都可以向法院提出变更或撤销的请求。而以欺诈、胁迫手段或者乘人之危订立的合同，请求变更、撤销权专属于受损害方。也就是说，这种权利属于被欺诈、被胁迫和危难被乘的一方。

对可撤销的合同，有变更和撤销两种救济方法。当事人请求变更的，人民法院或者仲裁机构不得撤销。当事人请求撤销的，人民法院可以变更。这种规则，体现了《民法典》尽量保护交易关系的思想。

2. 撤销权的行使

《民法典》第五百四十条规定："撤销权的行使范围以债权人的债权为限。债权人行使撤销权的必要费用，由债务人负担。"

《民法典》第五百四十一条规定："撤销权自债权人知道或者应当知道撤销事由之日起一年内行使。自债务人的行为发生之日起五年内没有行使撤销权的，该撤销权消灭。"

《民法典》第五百四十二条规定："债务人影响债权人的债权实现的行为被撤销的，自始没有法律约束力。"

课题四　合同的履行、变更、转让及终止

一、合同的履行

合同的履行，是债务人完成合同约定义务的行为，是法律效力的首要表现。当事人通过合意建立债权债务关系，而完成这种交易关系的正常途径就是履行。履行一般是作为，如交付标的物、交付货款、加工制作、运输物品等；履行也可以是不作为，如当事人依照约定不参与某一交易。

当事人可以通过合意设定履行义务，但履行不是任意行为。

1. 合同履行的规定

合同履行，是指合同当事人双方依据合同条款的规定，实现各自享有的权利，并承担各自负有的义务。合同的履行，就其实质来说，是合同当事人在合同生效后，全面地、适当地完成合同义务的行为。

从合同关系消灭的角度看，债务人全面适当地履行合同且债权人实现了合同目的，导致合同关系消灭；合同履行是合同关系消灭的主要的正常的原因。因此，合同履行又称为"债的清偿"。

（1）合同履行的原则。《民法典》第五百零九条规定："当事人应当按照约定全面履行自己的义务。当事人应当遵循诚信原则，根据合同的性质、目的和交易习惯履行通知、协助、保密等义务。当事人在履行合同过程中，应当避免浪费资源、污染环境和破坏生态。"根据这条规定，合同当事人履行合同时，应遵循以下原则：

1）全面、适当履行的原则。全面、适当履行，是指合同当事人按照合同约定全面履行自己的义务，包括履行义务的主体、标的、数量、质量、价款或者报酬以及履行的方式、地点、期限等，都应当按照合同的约定全面履行。

2）遵循诚实信用的原则。诚实信用原则，是《民法典》的基本原则，也是《民法典》的一项十分重要的原则，它贯穿于合同的订立、履行、变更、终止等全过程。因此，当事人在订立合同时，要讲诚实，要守信用，要善意，当事人双方要互相协作，合同才能圆满地履行。

3）公平合理地促进合同履行的原则。合同当事人双方自订立合同起，直到合同的履行、变更、转让以及发生争议时对纠纷的解决，都应当依据公平合理的原则，按照《民法典》的规定，根据合同的性质、目的和交易习惯善意地履行通知、协助和保密等附随义务。

4）当事人一方不得擅自变更合同的原则。合同依法成立，即具有法律约束力，因此，合同当事人任何一方均不得擅自变更合同。《民法典》在若干条款中根据不同的情况对合同的变更分别作了专门的规定，这些规定更加完善了我国的合同法律制度，并有利于促进我国社会主义市场经济的发展和保护合同当事人的合法权益。

（2）合同履行的主体。合同履行的主体包括完成履行的一方（履行人）和接受履行的一方（履行受领人）。

完成履行的一方首先是债务人，也包括债务人的代理人。但是法律规定、当事人约定或者性质上必须由债务人本人亲自履行的除外。另外，当事人约定的债务人之外第三人也可为履行人。但是，约定代为履行债务的第三人的不履行责任要由债务人承担。《民法典》第五百二十二条规定："当事人约定由债务人向第三人履行债务，债务人未向第三人履行债务或者履行债务不符合约定的，应当向债权人承担违约责任。法律规定或者当事人约定第三人可以直接请求债务人向其履行债务，第三人未在合理期限内明确拒绝，债务人未向第三人履行债务或者履行债务不符合约定的，第三人可以请求债务人承担违约责任；债务人对债权人的抗辩，可以向第三人主张。"

接受履行的一方首先是债权人，由债权人享有给付请求权及受领权。但是，在某些情况下，接受履行者也可以是债权人之外的第三人，如当事人约定由债务人向第三人履行债务。但是，债务人如果没有向约定受偿的第三人履行债务，就要向合同的债权人承担违约责任。

《民法典》第五百二十三条规定："当事人约定由第三人向债权人履行债务，第三人不履行债务或者履行债务不符合约定的，债务人应当向债权人承担违约责任。"《民法典》第五百二十四条规定："债务人不履行债务，第三人对履行该债务具有合法利益的，第三人有权向债权人代为履行；但是，根据债务性质、按照当事人约定或者依照法律规定只能由债务人履行的除外。债权人接受第三人履行后，其对债务人的债权转让给第三人，但是债务人和第三人另有约定的除外。"

2. 抗辩权

抗辩权是指在双务合同中，在符合法定条件时，当事人一方可以暂时拒绝对方当事人的履行要求的权利，包括同时履行抗辩权、先履行抗辩权和不安抗辩权。

双务合同中的抗辩权是对抗辩权人的一种保护措施，免除抗辩权人履行后得不到对方对应履行的风险；使对方当事人产生及时履行合同的压力；是重要的债权保障制度。行使抗辩权是正当的权利，而非违约，应受到法律保护，而不应当使行使抗辩权人承担违约责任等不利后果。

需要注意的是，抗辩权的行使只能暂时拒绝对方的履行请求，即中止履行，而不能消灭对方的履行请求权。一旦抗辩权事由消失，原抗辩权人仍应当履行其债务。

（1）同时履行抗辩权：

1）同时履行抗辩权的概念。同时履行是指合同订立后，在合同有效期限内，当事人双方不分先后地履行各自的义务的行为。同时履行抗辩权，是指在没有规定履行顺序的双务合同中，当事人一方在当事人另一方未为对待给付以前，有权拒绝先为给付的权利。

双务合同是指当事人双方都有义务的合同。例如，施工承包合同就是双务合同，施工单位有义务要修建工程，建设单位有义务要支付工程款。只有一方有义务的合同称为单务合同，如赠与合同就是单务合同。抗辩权必须适用于双务合同。

《民法典》第五百二十五条规定："当事人互负债务，没有先后履行顺序的，应当同时履行。一方在对方履行之前有权拒绝其履行请求。一方在对方履行债务不符合约定时，有权拒绝其相应的履行请求。"

2）同时履行抗辩权的成立条件：

① 由同一双务合同产生互负的债务。双务合同是产生抗辩权的基础，单务合同中不存在抗辩权的问题。同时，当事人只有通过不履行本合同中的义务来对抗对方在本合同中的不履行，而不能用一个合同中的权利去对抗另一个合同。

② 在合同中未约定履行顺序——这正是同时履行的本质。如果约定了履行顺序，其抗辩权就不是同时履行抗辩权，而是异时履行抗辩权。

③ 当事人另一方未履行债务。只有一方未履行其义务，另一方才具有行使抗辩权的基本条件。

④ 对方的对待给付是可能履行的义务。倘若对方所负债务已经没有履行的可能性，即同时履行的目的已不可能实现时，则不发生同时履行抗辩问题，当事人可依照法律规定解除合同。

（2）先履行抗辩权：

1）先履行抗辩权的概念。先履行抗辩权是指当事人互负债务，有先后履行顺序的，先履行一方未履行债务或者履行债务不符合约定，后履行一方有权拒绝先履行一方的履行请求。

《民法典》第五百二十六条规定："当事人互负债务，有先后履行顺序，应当先履行债务一方未履行的，后履行一方有权拒绝其履行请求。先履行一方履行债务不符合约定的，后履行一方有权拒绝其相应的履行请求。"

2）先履行抗辩权的成立条件：

① 由同一双务合同产生互负的对待给付债务。

② 合同中约定了履行的顺序。

③ 应当先履行的合同当事人没有履行合同债务或者没有正确履行债务。

④ 应当先履行的对待给付是可能履行的义务。

（3）不安抗辩权：

1）不安抗辩权的概念。不安抗辩权是指具有先给付义务的一方当事人，当相对人财产明显减少或欠缺信用，不能保证对待给付时，拒绝自己给付的权利。

依据《民法典》第五百二十七条，应当先履行债务的当事人，有确切证据证明对方有下列情形之一的，可以中止履行：

① 经营状况严重恶化。
② 转移财产、抽逃资金，以逃避债务。
③ 丧失商业信誉。
④ 有丧失或者可能丧失履行债务能力的其他情形。

当事人没有确切证据中止履行的，应当承担违约责任。

2）不安抗辩权的成立条件：

① 双方当事人基于同一双务合同而互负债务。
② 债务履行有先后顺序。
③ 履行顺序在后的一方履行能力明显下降，有丧失或者可能丧失履行债务能力的情形。
④ 履行顺序在后的当事人未提供适当担保。

3）先履行一方的权利和义务。先履行义务一方可以依法行使不安抗辩权，在行使不安抗辩权的过程中依法享有权利并承担义务。

《民法典》第五百二十八条规定："当事人依据前条规定中止履行的，应当及时通知对方。对方提供适当担保的，应当恢复履行。中止履行后，对方在合理期限内未恢复履行能力且未提供适当担保的，视为以自己的行为表明不履行主要债务，中止履行的一方可以解除合同并可以请求对方承担违约责任。"

3. 代位权

代位权，是指债务人怠于行使其对第三人（次债务人）享有的到期债权，而有害于债权人的债权时，债权人为保障自己的债权而以自己的名义行使债务人对次债务人的债权的权利。《民法典》第五百三十五条规定："因债务人怠于行使其债权或者与该债权有关的从权利，影响债权人的到期债权实现的，债权人可以向人民法院请求以自己的名义代位行使债务人对相对人的权利，但是该权利专属于债务人自身的除外。代位权的行使范围以债权人的到期债权为限。债权人行使代位权的必要费用，由债务人负担。相对人对债务人的抗辩，可以向债权人主张。"具体地说，债权人行使代位权，是以自己作为原告，以次债务人为被告要求次债务人对债务人履行到期债务，直接向自己履行。

《民法典》第五百三十六条规定："债权人的债权到期前，债务人的债权或者与该债权有关的从权利存在诉讼时效期间即将届满或者未及时申报破产债权等情形，影响债权人的债权实现的，债权人可以代位向债务人的相对人请求其向债务人履行、向破产管理人申报或者做出其他必要的行为。"

《民法典》第五百三十七条规定："人民法院认定代位权成立的，由债务人的相对人向债权人履行义务，债权人接受履行后，债权人与债务人、债务人与相对人之间相应的权利义务终止。债务人对相对人的债权或者与该债权有关的从权利被采取保全、执行措施，或者债务人破产的，依照相关法律的规定处理。"

【案例4】乙是某市建材经销商，长期从甲处进口实木地板，后来甲要求乙结清24万元货款，乙表示无力偿还。甲随后查明乙曾销售一批价值30万元瓷砖给丙，丙一直拖欠未付货款。则甲行使代位权，可以直接起诉丙，但代位权的行使范围以债权人的债权为限，只能要求其偿还24万元。

4. 撤销权

这里所说的撤销权，是保全权的一种，为区别合同撤销权，可称为保全撤销权。保全撤销权是债权人对于债务人减少财产以至危害债权的行为，请求法院予以撤销的权利。

（1）债权人行使撤销权的法律规定：

1）《民法典》第五百三十八条规定："债务人以放弃其债权、放弃债权担保、无偿转让财产等方式无偿处分财产权益，或者恶意延长其到期债权的履行期限，影响债权人的债权实现的，债权人可以请求人民法院撤销债务人的行为。"

2）《民法典》第五百三十九条规定："债务人以明显不合理的低价转让财产、以明显不合理的高价受让他人财产或者为他人的债务提供担保，影响债权人的债权实现，债务人的相对人知道或者应当知道该情形的，债权人可以请求人民法院撤销债务人的行为。"

（2）撤销权的行使期限

《民法典》第五百四十条规定："撤销权的行使范围以债权人的债权为限。债权人行使撤销权的必要费用，由债务人负担。"

1）《民法典》第五百四十一条规定："撤销权自债权人知道或者应当知道撤销事由之日起一年内行使。自债务人的行为发生之日起五年内没有行使撤销权的，该撤销权消灭。"

2）《民法典》第五百四十二条规定："债务人影响债权人的债权实现的行为被撤销的，自始没有法律约束力。"

【案例5】

1. 背景

甲公司需要装修办公大楼，乙公司与之洽商，提出预算：装修工程需要100万元的人工费，粉刷材料（油漆等）需要100万。甲公司认可了乙公司的预算。乙公司又提出：只要100万元的人工费，自己仓库里有价值100万元的油漆等粉刷材料无偿奉送。甲公司欣然同意，与乙公司签订了装修合同。装修完工，验收合格，但甲公司一分钱不给。乙公司曾通过某法律事务所要钱未果。在甲、乙订立合同之前，乙公司欠丙公司货款200万元，现乙公司无力偿还。请问，丙公司可以采取哪些法律手段保护自己的利益？

2. 答案

甲公司欠乙公司100万元人工费，丙公司可以行使代位权；另外100万元材料费，丙公司可以行使撤销权。

二、合同的变更和转让

合同的变更和转让需要在一定条件下进行，否则合同的变更和转让不发生法律效力。合同变更或转让后，当事人的权利和义务也会随之发生变化。为了能够有效维护当事人的合法权益，需要掌握合同变更和转让的条件以及转让后的法律效果。

1. 合同的变更

合同的变更有广义与狭义的区分。

狭义的变更是指合同内容的某些变化,是在主体不变的前提下,在合同没有履行或没有完全履行前,由于一定的原因,由当事人对合同约定的权利义务进行局部调整。这种调整通常表现为对合同某些条款的修改或补充。

广义的合同变更,除包括合同内容的变更以外,还包括合同主体的变更,即由新的主体取代原合同的某一主体,这实质上是合同的转让。

合同内容的变更,是当事人之间民事关系的某种变化,它是本质意义上的变更;而合同主体的变更,则是合同某一主体与新的主体建立民事权利义务关系,因此,它不是本质意义上的变更。

(1) 合同变更的概念。当事人经过协商达成一致意见,可以变更合同。《民法典》第五百四十三条规定:"当事人协商一致,可以变更合同。"

(2) 合同变更的成立条件:

1) 合同关系已经存在。合同变更是针对已经存在的合同,无合同关系就无从变更。合同无效、合同被撤销,视为无合同关系,也不存在合同变更的可能。

2) 合同内容发生变化。合同内容变更可能涉及合同标的、数量、质量、价款或者酬金、期限、地点、计价方式等的变更。建设工程施工承包领域的设计变更属于涉及合同内容的变更。《民法典》第五百四十四条规定:"当事人对合同变更的内容约定不明确的,推定为未变更。"

3) 经合同当事人协商一致,或者法院、仲裁庭裁决,或者援引法律直接规定。

4) 符合法律、行政法规要求的方式。

2. 合同的转让

合同转让,即合同权利义务的转让,在习惯上又称为合同主体的变更,是以新的债权人代替原合同的债权人;或新的债务人代替原合同的债务人;或新的当事人承受债权,同时又承受债务。上述三种情况,第一种是债权转让;第二种是债务转移(债务承担);第三种是概括承受。合同的转让体现了债权债务关系是动态的财产关系这一特性。

(1) 合同转让的分类。合同转让的类型有:

1) 合同权利转让。

2) 合同义务转移。

3) 合同权利义务概括转让(也称概括转移)。

(2) 合同权利转让的条件:

1) 被转让的合同权利必须有效存在。无效合同或者已经被终止的合同不产生有效合同权利,不产生有效的合同权利转让。

2) 转让人与受让人达成合同权利转让的协议。受让人如果不接受该权利,合同权利是不能被转让的。

3) 被转让的合同权利应具有可转让性。《民法典》第五百四十五条规定,债权人可以将债权的全部或者部分转让给第三人,但是有下列情形之一的除外:

① 根据债权性质不得转让。

② 按照当事人约定不得转让。

③ 依照法律规定不得转让。

当事人约定非金钱债权不得转让的,不得对抗善意第三人。当事人约定金钱债权不得转让的，不得对抗第三人。

4）符合法定的程序。《民法典》第五百四十六条规定："债权人转让债权，未通知债务人的，该转让对债务人不发生效力。

债权转让的通知不得撤销，但是经受让人同意的除外。"

（3）合同权利转让的效力：

1）受让人成为合同的新债权人。有效的合同转让将使转让人（原债权人）脱离原合同，受让人取代其法律地位而成为新的债权人。但是，在债权部分转让时，只发生部分取代，而由转让人和受让人共同享有合同债权。

2）其他权利随之转移：

① 从权利随之转移。《民法典》第五百四十七条规定："债权人转让债权的，受让人取得与债权有关的从权利，但是该从权利专属于债权人自身的除外。受让人取得从权利不应该从权利未办理转移登记手续或者未转移占有而受到影响。"

合同可以分为主合同和从合同。主合同是指不以其他合同的存在为前提而独立存在和独立发生效力的合同。从合同又称附属合同，是指不具备独立性，以其他合同的存在为前提而成立并发生效力的合同。

例如，在借贷合同与担保合同中，借贷合同属于主合同，因为它能够单独存在，并不因为担保合同不存在而失去法律效力；而担保合同则属于从合同，它仅仅是为了担保借贷合同的正常履行而存在的，如果借贷合同因为借贷双方履行完合同义务而宣告合同效力解除后，担保合同就因为失去存在条件而失去法律效力。主合同和从合同的关系为：主合同和从合同并存时，两者发生互补作用。主合同无效或者被撤销，从合同也将失去法律效力；而从合同无效或者被撤销一般不影响主合同的法律效力。

主合同中的权利和义务称为主权利、主义务，从合同中的权利和义务称为从权利、从义务。

② 抗辩权随之转移。由于债权已经转让，原合同的债权人已经由第三人代替，所以，债务人的抗辩权就不能再向原合同的债权人行使了，而要向接受债权的第三人行使。

《民法典》第五百四十八条规定："债务人接到债权转让通知后，债务人对让与人的抗辩，可以向受让人主张。"

③ 抵消权的转移。如果原合同当事人存在可以依法抵消的债务，则在债权转让后，债务人的抵消权可以向受让人主张。

《民法典》第五百四十九条规定，有下列情形之一的，债务人可以向受让人主张抵销：债务人接到债权转让通知时，债务人对让与人享有债权，且债务人的债权先于转让的债权到期或者同时到期；债务人的债权与转让的债权是基于同一合同产生。

（4）合同义务转移：

1）合同义务转移的概念。合同义务转移是指在不改变合同权利义务内容的基础上，承担合同义务的当事人将其义务转由第三人承担。合同义务转移可以分为合同义务全部转移和合同义务部分转移。

① 合同义务部分转移是指合同原债务人并不脱离合同关系，而由第三人与原债务人共同承担债务。原债务人与第三人承担连带债务，除非当事人另有特别约定。

② 合同义务全部转移是指第三人取代合同中原债务人地位而承担全部债务，并使原债

务人脱离合同关系。

2）合同义务转移的条件。合同义务只有在一定条件下方可转移：

① 被转移的债务有效存在。本来不存在的债务、无效的债务或者已经终止的债务，不能成为债务承担的对象。

② 第三人须与债务人达成协议。第三人如果不接受该债务，债务人是不可以将债务强行转移给第三人的。

③ 被转移的债务应具有可转移性。以下合同不具有可转移性：

某些合同债务与债务人的人身有密切联系，例如以特定债务人的特定技能为基础的合同（如演出合同），以特别人身信任为基础的合同（如委托合同），一般情况下，此类合同义务不具有可转移性。

如果当事人特别约定合同债务不得转移，则这种约定应当得到遵守。

如果法律强制性规范规定不得转让债务，则该合同债务不得转移。如《建筑法》第二十八条规定："禁止承包单位将其承包的全部建筑工程转包给他人。"这就属于法律强制性规范规定债务不得转移的情形。

④ 符合法定的程序。《民法典》第五百五十一条规定："债务人将债务的全部或者部分转移给第三人的，应当经债权人同意。债务人或者第三人可以催告债权人在合理期限内予以同意，债权人未作表示的，视为不同意。"

3）合同义务转移的效力：

① 承担人成为合同新债务人。就合同义务全部转移而言，承担人取代债务人成为新的合同债务人，若承担人不履行债务，将由承担人直接向债权人承担违约责任；原债务人脱离合同关系。就合同义务部分转移而言，债务人与承担人成为连带债务人。

② 抗辩权随之转移。由于债务已经转移，原合同的债务人已经由第三人代替，所以，债务人的抗辩权就只能由接受债务的第三人行使了。

《民法典》第五百五十二条规定："第三人与债务人约定加入债务并通知债权人，或者第三人向债权人表示愿意加入债务，债权人未在合理期限内明确拒绝的，债权人可以请求第三人在其愿意承担的债务范围内和债务人承担连带债务。"《民法典》第五百五十三条规定："债务人转移债务的，新债务人可以主张原债务人对债权人的抗辩；原债务人对债权人享有债权的，新债务人不得向债权人主张抵销。"

③ 从债务随之转移。《民法典》第五百五十四条规定："债务人转移债务的，新债务人应当承担与主债务有关的从债务，但该从债务专属于原债务人自身的除外。"

(5) 合同权利义务概括转移：

1）合同权利义务概括转移的概念。合同权利义务概括转移是指合同当事人一方将其合同的权利义务一并转让给第三方，由该第三方继受这些权利义务。

合同权利义务概括转移包括了全部转移和部分转移。全部转移是指合同当事人原来一方将其权利义务全部转移给第三人。部分转移是指合同当事人原来一方将其权利义务的一部分转移给第三人；此时转让人和承受人应约定各自分得的债权债务的份额和性质，若没有约定或者约定不明，应视为连带之债。

2）债权债务概括转移的条件：

① 转让人与承受人达成合同转让协议。这是债权债务概括转移的关键。如果承受人不

接受该债权债务，则无法发生债权债务的转移。

② 原合同必须有效。原合同无效不能产生法律效力，更不能转让。

③ 原合同为双务合同。只有双务合同才可能将债权债务一并转移，否则只能为债权让与或者是债务承担。

④ 符合法定的程序。《民法典》第五百五十五条规定："当事人一方经对方同意，可以将自己在合同中的权利和义务一并转让给第三人。"可见，经对方同意是概括转移的一个必要条件，因为概括转移包含了债务转移，而债务转移要征得债权人的同意。

《民法典》第五百五十六条规定："合同的权利和义务一并转让的，适用债权转让、债务转移的有关规定。"这些条款涉及概括转移的效力，上文都有叙述，此处就不再对这些条款进行解释了。

3）企业的合并与分立涉及权利义务的概括转移。企业合并是指两个或者两个以上企业合并为一个企业。企业分立则是指一个企业分立为两个及两个以上的企业。

企业合并或者分立均可能出现某个企业被注销（被终止主体资格）的情况，那么该被注销的企业在合并或者分立之前所订立的合同的权利义务如何处置呢？就此，《民法典》第五百二十九条规定："债权人分立、合并或者变更住所没有通知债务人，致使履行债务发生困难的，债务人可以中止履行或者将标的物提存。"

企业合并或者分立，原企业的合同的权利义务将全部转移给新企业，这属于法定的权利义务概括转移，因此，不需要取得合同相对人的同意。

三、合同的终止

合同权利义务终止是指由于一定的法律事实发生，合同设定的权利义务归于消灭的法律现象。合同权利义务终止是合同效力停止的表现，即合同当事人不再受合同约束。合同权利义务的终止与当事人的利益密切相关。

1. 合同的解除

合同解除是指在合同有效成立之后而没有履行完毕之前，当事人双方通过协议或者一方行使约定或法定解除权的方式，使当事人设定的权利义务关系终止的行为。

（1）合同解除的分类。根据《民法典》相关规定，合同解除可分为如下几类：

1）约定解除。《民法典》第五百六十二条规定："当事人协商一致，可以解除合同。当事人可以约定一方解除合同的事由。解除合同的事由发生时，解除权人可以解除合同。"通过这个条款，可以将约定解除再进一步分为：

① 协商解除。协商解除是指当事人就解除合同进行协商，达成一致意见后解除的合同。协商解除是当事人"以第二个合同解除第一个合同"。

② 行使约定解除权的解除。当事人在签订合同时就约定了解除合同的事由，事由发生时，一方当事人就可以行使解除权而解除合同。

2）法定解除。法定解除是指在符合法定条件时，当事人一方有权通知另一方解除合同。

《民法典》第五百六十三条规定，有下列情形之一的，当事人可以解除合同：

① 因不可抗力致使不能实现合同目的。

② 在履行期限届满之前，当事人一方明确表示或者以自己的行为表明不履行主要债务。

③ 当事人一方迟延履行主要债务，经催告后在合理期限内仍未履行。
④ 当事人一方迟延履行债务或者有其他违约行为致使不能实现合同目的。
⑤ 法律规定的其他情形。

（2）解除权的行使。法定解除和行使约定解除权的解除并不是依法自动解除。

1）解除权行使的期限。《民法典》第五百六十四条规定："法律规定或者当事人约定解除权行使期限，期限届满当事人不行使的，该权利消灭。法律没有规定或者当事人没有约定解除权行使期限，自解除权人知道或者应当知道解除事由之日起一年内不行使，或者经对方催告后在合理期限内不行使的，该权利消灭。"

2）解除权行使的方式。《民法典》第五百六十五条规定："当事人一方依法主张解除合同的，应当通知对方。合同自通知到达对方时解除；通知载明债务人在一定期限内不履行债务则合同自动解除，债务人在该期限内未履行债务的，合同自通知载明的期限届满时解除。对方对解除合同有异议的，任何一方当事人均可以请求人民法院或者仲裁机构确认解除行为的效力。当事人一方未通知对方，直接以提起诉讼或者申请仲裁的方式依法主张解除合同，人民法院或者仲裁机构确认该主张的，合同自起诉状副本或者仲裁申请书副本送达对方时解除。"

（3）合同解除的法律后果。《民法典》第五百六十六条规定："合同解除后，尚未履行的，终止履行；已经履行的，根据履行情况和合同性质，当事人可以请求恢复原状或者采取其他补救措施，并有权请求赔偿损失。合同因违约解除的，解除权人可以请求违约方承担违约责任，但是当事人另有约定的除外。主合同解除后，担保人对债务人应当承担的民事责任仍应当承担担保责任，但是担保合同另有约定的除外。"

2. 合同权利义务终止的其他情形

合同权利义务终止的原因有如下几类：

（1）因履行而终止。通过履行，合同当事人按照合同的约定实现债权，该债权即因达到目的而消灭，相应的合同债务随之消灭，即合同因履行而终止，也称合同因清偿而终止。

（2）因解除而终止。因合同当事人发出解除合同的意思表示，而使合同关系归于消灭，即合同因解除而终止。

（3）因抵消而终止。抵消，是指双方互负债务且种类相同时，一方的债务与对方的债务在对等范围内相互消灭。在抵消范围内，合同关系因此而消灭。

（4）因提存而终止。提存，是指债权人无正当理由拒绝接受履行或其下落不明，或数人就同一债权主张权利，债权人一时无法确定，致使债务人一时难以履行债务，经公证机关证明或人民法院的裁决，债务人可以将履行的标的物提交有关部门保存的行为。

提存是债务履行的一种方式。如果超过法律规定的期限，债权人仍不领取提存标的物的，应收归国库所有。

自提存之日起，债务人的债务消灭，债权人的债权得到清偿，标的物所有权转归债权人。《民法典》第五百七十三条规定："标的物提存后，毁损、灭失的风险由债权人承担。提存期间，标的物的孳息归债权人所有。提存费用由债权人负担。"

《民法典》第五百七十四条规定："债权人可以随时领取提存物。但是，债权人对债务人负有到期债务的，在债权人未履行债务或者提供担保之前，提存部门根据债务人的要求应当拒绝其领取提存物。债权人领取提存物的权利，自提存之日起五年内不行使而消灭，提存物扣除提存费用后归国家所有。但是，债权人未履行对债务人的到期债务，或者债权人向提存部门书面表示放弃领取提存物权利的，债务人负担提存费用后有权取回提存物。"

（5）因免除债务而终止。《民法典》第五百七十五条规定："债权人免除债务人部分或者全部债务的，债权债务部分或者全部终止，但是债务人在合理期限内拒绝的除外。"

债权人免除债务意思，应由债权人向债务人做出表示，方式没有限制：可以口头，也可以书面，或者以行为表示，或者默示。一旦债权人做出免除的意思表示，就产生效力，不得任意撤回。

（6）因混同而终止。混同是指合同债权和债务同归一人，混同通常使合同关系消灭，但是涉及第三人的利益除外。

混同的原因有：继承（债权人继承债务人财产，或者债务人继承债权人的债权）；作为债权人与债务人双方的企业合并；债务人的债务由债权人承担；债务人受让了债权人的债权。

课题五　违约责任与合同争议的解决

一、合同的违约责任

1. 违约责任的概念

违约责任，是指当事人由于过错而不能履行或不能完全履行合同约定的义务所应承担的法律责任。

违约责任有以下特点：违约责任产生的前提是当事人不履行有效成立的合同的义务，并且当事人有过错；违约责任的大小可以由当事人约定，这使得违约责任与侵权责任有所不同；违约责任具有补偿性，一般情况下都是为了补偿受害方的损失。

2. 承担违约责任的条件

当事人违约要承担违约责任，但并不是所有的违约行为都应承担违约责任，承担违约责任要具备一定的条件。当事人要承担违约责任的条件有：当事人要有违反合同义务的行为，该行为的后果是对对方当事人造成了利益的损失；违约方具有过错，并且无论是故意过错还是过失过错。

有些情况下，当事人虽有违约行为，但当事人可以不承担违约责任，《民法典》第五百九十条规定："当事人一方因不可抗力不能履行合同的，根据不可抗力的影响，部分或者全部免除责任，但是法律另有规定的除外。因不可抗力不能履行合同的，应当及时通知对方，以减轻可能给对方造成的损失，并应当在合理期限内提供证明。当事人迟延履行后发生不可抗力的，不免除其违约责任。"《民法典》第一百八十条规定："不可抗力是不能预见、不能避免且不能克服的客观情况。"

3. 承担违约责任的主体

《民法典》第五百九十二条规定："当事人都违反合同的，应当各自承担相应的责任。当事人一方违约造成对方损失，对方对损失的发生有过错的，可以减少相应的损失赔偿额。"

在现实中，许多情况下是双方当事人均有不同程度的违约行为存在。这时，双方应根据其违约行为给对方造成损害程度的大小承担相应的责任。

在建设工程合同中，双方违约的情形也较常见，发包方不按期支付工程款和承包方施工存在质量缺陷经常同时存在。

《民法典》第五百九十三条规定："当事人一方因第三人的原因造成违约的，应当依法向对方承担违约责任。当事人一方和第三人之间的纠纷，依照法律规定或者按照约定处理。"这说明违约责任的承担者是合同的当事人，只要当事人一方有违约行为，而该违约行为不归责于不可抗力，就应当由当事人承担违约责任。违约当事人与第三人之间的关系属于合同以外的关系，承担了违约责任的当事人可以依据公平原则再向该第三人要求赔偿。

4. 承担违约责任的方式

（1）违约金和赔偿金。违约金是指违约方根据法律或合同的约定，向对方支付的一定金额的货币，这个金额一般由双方当事人事先在合同中约定。实际违约行为发生后，无论违约行为是否给对方造成损失，都要支付违约金，如果约定的违约金过于高出实际损失，可以请求适当减少违约金数额；如果约定的违约金不足以弥补对方的实际损失，则可以请求增加违约金数额以弥补实际损失。

现实中，实际损失由于存在直接损失和间接损失，其计算有时很难有确切的标准，当事人容易由此引发进一步的纠纷。所以当事人在合同中约定违约责任条款时，也应同时约定实际损失的计算范围和计算办法，一般赔偿金的数额不得超过违反合同一方订立合同时预见到或应当预见到的因违反合同可能造成的损失。

（2）价格制裁。《民法典》第五百一十三条规定："执行政府定价或者政府指导价的，在合同约定的交付期限内政府价格调整时，按照交付时的价格计价。逾期交付标的物的，遇价格上涨时，按照原价格执行；价格下降时，按照新价格执行。逾期提取标的物或者逾期付款的，遇价格上涨时，按照新价格执行；价格下降时，按照原价格执行。"这一规定的实质是强制性执行对于违约方不利的价格，是对逾期交货或逾期付款这类违约行为进行的价格制裁。

（3）继续履行合同义务。对于履行非金钱债务的合同，违约方承担相应的法律责任后，如果对方要求继续履行合同的，违约方不得以已经承担了违约责任为由而拒绝继续履行合同。当然该项责任不是无限制的，如果该项履行在法律上或者事实上不能履行，债务的标的不适于强制履行或履行费用过高，或者债权人在合理期限内未要求履行时，便不能再适用继续履行义务的责任方式。

二、解决争议的方法

合同争议是指合同当事人双方对合同规定的权利和义务产生了不同的理解。当事人之间的合同多样而复杂，因合同引起相互间的争议是经常发生的。合同争议不可避免，争议一旦发生，当事人总是寻求能够尽快、公平、低成本地解决争议，为此法律规定当事人可以约定争议的解决方式。

解决争议的方式有协商、调解、仲裁和诉讼。

协商和调解是成本最低的解决争议的方式，但不具有法律上的强制约束力，因而也不是法定的纠纷解决的必经程序；仲裁和诉讼是具有法律效力的纠纷解决途径，仲裁裁决和诉讼判决都具有终局效力，当事人或寻求仲裁解决，或诉至法院解决。当事人对此享有自主选择的权利。

仲裁是由合同双方当事人选定的仲裁机构或仲裁员，对合同争议依法做出具有法律约束力的书面裁决来解决争议的一种方法。当事人不愿协商、调解或协商、调解不成的，可以根据合同中的仲裁条款或事后达成的书面仲裁协议，提交仲裁机构仲裁。双方的仲裁协议一经成立即具有法律约束力。

仲裁机构受理仲裁案件并行使管辖的权力是根据仲裁协议规定享有的，仲裁委员会做出的生效的裁决书具有法律效力，当事人应当自觉执行裁决。不执行的，另一方当事人可以申请有管辖权的人民法院强制执行。裁决做出后，当事人就同一纠纷再申请仲裁或者向人民法院起诉，仲裁委员会或者人民法院不予受理。但当事人对仲裁协议的效力有异议的，可以请求仲裁委员会做出决定或者请求人民法院做出裁定。

诉讼是指合同当事人依法将合同争议提交人民法院受理，由人民法院依司法程序通过调查、做出判决、采取强制措施等来处理纠纷。当事人在合同中未约定仲裁条款，事后又未达成书面仲裁协议或者仲裁协议无效的，可以向法院起诉。

对于一般的合同争议，由被告住所地或合同履行地人民法院管辖。《中华人民共和国民事诉讼法》也允许合同当事人在书面协议中选择被告住所地、合同履行地、合同签订地、原告住所地、标的物所在地的人民法院管辖。对于建设工程合同的纠纷一般适用不动产所在地的专属管辖，由工程所在地人民法院管辖。

课题六　合　同　担　保

合同当事人可能会由于对方的违约而无法实现自身的利益。合同担保可以有效保障守约方利益。合同的担保活动由《民法典》调整。

一、合同担保的规定

1. 合同担保的含义

合同的担保是指合同当事人一方或第三方以确保合同能够切实履行为目的，应另一方要求，而采取的保证措施。

在工程建设活动中常见的担保形式有预付款支付担保、投标担保、履约担保和工程款支付担保。

在担保法律关系中，担保权人就是债权人，担保人可能是债务人或者第三人。在《民法典》规定的五种担保形式中，保证的担保人只能是第三人；抵押和质押的担保人可以是债务人，也可以是第三人；留置和定金的担保人只能是债务人。

合同的担保可以有效保证债权人权利的实现。

2. 担保活动的原则

《民法典》规定，担保活动应当遵循平等、自愿、公平、诚实信用的原则。

3. 担保合同

从事担保活动需要签订担保合同，由担保合同约定有关担保的事项。担保合同是主合同的从合同，若主合同无效，则担保合同无效。

《民法典》第三百八十八条规定："设立担保物权，应当依照本法和其他法律的规定订立担保合同。担保合同包括抵押合同、质押合同和其他具有担保功能的合同。担保合同是主债权债务合同的从合同。主债权债务合同无效的，担保合同无效，但是法律另有规定的除外。担保合同被确认无效后，债务人、担保人、债权人有过错的，应当根据其过错各自承担相应的民事责任。"

担保合同作为合同的一种，自然也存在无效的可能。如果担保合同无效，债权人的利益就无法得到保障，这就要区分导致担保合同无效的原因追究责任，以弥补债权人的损失。同时，由于导致担保合同无效的原因可能是违反了法律，当事人可能也要承担责任。

二、合同担保的方式

1. 保证

保证，是指保证人和债权人约定，当债务人不履行债务时，保证人按照约定履行债务或者承担责任的行为。

（1）保证合同。保证人与债权人应当以书面形式订立保证合同。保证合同应当包括以下内容：

1）被保证的主债权的种类、数额。
2）债务人履行债务的期限。
3）保证的方式。
4）保证担保的范围。
5）保证的期间。
6）双方认为需要约定的其他事项。保证合同不完全具备前款规定内容的，可以补正。

保证人与债权人可以就单个主合同分别订立保证合同，也可以协商在最高债权额限度内就一定期间连续发生的借款合同或者某项商品交易合同订立一个保证合同。

（2）担保范围。保证担保的范围包括主债权及利息、违约金、损害赔偿金和实现债权的费用。保证合同另有约定的，按照约定。

当事人对保证担保的范围没有约定或者约定不明确的，保证人应当对全部债务承担责任。保证人承担保证责任后，有权向债务人追偿。

（3）保证人的资格条件。具有代为清偿债务能力的法人、其他组织或者公民，可以作保证人。同时，《民法典》第六百八十三条规定："机关法人不得为保证人，但是经国务院批准为使用外国政府或者国际经济组织贷款进行转贷的除外。以公益为目的的非营利法人、非法人组织不得为保证人。"

（4）保证方式。保证的方式分为一般保证和连带责任保证。当事人对保证方式没有约定或者约定不明确的，按照连带责任保证承担保证责任。

1）一般保证。一般保证是指债权人和保证人约定，首先由债务人清偿债务，当债务人不能清偿债务时，才由保证人代为清偿债务。

《民法典》第六百九十三条规定："一般保证的债权人未在保证期间对债务人提起诉讼或者申请仲裁的，保证人不再承担保证责任。"

2）连带责任保证。连带责任保证是指当事人在保证合同中约定保证人与债务人对债务承担连带责任。

《民法典》第六百九十三条规定："连带责任保证的债权人未在保证期间请求保证人承担保证责任的，保证人不再承担保证责任。"

(5) 保证期间：

1) 保证期间的含义。保证期间是指保证人承担保证责任的期间。《民法典》第六百九十四条规定："一般保证的债权人在保证期间届满前对债务人提起诉讼或者申请仲裁的，从保证人拒绝承担保证责任的权利消灭之日起，开始计算保证债务的诉讼时效。连带责任保证的债权人在保证期间届满前请求保证人承担保证责任的，从债权人请求保证人承担保证责任之日起，开始计算保证债务的诉讼时效。"

2) 保证期间内的合同变更。保证期间，债权人依法将主债权转让给第三人的，保证人在原保证担保的范围内继续承担保证责任。保证合同另有约定的，按照约定。

保证期间，债权人许可债务人转让债务的，应当取得保证人书面同意，保证人对未经其同意转让的债务，不再承担保证责任。

债权人与债务人协议变更主合同的，应当取得保证人书面同意，未经保证人书面同意的，保证人不再承担保证责任。保证合同另有约定的，按照约定。

2. 抵押

抵押，是指债务人或者第三人不转移对财产的占有，将该财产作为债权的担保，债务人不履行债务时，债权人有权依照《民法典》规定以该财产折价或者以拍卖、变卖该财产的价款优先受偿。

抵押担保的当事人包括抵押权人、抵押人。其中，抵押权人就是债权人，抵押人包括债务人或者第三人。提供担保的财产为抵押物。

(1) 抵押合同。抵押人和抵押权人应当以书面形式订立抵押合同。抵押合同应当包括以下内容：

1) 被担保的主债权的种类、数额。
2) 债务人履行债务的期限。
3) 抵押物的名称、数量、质量、状况、所在地、所有权权属或者使用权权属。
4) 抵押担保的范围。
5) 当事人认为需要约定的其他事项。

抵押合同不完全具备上述规定内容的，可以补正。

订立抵押合同时，抵押权人和抵押人在合同中不得约定在债务履行期届满抵押权人未受清偿时，抵押物的所有权转移为债权人所有。

(2) 抵押担保的范围。抵押担保的范围包括主债权及利息、违约金、损害赔偿金和实现抵押权的费用。抵押合同另有约定的，按照约定。

为债务人抵押担保的第三人，在抵押权人实现抵押权后，有权向债务人追偿。

(3) 抵押物：

1) 可以作为抵押物的财产。《民法典》第三百九十五条规定，债务人或者第三人有权处分的下列财产可以抵押：建筑物和其他土地附着物；建设用地使用权；海域使用权；生产设备、原材料、半成品、产品；正在建造的建筑物、船舶、航空器；交通运输工具；法律、行政法规未禁止抵押的其他财产。

抵押人可以将上述所列财产一并抵押。

2) 禁止抵押的财产。根据《民法典》第三百九十九条规定，下列财产不得抵押：

① 土地所有权。

② 宅基地、自留地、自留山等集体所有的土地使用权，但是法律规定可以抵押的除外。

③ 学校、幼儿园、医疗机构等为公益目的成立的非营利法人的教育设施、医疗卫生设施和其他公益设施。

④ 所有权、使用权不明或者有争议的财产。

⑤ 依法被查封、扣押、监管的财产。

⑥ 法律、行政法规规定不得抵押的其他财产。

（4）抵押合同的生效。抵押合同生效分为两种情况：抵押合同自登记之日起生效和抵押合同自签订之日起生效。

1）抵押合同自登记之日起生效。以下列财产进行抵押的，抵押合同自登记之日起生效，其登记部门由于抵押物的不同而不同：

① 以无地上定着物的土地使用权抵押的，为核发土地使用权证书的土地管理部门。

② 以城市房地产或者乡（镇）、村企业的厂房等建筑物抵押的，为县级以上地方人民政府规定的部门。

③ 以林木抵押的，为县级以上林木主管部门。

④ 以航空器、船舶、车辆抵押的，为运输工具的登记部门。

⑤ 以企业的设备和其他动产抵押的，为财产所在地的工商行政管理部门。

2）抵押合同自签订之日起生效。当事人以其他财产抵押的，可以自愿办理抵押物登记，抵押合同自签订之日起生效。当事人办理抵押物登记的，登记部门为抵押人所在地的公证部门。

（5）抵押的效力。债务履行期届满，债务人不履行债务致使抵押物被人民法院依法扣押的，自扣押之日起抵押权人有权收取由抵押物分离的天然孳息以及抵押人就抵押物可以收取的法定孳息。抵押权人未将扣押抵押物的事实通知应当清偿法定孳息的义务人的，抵押权的效力不及于该孳息。前述孳息应当先充抵收取孳息的费用。

抵押期间，抵押人转让已办理登记的抵押物的，应当通知抵押权人并告知受让人转让物已经抵押的情况；抵押人未通知抵押权人或者未告知受让人的，转让行为无效。

转让抵押物的价款明显低于其价值的，抵押权人可以要求抵押人提供相应的担保；抵押人不提供的，不得转让抵押物。

抵押人转让抵押物所得的价款，应当向抵押权人提前清偿所担保的债权或者向与抵押权人约定的第三人提存。超过债权数额的部分，归抵押人所有，不足部分由债务人清偿。

抵押人的行为足以使抵押物价值减少的，抵押权人有权要求抵押人停止其行为。抵押物价值减少时，抵押权人有权要求抵押人恢复抵押物的价值，或者提供与减少的价值相当的担保。

抵押人对抵押物价值减少无过错的，抵押权人只能在抵押人因损害而得到的赔偿范围内要求提供担保。抵押物价值未减少的部分，仍作为债权的担保。

抵押权因抵押物灭失而消灭。因灭失所得的赔偿金，应当作为抵押财产。

（6）抵押权的实现。债务履行期届满抵押权人未受清偿的，可以与抵押人协议以抵押物折价或者以拍卖、变卖该抵押物所得的价款受偿；协议不成的，抵押权人可以向人民法院提起诉讼。

抵押物折价或者拍卖、变卖后，其价款超过债权数额的部分归抵押人所有，不足部分由债务人清偿。

同一财产向两个以上债权人抵押的，拍卖、变卖抵押物所得的价款按照以下规定清偿：

1）抵押合同已登记生效的，按照抵押物登记的先后顺序清偿；顺序相同的，按照债权比例清偿。

2）抵押合同自签订之日起生效的，该抵押物已登记的，按照上述1）的规定清偿；未登记的，按照合同生效时间的先后顺序清偿，顺序相同的，按照债权比例清偿。抵押物已登记的先于未登记的受偿。

3. 质押

质押是指债务人或者第三人将其动产或权利移交债权人占有，将该动产作为债权的担保。债务人不履行债务时，债权人有权依照法律规定以该动产折价或者以拍卖、变卖该动产的价款优先受偿。

质押担保的当事人包括质权人、出质人、债务人。其中，质权人就是债权人，出质人包括第三人或债务人。移交的动产或权利叫质物。

（1）质押合同。出质人和质权人应当以书面形式订立质押合同。质押合同自质物移交于质权人占有时生效。质押合同应当包括以下内容：

1）被担保的主债权的种类、数额。
2）债务人履行债务的期限。
3）质物的名称、数量、质量、状况。
4）质押担保的范围。
5）质物移交的时间。
6）当事人认为需要约定的其他事项。

质押合同不完全具备上述规定内容的，可以补正。

出质人和质权人在合同中不得约定在债务履行期届满质权人未受清偿时，质物的所有权转移为质权人所有。

（2）质押担保的范围。质押担保的范围包括主债权及利息、违约金、损害赔偿金、质物保管费用和实现质权的费用。质押合同另有约定的，按照约定。

为债务人质押担保的第三人，在质权人实现质权后，有权向债务人追偿。

（3）质押担保的分类。因质物的不同，质押担保可以分为动产质押和权利质押。

1）动产质押：

① 质权人的权利。质权人有权收取质物所生的孳息。质押合同另有约定的，按照约定。上述孳息应当先充抵收取孳息的费用。

质物有损坏或者价值明显减少的可能，足以危害质权人权利的，质权人可以要求出质人提供相应的担保。出质人不提供的，质权人可以拍卖或者变卖质物，并与出质人协议将拍卖或者变卖所得的价款用于提前清偿所担保的债权或者向与出质人约定的第三人提存。

② 质权人的义务。质权人负有妥善保管质物的义务。因保管不善致使质物灭失或者毁损的，质权人应当承担民事责任。

质权人不能妥善保管质物可能致使其灭失或者毁损的，出质人可以要求质权人将质物提存，或者要求提前清偿债权而返还质物。

质权因质物灭失而消灭，因灭失所得的赔偿金，应当作为质押财产。

③ 质权的实现。债务履行期届满债务人履行债务的，或者出质人提前清偿所担保的债权的，质权人应当返还质物。

债务履行期届满质权人未受清偿的，可以与出质人协议以质物折价，也可以依法拍卖、变卖质物。

质物折价或者拍卖、变卖后，其价款超过债权数额的部分归出质人所有，不足部分由债务人清偿。

2）权利质押：

① 权利质押合同的生效。以汇票、支票、本票、债券、存款单、仓单、提单质押的，应当在合同约定的期限内将权利凭证交付质权人。质押合同自权利凭证交付之日起生效。

以依法可以转让的股票质押的，出质人与质权人应当订立书面合同，并向证券登记机构办理质押登记。质押合同自登记之日起生效。

以依法可以转让的商标专用权，专利权、著作权中的财产权质押的，出质人与质权人应当订立书面合同，并向其管理部门办理质押登记。质押合同自登记之日起生效。

② 当事人的权利、义务。以载明兑现或者提货日期的质物质押且该兑现或者提货日期先于债务履行期的，质权人可以在债务履行期届满前兑现或者提货，并与出质人协议将兑现的价款或者提取的货物用于提前清偿所担保的债权或者向与出质人约定的第三人提存。

股票质押后，不得转让，但经出质人与质权人协商同意的可以转让。出质人转让股票所得的价款应当向质权人提前清偿所担保的债权或者向与质权人约定的第三人提存。

以依法可以转让的商标专用权，专利权、著作权中的财产权质押的，权利质押后，出质人不得转让或者许可他人使用，但经出质人与质权人协商同意的可以转让或者许可他人使用。出质人所得的转让费、许可费应当向质权人提前清偿所担保的债权或者向与质权人约定的第三人提存。

4. 留置

留置，是指债权人按照合同约定占有债务人的动产，债务人不按照合同约定的期限履行债务的，债权人有权依照《民法典》规定留置该财产，以该财产折价或者以拍卖、变卖该财产的价款优先受偿的担保方式。

因保管合同、运输合同、加工承揽合同发生的债权，债务人不履行债务的，债权人有留置权。法律规定可以留置的其他合同，也适用留置的法律规定。

（1）留置担保的范围。留置担保的范围包括主债权及利息、违约金、损害赔偿金、留置物保管费用和实现留置权的费用。

（2）留置物。依法被留置的财产为留置物。留置的财产为可分物的，留置物的价值应当相当于债务的金额。当事人可以在合同中约定不得留置的物。债权人负有妥善保管留置物的义务。因保管不善致使留置物灭失或者毁损的，债权人应当承担民事责任。

（3）留置权的实现。债权人与债务人应当在合同中约定，债权人留置财产后，债务人应当在不少于两个月的期限内履行债务。债权人与债务人在合同中未约定的，债权人留置债务人财产后，应当确定两个月以上的期限，通知债务人在该期限内履行债务。债务人逾期仍不履行的，债权人可以与债务人协议以留置物折价，也可以依法拍卖、变卖留置物。

留置物折价或者拍卖、变卖后，其价款超过债权数额的部分归债务人所有，不足部分由债务人清偿。

5. 定金

定金是以一方当事人向另一方当事人提供一定数额的金钱作为担保的担保方式。定金应当以书面形式约定。当事人在定金合同中应当约定交付定金的期限。定金合同从实际交付定金之日起生效。定金的数额由当事人约定，但不得超过主合同标的额的20%。债务人履行债务后，定金应当抵作价款或者收回。给付定金的一方不履行约定的债务的，无权要求返还定金；收受定金的一方不履行约定的债务的，应当双倍返还定金。

拓展讨论

党的二十大报告提出，坚持全面依法治国，推进法治中国建设。我们要坚持走中国特色社会主义法治道路，建设中国特色社会主义法治体系、建设社会主义法治国家，围绕保障和促进社会公平正义，坚持依法治国、依法执政、依法行政共同推进，坚持法治国家、法治政府、法治社会一体建设，全面推进科学立法、严格执法、公正司法、全民守法，全面推进国家各方面工作法治化。

请思考：建设工程施工发包方和承包方各要承担哪些法律责任？

同步测试

一、单项选择题

1. 《中华人民共和国合同法》由中华人民共和国第九届全国人民代表大会第二次会议于（　　）通过。
   A. 1999年10月　　　B. 1999年3月　　　C. 2020年5月　　　D. 2021年3月

2. 《民法典》对合同生效规定了三种情形，不属于这三种情形的是（　　）。
   A. 成立生效　　　B. 批准登记生效　　　C. 约定生效　　　D. 签字生效

3. 下列选项中不属于《民法典》对无效合同的法律责任的规定的是（　　）。
   A. 返还财产　　　B. 赔偿损失　　　C. 追缴财产　　　D. 扣押财产

4. 《民法典》规定了合同转让的三种情况，其中不属于这三种情况的选项是（　　）。
   A. 合同权利转让　　　　　　　　B. 合同义务转让
   C. 合同权利义务一并转让　　　　D. 合同书的转让

5. 违约责任，是指当事人任何一方违约后，依照法律规定或者合同约定必须承担的法律制裁。关于承担违约责任的方式，《民法典》规定了三种主要方式，下列不属于其中之一的是（　　）。
   A. 继续履行合同　　　　　　　　B. 解除合同
   C. 价格制裁　　　　　　　　　　D. 违约金和赔偿金

6. 解决争议的方式有（　　）、调解、仲裁和诉讼。
   A. 协商　　　　　　　　　　　　B. 协议
   C. 协调　　　　　　　　　　　　D. 公证

7. 下列对合同概念理解错误的一项是（　　）。
   A. 合同的本质是当事人的合意
   B. 合同是一种协议

C. 合同是自愿、平等的
D. 合同的签订可以不经协商，由执法部门强制执行

8. 代理人代理授权人、委托人签订合同时，应向（　　）出示授权人签发的授权委托书，并在授权委托书写明的授权范围内订立合同。
   A. 债务人　　　　B. 第三人　　　　C. 债权人　　　　D. 法院

9. 合同关系的主体是（　　）。
   A. 债权人　　　　B. 债务人　　　　C. 债权人和债务人　　D. 债务和债权

10. 合同无效的根本原因在于（　　）。
    A. 未经合同当事人协商订立　　　　B. 同当事人一方毁约
    C. 合同违反法律规定或不具备法定条件　　D. 合同超过其执行期限

11. 当事人订立的合同被确认无效或者被撤销后，当事人的权利和义务（　　）。
    A. 结束　　　　　　　　　　　　B. 不完全结束
    C. 待定　　　　　　　　　　　　D. 由执法部门决定

12. 《民法典》中有关合同部分的核心内容是（　　）。
    A. 合同的订立　　　　　　　　　B. 合同的生效
    C. 债权人　　　　　　　　　　　D. 合同的履行

13. 合同中的自然人是指（　　）。
    A. 中国公民　　　　　　　　　　B. 外国公民
    C. 代理人　　　　　　　　　　　D. 中国人和外国人

14. 民事活动最重要的基本原则是（　　）。
    A. 平等自愿　　　　　　　　　　B. 公平、诚实信用
    C. 遵守法律，维护社会公共利益　　D. 依法成立的合同对当事人具有约束力

15. 合同法律关系的客体（即合同的核心）是（　　）。
    A. 数量　　　　B. 质量　　　　C. 价款　　　　D. 标的

16. 解决争议的方法，是指合同当事人（　　）。
    A. 选择解决合同纠纷的方式　　　B. 选择改变合同内容的方式
    C. 选择违约的责任人　　　　　　D. 通过共同商议来解决争议

17. 当事人如果在合同中既没有约定仲裁条款，事后又没有达成仲裁协议，那么当事人应通过（　　）途径解决合同纠纷。
    A. 审议　　　　B. 仲裁　　　　C. 诉讼　　　　D. 毁约

18. 《民法典》规定，当事人不履行合同义务或履行合同义务不符合约定时，就要承担违约责任，只有（　　）原因方可除外。
    A. 不可抗力　　B. 承诺超期　　C. 缔约过失　　D. 重大误解

二、多项选择题

1. 合同中关于不可抗力的约定称为不可抗力条款，一般来说，不可抗力条款应包括（　　）。
   A. 不可抗力的范围
   B. 不可抗力发生后，当事人一方通知另一方的期限
   C. 出具不可抗力证明的机构及证明的内容

D. 不可抗力发生后对合同的处置

E. 不可抗力期限

2. 一个不可抗力事件发生后，可能引起的法律后果是（   ）。

    A. 合同不能按期履行   B. 合同部分不能履行

    C. 合同全部不能履行   D. 撤销合同   E. 改变合同履行的条件

3. 根据《民法典》的规定，不可抗力的构成条件是（   ）。

    A. 可预见性   B. 不可预见性   C. 可避免性

    D. 不可避免性   E. 不可克服性

4. 下列情形可以依法解除合同的是（   ）。

    A. 因不可抗力致使不能实现合同目的

    B. 在履行期限届满之前，当事人一方明确表示或者以自己的行为表示不履行主要债务

    C. 当事人一方延迟履行主要债务，经催告后在合理期限内仍未履行

    D. 当事人一方延迟履行债务或者有其他违约行为致使不能实现合同目的

    E. 因不可抗力致使不能实现合同目的

5. 《民法典》对合同终止情形的规定中，下列选项中正确的是（   ）。

    A. 债务已经按照约定履行   B. 债务相互抵消   C. 债务人免除债权

    D. 合同解除   E. 债务人依法将标的物提存

6. 合同义务的转让（   ）。

    A. 也称债务承担

    B. 是指债务人将合同的义务全部或部分地转移给第三人的行为

    C. 债务人将合同的义务全部或者部分地转移给第三人的，可以不经债权人同意

    D. 债务人转移义务的，新债务人可以主张原债务人对债权人的抗辩

    E. 债务人转移义务的，新债务人应当承担与主债务有关的从债务，但该从债务专属于原债务人自身的除外

7. 《民法典》对债权让与做出了规定，其中不得转让的情形正确的是（   ）。

    A. 根据合同性质不得转让   B. 按照当事人约定不得转让

    C. 依照法律规定不得转让   D. 债权人不同意转让

    E. 债务人不同意转让

8. 《民法典》中规定的无效合同，下列选项属于无效合同的条款有（   ）。

    A. 一方因故不能履行合同

    B. 一方以欺诈、胁迫的手段订立合同

    C. 恶意串通，损害国家、集体或他人利益

    D. 以合法形式掩盖非法目的，损害社会公益

    E. 违反法律、行政法规的强制性规定

9. 《民法典》对要约效力的规定正确的是（   ）。

    A. 要约的订立   B. 要约的撤回   C. 要约的撤销

    D. 要约失效   E. 要约的重签

10. 承诺是受要约人同意要约的意思表示。根据《民法典》的规定，承诺生效应符合的条件有（   ）。

A. 承诺必须由受要约人向要约人做出　　B. 承诺可以由要约人向受要约人做出
C. 承诺的内容应当与要约的内容相一致　　D. 受要约人应当在承诺期限内做出承诺
E. 承诺应以通知的方式做出

11. 《民法典》规定合同一般条款包括（　　）。
A. 当事人的名称或者姓名和住所　　B. 合同当事人权利义务共同指向的对象
C. 履行的期限、地点和方式　　D. 质量是对标的的计量
E. 质量是标的的内在素质和外观形态的综合

12. 合同是平等主体的（　　）之间设立、变更、终止民事权利义务关系的协议。
A. 自然人　　B. 合同人　　C. 代理人　　D. 法人　　E. 其他组织

13. 合同可变更、撤销的条件是（　　）。
A. 一方对合同的签订不满　　B. 双方有误解而订立的
C. 一方以欺诈手段，迫使对方签订的　　D. 在订立合同中显失公平的
E. 乘人之危、引诱对方签订的

14. 合同的订立对当事人的条件有（　　）。
A. 属于自然人　　B. 属于代理人
C. 具有相应的民事权利能力　　D. 具有相应的民事行为能力
E. 属于依法可委托的代理人

15. 下列情况可以变更合同的有（　　）。
A. 甲、乙共同协商，达成一致协议
B. 甲以胁迫手段使乙签订合同
C. 甲对合同变更的内容不明确
D. 甲、乙两方对合同变更的内容定义与原合同相比找不出本质区别
E. 一方因不能履行合同，而愿意变更或撤销合同

16. 下列情形使格式合同无效的有（　　）。
A. 一方对条款理解不明　　B. 一方加重对方责任
C. 一方免除对方责任　　D. 一方排除对方主要权利
E. 一方向对方做出口头承诺

17. 当事人订立合同，采用的方式有（　　）。
A. 要约　　B. 格式条款合同　　C. 合同示范文本　　D. 承诺　　E. 协商

18. 下列不是订立合同的过程的是（　　）。
A. 要约承诺签字、盖章，合同成立　　B. 承诺要约签字、盖章，合同成立
C. 承诺协议签字、盖章，合同成立　　D. 协议承诺签字、盖章，合同成立
E. 要约承诺

19. 要约是希望和他人订立合同的意思表示，该意思表示应符合的规定是（　　）。
A. 内容详尽、具体　　B. 内容要确定
C. 要约人受意思约束　　D. 要约人受自己意思约束
E. 要约限定其在一定期限做出承诺的意思表示

20. 要约的撤销通知应在（　　）到达受要约人。
A. 受要约人发出承诺通知之前　　B. 要约到达被要约人之后

C. 要约未发出之前 　　　　　　　　　　D. 要约同时到达受要约人

E. 要约生效之后

21. 如果要约没有确定承诺期限，承诺应按（　　）处理。

A. 参照法律要求自定期限　　　B. 无期限永久有效　　　C. 一年的要约期限

D. 要约以对话方式做出的，应当即时做出承诺，但当事人另有约定的除外

E. 要约以非对话方式做出的，承诺应当在合理期限到达

22. 合同内容不明确，如质量要求不明确，可按（　　）规定执行。

A. 国家标准　　　　　B. 行业标准　　　　　C. 通常标准

D. 符合合同的特定标准　　　　　E. 合同一方的意思标准

23. 下列情形属于要约失效的有（　　）。

A. 要约人确定了承诺期限　　　　B. 拒绝要约的通知到达要约人

C. 要约人撤销要约　　　　　　　D. 承诺期届满，受要约人未做出承诺

E. 受要约人对要约的内容做出实质性变更

24. 有下列情形之一的，合同的权利义务终止（　　）。

A. 合同解除　　　B. 债务人免除债务　　　C. 债权债务同归于一人

D. 债务相互抵消　　　E. 债权人依法将标的物提存

25. 对下列选项的修改或增补是对要约内容实质性变更的是（　　）。

A. 合同标的　　　　　B. 合同质量　　　　　C. 增加建议性条款

D. 合同的报酬　　　　E. 增加说明条款

26. 下列情况中可以中断履行债务的是（　　）。

A. 经营状态严重恶化

B. 丧失商业信誉

C. 转移财产、抽逃资金以逃避债务

D. 有丧失或者可能丧失履行债务的能力

E. 当事人无确切证据中断履行债务

27. 《民法典》规定，债权人可以将债权的全部或者部分转让给第三人，但是有下列情形之一的除外（　　）。

A. 根据债权性质不得转让　　　　B. 按照当事人约定不得转让

C. 依照法律规定不得转让　　　　D. 根据债权内容不得转让

E. 按照债权人约定不得转让

28. 合同成立与合同生效是两个对立且相对独立的概念，两者区别表现为（　　）。

A. 合同成立是解决合同是否存在的问题，而合同生效是解决合同效力的问题

B. 合同成立是解决合同效力的问题，而合同生效是解决合同是否存在的问题

C. 合同成立的效力与合同生效的效力不同，合同成立后，当事人不得对自己的要约与承诺撤回；而合同生效以后当事人必须按约定履行，否则应承担违约责任

D. 合同成立的效力与合同生效的效力不同，合同成立后，当事人必须按约定履行；合同生效以后，当事人不得对自己的要约与承诺撤回，否则应承担违约责任

E. 合同不成立的后果仅表现在当事人之间产生的民事赔偿责任，一般为取缔要约过失责任；而合同无效的后果除了承担民事责任外，还要承担行政和刑事责任

29. 下列属于可撤销合同特征的是（　　　）。
A. 使可撤销合同效力消失的取决权仅在于撤销权人的意思
B. 可撤销合同在未被撤销以前属于有效合同
C. 撤销权一旦行使，合同成立之时的效力就消失
D. 合同具有可撤销因素，但撤销权人未有撤销行为，合同仍然有效
E. 合同具有可撤销因素，合同可以部分有效，部分无效

三、思考题

1. 试述合同的分类标准与区分的法律意义。
2. 试述《民法典》的基本原则。
3. 什么是要约？要约的构成要件有哪些？要约与要约邀请有何区别？要约失效的情形有哪些？
4. 什么是承诺？承诺的构成要件有哪些？承诺是否可以撤回？承诺是否可以撤销？
5. 什么是无效合同？无效合同具有哪些法律特征？
6. 什么是可撤销合同？可撤销合同具有哪些法律特征？
7. 什么是同时履行抗辩权？同时履行抗辩权的成立条件有哪些？
8. 什么是先履行抗辩权？先履行抗辩权的成立条件有哪些？
9. 什么是不安抗辩权？不安抗辩权的成立条件有哪些？
10. 什么是债权人的代位权？债权人行使代位权的法律要件有哪些？
11. 什么是债权人的撤销权？债权人行使撤销权的法律要件有哪些？
12. 什么是违约责任？违约责任具有哪些特征？
13. 定金与违约金、赔偿损失是否可以并用？

单元七

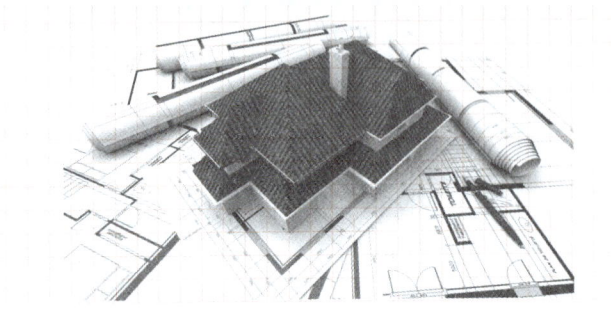

建设工程施工合同管理

知识目标

- 了解建设工程施工合同的概念。
- 熟悉《建设工程施工合同（示范文本）》(GF—2017—0201) 的内容。
- 熟悉施工合同管理中进度控制的方法、手段。
- 掌握施工合同管理中质量控制的方法、手段。
- 熟悉施工合同管理中投资控制的方法、手段。

能力目标

- 能应用《建设工程施工合同（示范文本）》(GF—2017—0201) 初步拟定施工合同。
- 具备依据合同内容处理工程施工中常见的进度管理问题、质量管理问题和工程结算问题的能力。
- 培养学生良好的职业道德、严谨的工作作风及诚实、守信的品质。

导 语

本单元共有五个课题，分别学习建设工程施工合同基本知识、《建设工程施工合同（示范文本）》(GF—2017—0201)、施工合同管理中的进度控制、施工合同管理中的质量控制、施工合同管理中的投资控制等内容。

课题一 建设工程施工合同基本知识

一、建设工程合同的概念

建设工程合同是指在工程建设过程中发包人与承包人就完成具体工程项目的建筑施工、设备安装与调试、工程保修服务，依法订立的、明确双方权利义务关系的协议。在建设工程合同中，承包人的主要义务是进行工程建设，权利是得到工程价款。发包人的主要义务是支付工程价款，权利是得到符合约定的、完整建筑产品。每个建设项目都可以分为不同的建设阶段，每一个阶段根据其建设内容的不同，参与的主体也不尽相同，各主体之间的经济关系靠合同这一特定的形式来维持。

建设工程施工合同是建设工程的主要合同之一，也是施工单位进行工程建设质量管理、进度管理、费用管理的主要依据之一。它与其他建设工程合同一样是一种双务合同，在订立时也应遵守自愿、公平、诚实信用等原则。

二、施工合同订立条件

1. 订立施工合同应具备的条件

（1）初步设计已经批准。
（2）工程项目已经列入年度建设计划。
（3）有能够满足施工需要的设计文件和有关技术资料。
（4）建设资金和主要建筑材料、设备来源已经落实。
（5）进行招（投）标的工程，中标通知书已经下达。

2. 订立施工合同应遵守的原则

（1）遵守国家法律法规和国家计划原则。建设工程施工对经济发展、社会生活有多方面的影响，国家有许多强制性的管理规定，施工合同当事人都必须遵守。

（2）平等、自愿、公平的原则。签订施工合同当事人双方，都具有平等的法律地位，任何一方都不得强迫对方接受不平等的合同条件，合同内容应当是双方当事人真实意思的体现。合同的内容应当是公平的，不能单纯损害一方的利益，对于显失公平的施工合同，当事人一方有权申请人民法院或者仲裁机构予以变更或者撤销。

（3）诚实信用原则。诚实信用原则要求在订立施工合同时要诚实，不得有欺诈行为，合同当事人应当如实将自身和工程的情况介绍给对方。在履行合同时，施工合同当事人要守信用，严格履行合同。

3. 施工合同的订立程序

施工合同作为合同的一种，其订立也应经过要约和承诺两个阶段。依据《招标投标法》的规定，中标通知书发出30日内，中标单位应与建设单位依据招标文件、投标书等签订建设工程施工合同。签订合同的必须是中标的施工企业，投标书中已确定的合同条款在签订时不得更改，合同价应与中标价相一致。如果中标施工企业拒绝与建设单位签订合同，则建设单位将不再返还其投标保证金或由银行等金融机构按照投标保函的约定承担相应的保证责任，建设行政主管部门或其授权机构还可给予一定的行政处罚。

三、建设工程合同的种类

1. 按承（发）包的工程范围进行划分

按承（发）包的工程范围进行划分，可以将建设工程合同分为建设工程总承包合同、建设工程承包合同、建设工程分包合同。发包人将工程建设的全过程发包给一个承包人的合同即为建设工程总承包合同。发包人将建设工程的勘察、设计、施工等的每一项分别发包给一个承包人的合同即为建设工程承包合同。建设工程的总承包人或勘察单位、设计单位、施工单位和第三人订立的，将自己承包的部分工作交由第三人完成的合同称为建设工程分包合同。工程分包必须经发包人同意。第三人就其完成的工作成果与总承包人或者勘察单位、设计单位、施工单位向发包人承担连带责任。承包人不得将其承包的全部建设工程肢解以后以分包的名义分别转包给第三人，也不得将建设工程主体结构的施工交由第三人完成。分包人必须具备相应的建设工程资质条件，且只能分包一次，即禁止分包单位将其承包的工程再分包。

2. 按照工程建设阶段划分

按照工程建设阶段划分，建设工程合同可以分为建设工程勘察合同、建设工程设计合同和建设工程施工合同三类。建设工程勘察合同是发包人与勘察人就完成商定的勘察任务明确双方权利义务的协议。建设工程设计合同是发包人与设计人就完成商定的设计任务明确双方权利义务的协议。建设工程施工合同是发包人与承包人就完成商定的建设工程项目的施工任务明确双方权利义务的协议。

3. 按照承包工程计价方式划分

按照承包工程计价方式划分，建设工程合同可分为总价合同、单价合同和成本加酬金合同。

（1）总价合同。总价合同是指在合同中确定一个完成建设工程的总价，承包单位据此完成项目全部内容的合同。这种合同类型能够使建设单位在评标时易于确定报价最低的承包单位，易于进行支付计算。但这类合同仅适用于工程量不太大且能精确计算、工期较短、技术不太复杂、风险不大的项目。采用这种合同类型时，一般要求建设单位必须准备详细而全面的设计图纸（一般要求提供施工详图）和各项说明，使承包单位能准确计算工程量。

（2）单价合同。单价合同是指承包单位按照在投标时，按招标文件中就部分分项工程所列出的工程量表确定各部分分项工程费用的合同类型。这类合同的适用范围比较宽，其风险可以得到合理的分摊，并且能鼓励承包单位通过提高工效等手段从成本节约中提高利润。这类合同能够成立的关键在于双方对单价和工程量计算方法的确认。在合同履行中需要注意的问题是双方对实际工程量计量的确认。

（3）成本加酬金合同。成本加酬金合同是指由建设单位向承包单位支付建设工程的实际成本，并按事先约定的某一种方式支付酬金的合同类型。在这类合同中，建设单位需承担项目实际发生的一切费用，因此也就承担了项目的全部风险；而承包单位由于无风险，其报酬往往也较低。这类合同的缺点是建设单位对工程总造价不易控制，承包单位也往往不注意降低项目成本。它主要适用于以下项目：需要立即开展工作的项目，如救灾工程；新型的工程项目，或对项目的工程内容及技术经济指标未确定；风险很大的项目。

四、合同结算类型的选择

合同结算类型的选择，取决于下列因素：

（1）业主的意愿。有的业主宁愿多出钱，一次以总价合同包死，以免以后加强对承包人的监督而带来麻烦。

（2）工程设计具体、明确的程度。如果承包合同不能规定得比较明确，双方都不会同意采用固定价格合同，只能订立成本加酬金合同。

（3）项目的规模及其复杂程度。规模大而复杂的项目，承包风险较大，不易估算准确，不宜采用固定价格合同。即使采用限额成本加酬金合同或目标成本加酬金合同也较困难，故以实际成本加固定酬金再加奖励合同为宜，或者有把握的部分采用固定价格合同，估算不准的部分采用成本加酬金合同。

（4）工程项目技术先进程度。若属新技术开发项目，甲、乙方都没有这方面的施工经验，一般以成本加酬金合同为宜，而不宜采用固定价格合同。

（5）承包人的意愿和能力。有的工程项目，对承包人来说已有相当的建设经验，如果要其建设这种类似的工程项目,只要项目不太大,承包人是愿意也有能力采用固定价格合同来承包工程的,因为总价合同可以取得更多的利润。当然,也会有承包人在总包项目建设时,考虑到自己的承担能力有限,决定一律采用成本加酬金合同,不采用固定价格合同。

(6) 工程进度的紧迫程度。招标过程是很费时间的,对工程设计要求也高,所以工程进度要求太紧时,一般不宜采用固定价格合同。可以采用成本加酬金的合同方式,选择有信誉有能力的承包人提前开工。

(7) 市场情况。如果只有一家承包人参加投标,又不同意采用固定价格合同,那么业主只能同意采用成本加酬金合同。如果有好几家承包人参加竞标,业主提出的要求,承包人一般是愿意考虑的。当然,如果承包人技术、管理水平高,信誉好,承包人愿意采取什么合同,业主也会考虑。

(8) 业主的工程监督力量如果比较弱,最好将工程由承包人以固定价格合同总承包。如果采用成本加酬金合同,就要求业主有足够的合格的监督人员,能对整个工程实行有效的控制。

(9) 外部因素或风险的影响。政治局势、通货膨胀、物价上涨、恶劣的气候条件等都会影响承包工程的合同结算方式。如果业主和承包人对工程建设期间的这些影响无法估计,承包人一般不愿采用固定价格合同,除非业主愿意在固定价格合同中附加一笔相当大的风险费用(即预备费)。

一个项目所采取的合同形式不是固定不变的,有时候一个项目中各个不同的工程部分,或不同阶段,就可能采取不同形式的合同。业主在制订项目分包合同规划时,必须根据实际情况,全面、反复地权衡各种利弊,做出最佳决策,选定本项目的分项合同种类和形式。

课题二 《建设工程施工合同(示范文本)》(GF—2017—0201)

一、《建设工程施工合同(示范文本)》(GF—2017—0201)的结构

根据有关建设工程施工的法律法规,结合我国建设工程施工的实际情况,并借鉴了国际上广泛使用的土木工程施工合同(特别是 FIDIC 合同条件),住房和城乡建设部和国家工商行政管理总局发布了《建设工程施工合同(示范文本)》(GF—2017—0201)。另外,建设部和国家工商行政管理总局于 2003 年发布了《建设工程施工专业分包合同(示范文本)》(GF—2003—0213)和《建设工程施工劳务分包合同(示范文本)》(GF—2003—0214)。

《建设工程施工合同(示范文本)》(GF—2017—0201)由合同协议书、通用合同条款、专用合同条款三部分组成,并附有 11 个附件。

(1) 合同协议书是《建设工程施工合同(示范文本)》(GF—2017—0201)的总纲性文件,规定了合同当事人双方最主要的权利义务关系,规定了组成合同的文件及当事人对履行合同义务的承诺;并且,合同当事人在这份文件上签字盖章,因此具有很高的法律效力。合同协议书的主要内容包括工程概况、合同工期、质量标准、签约合同价与合同价格形式、项目经理、合同文件构成、承诺以及合同生效条件等内容。

《建设工程施工合同(示范文本)》(GF—2017—0201)合同协议书摘录如下:

第一部分　合同协议书

发包人（全称）：＿＿＿＿＿＿＿＿＿＿＿＿＿＿＿＿＿＿＿＿＿＿＿＿＿＿＿＿＿＿

承包人（全称）：＿＿＿＿＿＿＿＿＿＿＿＿＿＿＿＿＿＿＿＿＿＿＿＿＿＿＿＿＿＿

根据《民法典》《建筑法》及有关法律规定，遵循平等、自愿、公平和诚实信用的原则，双方就＿＿＿＿＿＿＿＿＿＿＿＿＿＿工程施工及有关事项协商一致，共同达成如下协议：

一、工程概况

1. 工程名称：＿＿＿＿＿＿＿＿＿＿＿＿＿＿＿＿＿＿＿＿＿＿＿＿＿＿＿＿＿＿。

2. 工程地点：＿＿＿＿＿＿＿＿＿＿＿＿＿＿＿＿＿＿＿＿＿＿＿＿＿＿＿＿＿＿。

3. 工程立项批准文号：＿＿＿＿＿＿＿＿＿＿＿＿＿＿＿＿＿＿＿＿＿＿＿＿＿。

4. 资金来源：＿＿＿＿＿＿＿＿＿＿＿＿＿＿＿＿＿＿＿＿＿＿＿＿＿＿＿＿＿＿。

5. 工程内容：＿＿＿＿＿＿＿＿＿＿＿＿＿＿＿＿＿＿＿＿＿＿＿＿＿＿＿＿＿＿。

群体工程应附《承包人承揽工程项目一览表》。

6. 工程承包范围：

＿＿＿＿＿＿＿＿＿＿＿＿＿＿＿＿＿＿＿＿＿＿＿＿＿＿＿＿＿＿＿＿＿＿＿＿＿＿

＿＿＿＿＿＿＿＿＿＿＿＿＿＿＿＿＿＿＿＿＿＿＿＿＿＿＿＿＿＿＿＿＿＿＿＿＿＿。

二、合同工期

计划开工日期：＿＿＿＿＿＿年＿＿＿＿＿＿月＿＿＿＿＿＿日。

计划竣工日期：＿＿＿＿＿＿年＿＿＿＿＿＿月＿＿＿＿＿＿日。

工期总日历天数：＿＿＿＿＿＿天。工期总日历天数与根据前述计划开（竣）工日期计算的工期天数不一致的，以工期总日历天数为准。

三、质量标准

工程质量符合＿＿＿＿＿＿＿＿＿＿＿＿＿＿＿＿＿＿＿＿＿＿＿＿＿＿标准。

四、签约合同价与合同价格形式

1. 签约合同价为：

人民币（大写）＿＿＿＿＿＿＿＿＿＿（￥＿＿＿＿＿＿＿＿元）。

其中：

（1）安全文明施工费：

　　人民币（大写）＿＿＿＿＿＿＿＿＿＿（￥＿＿＿＿＿＿＿＿元）。

（2）材料和工程设备暂估价金额：

　　人民币（大写）＿＿＿＿＿＿＿＿＿＿（￥＿＿＿＿＿＿＿＿元）。

（3）专业工程暂估价金额：

　　人民币（大写）＿＿＿＿＿＿＿＿＿＿（￥＿＿＿＿＿＿＿＿元）。

（4）暂列金额：

　　人民币（大写）＿＿＿＿＿＿＿＿＿＿（￥＿＿＿＿＿＿＿＿元）。

2. 合同价格形式：＿＿＿＿＿＿＿＿＿＿＿＿＿＿＿＿＿＿＿＿＿＿＿＿＿＿＿。

五、项目经理

承包人项目经理：＿＿＿＿＿＿＿＿＿＿＿＿＿＿＿＿＿＿＿＿＿＿＿＿＿＿＿。

六、合同文件构成

本协议书与下列文件一起构成合同文件：

(1) 中标通知书（如果有）。
(2) 投标函及其附录（如果有）。
(3) 专用合同条款及其附件。
(4) 通用合同条款。
(5) 技术标准和要求。
(6) 图纸。
(7) 已标价工程量清单或预算书。
(8) 其他合同文件。

在合同订立及履行过程中形成的与合同有关的文件均构成合同文件组成部分。

上述各项合同文件包括合同当事人就该项合同文件所做出的补充和修改，属于同一类内容的文件，应以最新签署的为准。专用合同条款及其附件须经合同当事人签字或盖章。

七、承诺

1. 发包人承诺按照法律规定履行项目审批手续、筹集工程建设资金并按照合同约定的期限和方式支付合同价款。

2. 承包人承诺按照法律规定及合同约定组织完成工程施工，确保工程质量和安全，不进行转包及违法分包，并在缺陷责任期及保修期内承担相应的工程维修责任。

3. 发包人和承包人通过招（投）标形式签订合同的，双方理解并承诺不再就同一工程另行签订与合同实质性内容相背离的协议。

八、词语含义

本协议书中词语含义与第二部分通用合同条款中赋予的含义相同。

九、签订时间

本合同于_____年___月___日签订。

十、签订地点

本合同在_____签订。

十一、补充协议

合同未尽事宜，合同当事人另行签订补充协议，补充协议是合同的组成部分。

十二、合同生效

本合同自_____生效。

十三、合同份数

本合同一式____份，均具有同等法律效力，发包人执____份，承包人执____份。

发包人：　　（公章）　　　　　　承包人：　　（公章）

法定代表人或其委托代理人：　　　法定代表人或其委托代理人：
(签字)　　　　　　　　　　　　　(签字)

组织机构代码：_____　　　　组织机构代码：_____
地　　址：_____　　　　地　　址：_____
邮政编码：_____　　　　邮政编码：_____

法定代表人：_____　　　法定代表人：_____
委托代理人：_____　　　委托代理人：_____
电　　话：_____　　　电　　话：_____
传　　真：_____　　　传　　真：_____
电子信箱：_____　　　电子信箱：_____
开户银行：_____　　　开户银行：_____
账　　号：_____　　　账　　号：_____

（2）通用合同条款是根据《民法典》《建筑法》等法律法规对承（发）包双方的权利义务做出的规定，除双方协商一致对其中的某些条款做出了修改、补充或取消外，双方都必须履行。它是将建设工程施工合同中共性的一些内容抽象出来编写的一份完整的合同文件。通用合同条款具有很强的通用性，基本适用于各类建设工程。通用合同条款由20条117款组成。

（3）专用合同条款。考虑到建设工程的内容各不相同，工期、造价也随之变动，承包人、发包人的能力，施工现场的环境和条件也各不相同，通用合同条款不能完全适用于各个具体工程，因此配之以专用合同条款对其作必要的修改和补充，使通用合同条款和专用合同条款成为双方统一意愿的体现。

（4）附件。附件是对施工合同当事人的权利义务的进一步明确，并且使得施工合同当事人的有关工作一目了然，便于执行和管理。

二、施工合同文件的组成及解释顺序

《建设工程施工合同（示范文本）》（GF—2017—0201）第二部分第1.5条规定了合同文件的优先顺序。组成合同的各项文件应互相解释，互为说明。除专用合同条款另有约定外，解释合同文件的优先顺序如下：

（1）合同协议书。
（2）中标通知书（如果有）。
（3）投标函及其附录（如果有）。
（4）专用合同条款及其附件。
（5）通用合同条款。
（6）技术标准和要求。
（7）图纸。
（8）已标价工程量清单或预算书。
（9）其他合同文件。

上述各项合同文件包括合同当事人就该项合同文件所做出的补充和修改，属于同一类内容的文件，应以最新签署的为准。

在合同订立及履行过程中形成的与合同有关的文件均构成合同文件的组成部分，并根据其性质确定优先解释顺序。

三、施工合同双方的义务

（一）发包人义务

发包人应履行以下义务：

1. 提供施工现场、施工条件和基础资料

（1）提供施工现场。除专用合同条款另有约定外，发包人应最迟于开工日期7日前向承包人移交施工现场。

（2）提供施工条件。除专用合同条款另有约定外，发包人应负责提供施工所需要的条件，包括：

1）将施工用水、电力、通信线路等施工所必需的条件接至施工现场内。

2）保证向承包人提供正常施工所需要的进入施工现场的交通条件。

3）协调处理施工现场周围地下管线和邻近建筑物、构筑物、古树名木的保护工作，并承担相关费用。

4）按照专用合同条款约定应提供的其他设施和条件。

（3）提供基础资料。发包人应当在移交施工现场前向承包人提供施工现场及工程施工所必需的毗邻区域内供水、排水、供电、供气、供热、通信、广播电视等的地下管线资料，气象和水文观测资料，地质勘察资料，相邻建筑物、构筑物和地下工程等有关基础资料，并对所提供资料的真实性、准确性和完整性负责。

按照法律规定确需在开工后方能提供的基础资料，发包人应尽其努力及时地在相应工程施工前的合理期限内提供，合理期限应以不影响承包人的正常施工为限。

2. 逾期提供的责任

因发包人原因未能按合同约定及时向承包人提供施工现场、施工条件、基础资料的，由发包人承担由此增加的费用和（或）延误的工期。

3. 资金来源证明及支付担保

除专用合同条款另有约定外，发包人应在收到承包人要求提供资金来源证明的书面通知后28日内，向承包人提供能够按照合同约定支付合同价款的相应资金来源证明。

除专用合同条款另有约定外，发包人要求承包人提供履约担保的，发包人应当向承包人提供支付担保。支付担保可以采用银行保函或担保公司担保等形式，具体由合同当事人在专用合同条款中约定。

4. 支付合同价款

发包人应按合同约定向承包人及时支付合同价款。

5. 组织竣工验收

发包人应按合同约定及时组织竣工验收。

6. 现场统一管理协议

发包人应与承包人、由发包人直接发包的专业工程的承包人签订施工现场统一管理协议，明确各方的权利义务。施工现场统一管理协议作为专用合同条款的附件。

（二）承包人义务

承包人应履行以下义务：

（1）办理法律规定应由承包人办理的许可和批准，并将办理结果书面报送发包人留存。

（2）按法律规定和合同约定完成工程，并在保修期内承担保修义务。

（3）按法律规定和合同约定采取施工安全和环境保护措施，办理工伤保险，确保工程及人员、材料、设备和设施的安全。

（4）按合同约定的工作内容和施工进度要求，编制施工组织设计和施工措施计划，并对所有施工作业和施工方法的完备性和安全可靠性负责。

（5）在进行合同约定的各项工作时，不得侵害发包人与他人使用公用道路、水源、市政管网等公共设施的权利，避免对邻近的公共设施产生干扰。承包人占用或使用他人的施工场地，影响他人作业或生活的，应承担相应责任。

（6）按照《建设工程施工合同（示范文本）》（GF—2017—0201）第6.3条的约定负责施工场地及其周边环境与生态的保护工作。

（7）按《建设工程施工合同（示范文本）》（GF—2017—0201）第6.1条的约定采取施工安全措施，确保工程及其人员、材料、设备和设施的安全，防止因工程施工造成的人身伤害和财产损失。

（8）将发包人按合同约定支付的各项价款专用于合同工程，且应及时支付其雇用人员工资，并及时向分包人支付合同价款。

（9）按照法律规定和合同约定编制竣工资料，完成竣工资料的立卷及归档，并按专用合同条款约定的竣工资料的套数、内容、时间等要求移交给发包人。

（10）应履行的其他义务。

【案例1】

1. 背景

某建设单位采用工程量清单报价形式对某建设工程项目进行邀请招标，在招标文件中发包人提供了工程量清单、工程量暂定数量、工程量计算规则、分部分项工程单价组成原则、合同文件内容、投标人填写的综合单价，工程造价暂定800万元，合同工期12个月。某施工单位中标承接了该项目，双方参照《建设工程施工合同（示范文本）》（GF—2017—0201）签订了固定价格合同。

在工程施工过程中，遇到了特大暴雨引发的山洪，现场临时道路、管网和其他临时设施遭到损坏。该施工单位认为合同文件的优先解释顺序是：①本合同协议书；②本合同专用条款；③本合同通用条款；④中标通知书；⑤投标书及附件；⑥标准、规范及有关技术文件；⑦工程量清单；⑧图纸；⑨工程报价单或预算书。合同履行中，发包人、承包人有关工程的洽商、变更等书面协议或文件视为本合同的组成部分。此外，施工过程中，钢筋价格由原来的3500元/t，上涨到4300元/t，该施工单位经过计算，认为中标的钢筋制作、安装的综合单价每吨亏损800元，于是，施工单位向建设单位提出索赔，请求给予酌情补偿。

2. 问题

（1）你认为案例中合同文件的优先解释顺序是否妥当？请给出合理的合同文件的优先解释顺序。

（2）施工单位就特大暴雨事件提出的索赔能否成立？为什么？

（3）施工单位就钢筋涨价事件提出的索赔能否成立？为什么？

（4）因不可抗力事件造成的时间及经济损失应由谁来承担，应采用哪些具体方法解决问题？

3. 分析

本案例主要考核对建设工程施工合同文件组成的掌握，主要依据是《民法典》以及《建设工程施工合同（示范文本）》（GF—2017—0201）的相关内容。

4. 答案

（1）不妥当。合理的合同文件的优先解释顺序是：①本合同协议书，合同履行中，发包人、承包人有关工程的洽商、变更等书面协议或文件视为本合同的组成部分；②中标通知书；③投标函及其附录；④专用合同条款及其附件；⑤通用合同条款；⑥技术标准和要求；⑦图纸；⑧已标价工程量清单或预算书；⑨其他合同文件。

（2）能成立。因特大暴雨事件引发的山洪，应按不可抗力处理由此引起的索赔问题。已损坏的现场临时道路、管网和其他临时设施等的经济损失应由建设单位承担，工期顺延。

（3）不能成立。根据合同文件中招标文件和专用合同条款的有关约定，该建设工程项目属于固定价格合同，合同价款不再调整。

（4）不可抗力事件造成的时间及经济损失，应由双方按以下方法分别承担：

1）工程本身的损害、因工程损害导致第三人人员伤亡和财产损失以及运至施工场地用于施工的材料和待安装的设备的损害，由发包人承担。

2）发包人、承包人的人员伤亡由其所在单位负责，并承担相应费用。

3）承包人机械设备损坏及停工损失，由承包人承担。

4）停工期间，承包人应监理单位要求留在施工场地的必要的管理人员及保卫人员的费用由发包人承担。

5）工程所需清理、修复费用，由发包人承担。

6）延误的工期相应顺延。

【案例2】

1. 背景

某建设项目结构工程完成后，在装修工程图纸设计没有完成前，业主通过招标选择了一家装修总承包单位承包该工程的装修任务，由于设计工作尚未完成，承包范围内待实施的工程虽性质明确，但工程量难以确定，双方商定拟采用总价合同形式签订施工合同，以减少双方的风险。施工合同签订前，业主委托本工程监理单位协助审核施工合同。监理工程师在审核业主（甲方）与施工单位（乙方）草拟的施工合同条件时，发现合同中有以下条款：

（1）施工合同的解释顺序为：合同协议书、技标书及其附件、中标通知书、通用合同条款、专用合同条款、标准及规范、工程量清单、图纸。

（2）乙方按监理工程师批准的施工组织设计（或施工方案）组织施工，乙方不应承担因此引起的工期延误和费用增加的责任。

（3）乙方不得将工程转包，但允许分包，也允许分包单位将分包的工程再次分包。

（4）监理工程师的检验不应影响施工正常进行，如影响施工正常进行，检验不合格时，影响正常施工的费用由承包人承担，工期不予顺延；除此之外，影响正常施工的追加合同价款由发包人承担，相应顺延工期。

（5）乙方应按协议条款约定的时间，向监理工程师提交实际完成工程量的报告，监理工程师接到报告后7日内按乙方提供的实际完成的工程量报告核实工程量（计量），并在计量完成24h内通知乙方。

（6）乙方努力使工期提前的，可按工程因提前投入使用所产生利润的一定比例获得奖金。

2. 问题

（1）业主与施工单位选择的总价合同形式是否恰当？为什么？

（2）指出所提供的合同条款的不妥之处，应如何改正？

3. 答案

(1) 本合同不宜采用总价合同形式，因为该项目装修工程图纸设计尚未完成，工程量难以确定。

(2) 合同条款不妥之处有：

1) 第1条施工合同解释顺序不妥。应改正为："施工合同的解释顺序为：①本合同协议书；②中标通知书；③投标函及其附录；④专用合同条款及其附件；⑤通用合同条款；⑥技术标准和要求；⑦图纸；⑧已标价工程量清单或预算书；⑨其他合同文件。"

2) 第2条"乙方不应承担因此引起的工期延误和费用增加的责任"不妥。应改正为："乙方按监理工程师批准的施工组织设计（或施工方案）组织施工，不应承担由于非自身原因引起的工期延误和费用增加的责任。"

3) 第3条"也允许分包单位将分包的工程再次分包"不妥。应改正为："不允许分包单位再次分包。"

4) 第4条正确。

5) 第5条"监理工程师接到报告后7日内按乙方提供的实际完成的工程量报告核实工程量（计量）"不妥。应改正为："监理工程师接到报告后7日内按设计图纸对已完工程量进行计量。"

6) 第6条"可按工程因提前投入使用所产生利润的一定比例获得奖金"不妥。应改正为："按合同规定得到奖励。"

【案例3】

1. 背景

某综合楼工程采用总承包模式，根据总包合同，总包单位将地基基础工程分包给某施工单位。总包单位在自购钢筋进场之前按要求向专业监理工程师提交了质量保证资料，在监理员见证下取样送检，经法定检测单位检测证明钢筋性能合格，监理工程师经审查同意该批钢筋进场使用。但在进行基础工程的柱钢筋验收时，监理工程师发现分包单位未做钢筋焊接性能试验，监理工程师责令总包单位在监理人员见证下取样送检，试验发现钢筋焊接性能不合格。经过钢筋重新检验，最终确认是由于该批钢筋性能不合格造成的钢筋焊接性能不合格。监理工程师随即发出不合格项目通知，要求总包单位拆除不合格钢筋工程，同时报告业主代表。总包单位认为本批钢筋已由监理人员验收，不同意拆除，并提出若拆除，应延长工期10日，补偿直接损失40万元。

2. 问题

(1)《建设工程施工合同（示范文本）》(GF—2017—0201) 对施工单位采购材料的进场程序和相关责任是如何规定的？

(2) 如果钢筋是由建设单位采购的，进场程序和相关责任是如何规定的？

(3) 总包单位是否承担质量责任，为什么？该质量问题存在哪些索赔关系？

3. 答案

(1) 施工单位采购材料的进场程序和相关责任如下：

1) 承包人负责采购材料设备的，应按照专用合同条款的约定及设计或标准的要求采购，并提供产品合格证明，对材料设备质量负责。承包人在材料设备到货前24h通知监理工程师清点。

2) 承包人采购的材料设备与设计或标准要求不符时，承包人应按监理工程师要求的时间运出施工场地，重新采购符合要求的产品，并承担由此发生的费用，由此延误的工期不予顺延。

3) 承包人采购的材料设备在使用前，承包人应按监理工程师的要求进进行检验或试验，不合格的不得使用，检验或试验费用由承包人承担。

4) 监理工程师发现承包人采购并使用不符合设计或标准要求的材料设备时，应要求承包人负责修复、拆除或重新采购，并承担发生的费用，由此延误的工期不予顺延。

（2）建设单位采购钢筋的进场程序和相关责任如下：

1) 发包人按约定的内容提供材料设备，并向承包人提供产品合格证明，对其质量负责。发包人在所提供的材料设备到货前24h，以书面形式通知承包人，由承包人派人与发包人共同清点。

2) 发包人供应的材料设备，承包人派人参加清点后由承包人妥善保管，发包人支付相应的保管费用。因承包人原因发生丢失、损坏的，由承包人负责赔偿。

3) 发包人未通知承包人清点，承包人不负责材料设备的保管，发生丢失、损坏的由发包人负责。

4) 发包人供应的材料设备与所附表格不符时，由发包人承担有关责任。

5) 发包人供应的材料设备在使用前，由承包人负责检验或试验，不合格的不得使用，检验或试验费用由发包人承担。

（3）总包单位应承担质量责任，因为总包单位购进了不合格材料。该质量问题存在的索赔关系为分包单位向总包单位索赔工期和费用。如果该事件影响合同工期，业主可向总包单位索赔因工期延误导致的损失。

【案例4】

1. 背景

某开发公司投资兴建一栋普通商业楼工程项目，该商业楼建筑面积$4000m^2$，钢筋混凝土框架结构。招标文件中要求投标的企业应有同类工程的施工经验。按照公开招标的程序，经过资格预审及公开开标、评标后，甲建筑公司获得中标。中标后，甲建筑公司与开发公司签订了建筑安装工程承包合同，承包合同规定工程的合同方式采用固定总价合同，合同规定工期为18个月，合同总价为800万元。

2. 问题

（1）该工程项目的合同方式是否妥当？理由是什么？

（2）发包人和承包人应当在合同条款中对涉及工程价款结算的哪些事项进行约定？

3. 分析

本案例主要考查建设工程施工合同的类型及其适用性，以及合同价款约定的内容。

4. 答案

（1）该工程采用的合同方式妥当。固定总价合同一般适用于施工条件明确、工程量能够较准确地计算、工期较短、技术不太复杂、合同总价较低且风险不大的工程项目，本案例工程基本符合上述条件，故采用固定总价合同是合适的。

（2）根据《建设工程价款结算暂行办法》（财建〔2004〕369号）要求，发包人、承包人应当在合同条款中对涉及工程价款结算的下列事项进行约定：

1) 预付工程款的数额、支付时限及抵扣方式。
2) 工程款的支付方式、数额及时限。
3) 工程施工中发生变更时,工程价款的调整方法、索赔方式、时限要求及金额支付方式。
4) 发生工程价款纠纷的解决方法。
5) 约定承担风险的范围及幅度,以及超出约定范围和幅度的调整办法。
6) 工程竣工价款的结算与支付方式、数额及时限。
7) 工程质量保证(保修)金的数额、预扣方式及时限。
8) 安全措施和意外伤害保险费用。
9) 工期及工期提前或延后的奖惩办法。
10) 与履行合同、支付价款相关的担保事项。

《建设工程施工专业分包合同（示范文本）》（GF—2003—0213）、《建设工程施工劳务分包合同（示范文本)》（GF—2003—0214）

物资采购合同

工程转包

课题三　施工合同管理中的进度控制

进度控制条款是为促使合同当事人在合同规定的工期内完成施工任务,发包人按时做好准备工作,承包人按照施工进度计划组织施工;为监理工程师落实进度控制部门的人员、具体的控制任务和管理职能分工;为承包人落实具体的进度控制人员、编制合理的施工进度计划并监督其执行等提供依据。

进度控制可以分为施工准备、施工和竣工验收三个阶段。

一、施工准备阶段的进度控制

施工准备阶段的许多工作对施工的开始和进度有直接的影响,包括合同当事人对合同工期的约定、承包人提交施工进度计划、施工前其他准备工作(包括设计图纸的提供、材料及设备的采购)、延期开工的处理等。

1. 合同工期的约定

工期是指发包人和承包人在合同协议书中约定,按总日历天数(包括法定节假日)计算的承包天数。合同工期是指施工的工程从开工起到完成专用合同条款中约定的全部内容,工程达到竣工验收标准为止所经历的时间。

承(发)包双方必须在合同协议书中明确约定工期,包括开工日期和竣工日期。开工日期是指发包人和承包人在合同协议书中约定,承包人完成承包范围内工程的绝对或相对的日期。工程竣工验收通过的实际竣工日期是指发包人送交竣工验收报告的日期；工程按发包人要求修改后通过竣工验收的，实际竣工日期为承包人修改后提请发包人验收的日期。合同当事人应当在开工日期前做好一切开工的准备工作，承包人则应当按约定的开工日期开工。

对于群体工程，双方应在合同附件中具体约定不同单位工程的开工日期和竣工日期。对于大型、复杂的工程项目，除了约定整个工程的开工日期、竣工日期和合同工期的总日历天数外，还应约定重要里程碑事件的开工日期与竣工日期，以确保工期总目标的顺利实现。

2. 承包人提交施工进度计划

承包人应按专用合同条款约定的日期，将施工组织设计和工程进度计划提交给监理工程师，监理工程师按专用合同条款约定的时间予以确认或提出修改意见，逾期不确认也不提出书面意见的，则视为已经同意。群体工程中单位工程分期进行施工的，承包人应按照发包人提供的图纸及有关资料的时间，按单位工程编制进度计划，其具体内容在专用合同条款中约定，分别向监理工程师提交。

监理工程师对进度计划予以确认或者提出修改意见，并不免除承包人对施工组织设计和工程进度计划本身的缺陷所应承担的责任。监理工程师对进度计划予以确认的主要目的，是为监理工程师对进度进行控制提供依据。

3. 施工前其他准备工作

在开工前，合同双方还应该做好其他各项准备工作，如发包人应当按照专用合同条款的约定使施工场地具备施工条件，开通施工现场与公共道路之间的通道；承包人应当做好施工人员和设备的调配工作，按合同规定完成材料、设备的采购准备等。

对监理工程师而言，特别需要做好水准点与坐标控制点的交验，按时提供标准、规范。为了能够按时向承包人提供设计图纸，监理工程师需要做好协调工作，组织图纸会审和设计交底等。

4. 延期开工的处理

（1）承包人要求的延期开工。承包人应当按照协议书约定的开工日期开始施工。若承包人不能按时开工，应当不迟于协议书约定的开工日期前7日，以书面形式向监理工程师提出延期开工的理由和要求。监理工程师应当在接到延期开工申请后的48h内以书面形式答复承包人。监理工程师在接到申请后48h内不答复，视为已同意承包人要求，工期相应顺延。如果监理工程师不同意延期要求或承包人未在规定时间内提出延期开工要求，工期不予顺延。

（2）发包人原因的延期开工。因发包人原因导致不能按照合同协议书约定的日期开工，监理工程师应以书面形式通知承包人推迟开工日期。承包人对延期开工的通知没有否决权，但发包人应当赔偿承包人因此造成的损失，并相应顺延工期。

二、施工阶段的进度控制

工程开工后，合同履行就进入施工阶段，直到工程竣工。这一阶段进度控制条款的作用是控制施工任务在施工合同协议书规定的工期内完成。

1. 监理工程师对进度计划的检查与监督

工程开工后，承包人必须按照监理工程师批准的进度计划组织施工，接受监理工程师对进度的检查、监督。检查、监督的依据一般是双方已经确认的月进度计划。一般情况下，监理工程师每月检查一次承包人的进度计划执行情况，由承包人提交一份上月进度计划实际执行情况和本月的施工计划。同时，监理工程师还应进行必要的现场实地检查。

当工程实际进度与经确认的进度计划不符时，承包人应按监理工程师的要求提出改进措施，经监理工程师确认后执行。对于因承包人自身的原因导致实际进度与进度计划不符时，所有的后果都应由承包人自行承担，承包人无权就因改进措施而提出追加合同价款，监理工程师也不对改进措施的效果负责。如果采用改进措施后，经过一段时间工程实际进度赶上了进度计划，则仍可按原进度计划执行；如果采用改进措施一段时间后，工程实际进度仍明显与进度计划不符，则监理工程师可以要求承包人修改原进度计划，并经监理工程师确认后执行。但是，这种确认并不是监理工程师对工程延期的批准，而仅仅是要求承包人在合理状态下的施工。因此，如果按修改后的进度计划施工不能按期竣工的，承包人仍应承担相应的违约责任。

监理工程师应当随时了解施工进度计划执行过程中所存在的问题，并帮助承包人予以解决，特别是承包人无力解决的内外关系协调问题。

2. 暂停施工

在施工过程中，暂停施工的原因是多方面的，归纳起来有如下三个方面：

（1）监理工程师要求的暂停施工。监理工程师在主观上是不希望暂停施工的，但有时继续施工会造成更大的损失。监理工程师认为确有必要暂停施工时，应当以书面形式要求承包人暂停施工，并在提出要求后48h内提出书面处理意见。承包人应当按监理工程师要求停止施工，并妥善保护已完工程。承包人实施监理工程师做出的处理意见后，可以书面形式提出复工要求，监理工程师应当在48h内给予答复。监理工程师未能在规定时间内提出处理意见，或收到承包人复工要求后48h内未予答复，承包人可自行复工。

因发包人原因造成停工的，由发包人承担所发生的追加合同价款，赔偿承包人由此造成的损失，相应顺延工期；因承包人原因造成停工的，由承包人承担发生的费用，工期不予顺延。因监理工程师不及时做出答复，导致承包人无法复工，由发包人承担违约责任。

（2）因发包人违约导致承包人的主动暂停施工。发包人不按合同约定及时向承包人支付工程预付款、工程进度款且双方未达成延期付款协议，在承包人发出要求付款通知后仍不付款的，经过一段时间后，承包人可暂停施工。这时，发包人应当承担相应的违约责任。出现这种情况时，监理工程师应当尽量督促发包人履行合同，以求减少双方的损失。

（3）意外事件导致的暂停施工。在施工过程中出现一些意外情况，如果需要承包人暂停施工的，承包人则应该暂停施工。此时工期是否给予顺延，应视风险责任应由谁承担来确定。如发现有价值的文物、发生不可抗力事件等，风险责任应由发包人承担，故应给予承包人顺延工期。

3. 工程设计变更

监理工程师在其可能的范围内应尽量减少设计变更，以避免影响工期。如果必须对设计进行变更，应当严格按照法律法规的规定和合同约定的程序处理。

（1）发包人对原设计进行变更。施工中发包人如果需要对原工程设计进行变更，应提前14日以书面形式向承包人发出变更通知。变更超过原设计标准或者批准的建设规模时，发包人应报规划管理部门和其他有关部门重新审查批准，并由原设计单位提供变更的相应的图纸和说明。承包人按照监理工程师发出的变更通知及有关要求进行相应变更，变更价款的确定应按照法律法规的规定和合同约定处理。

由于发包人对原设计进行变更，导致合同价款的增减及给承包人造成损失的，由发包人承担，延误的工期相应顺延。

合同履行中发包人要求变更工程质量标准及发生其他实质性变更的，由双方协商解决。

（2）承包人要求对原设计进行变更。承包人应当严格按照图纸施工，不得对原工程设计进行变更。因承包人擅自变更设计所发生的费用和由此导致发包人的直接损失，由承包人承担，延误的工期不予顺延。承包人在施工中提出的合理化建议涉及对设计图纸或施工组织设计的更改及对材料、设备的换用，须经监理工程师同意。监理工程师同意变更后，还须取得有关主管部门的批准，并由原设计单位提供相应的变更图纸和说明。未经同意擅自更改或换用时，承包人承担由此发生的费用，并赔偿发包人的有关损失，延误的工期不予顺延。监理工程师同意采用承包人的合理化建议的，所发生的费用和获得的收益，发包人与承包人另行约定分担或分享。

4. 工期延误

承包人应当按照合同工期完成工程施工，如果由于其自身原因造成工期延误，则应承担违约责任。但因以下原因造成工期延误，经监理工程师确认，工期相应顺延：

（1）发包人未能按专用合同条款的约定提供图纸及开工条件。
（2）发包人未能按约定日期支付工程预付款、进度款，致使施工不能正常进行。
（3）监理工程师未按合同约定提供所需指令、批准等，致使施工不能正常进行。
（4）设计变更和工程量增加。
（5）一周内非承包人原因停水、停电、停气造成停工累计超过 8h。
（6）不可抗力。
（7）专用合同条款中约定或监理工程师同意工期顺延的其他情况。

上述这些情况中工期可以顺延的原因在于：这些情况属于发包人违约或者是应当由发包人承担的风险。承包人在以上情况发生后的 14 日内，就延误的工期以书面形式向监理工程师提出报告，监理工程师在收到报告后 14 日内予以确认，逾期不予确认也不提出修改意见，视为同意顺延工期。

监理工程师确认的工期顺延期限应当是事件造成的合理延误，由监理工程师根据发生事件的具体情况和工期定额、合同等的规定确认。经监理工程师确认的顺延工期应纳入合同总工期，如果承包人不同意监理工程师的确认结果，则可按合同约定的争议解决方式处理。

三、竣工验收阶段的进度控制

在竣工验收阶段，监理工程师进度控制的任务是督促承包人完成工程扫尾工作，协调竣工验收中的各方关系，参加竣工验收。

1. 竣工验收的程序

承包人必须按照合同协议书约定的竣工日期或者监理工程师同意顺延的工期竣工。因承包人原因不能按照合同协议书约定的竣工日期或者监理工程师同意顺延的工期竣工的，承包人应当承担违约责任。

（1）承包人提交竣工验收报告。当工程按合同要求全部完成后，具备竣工验收条件的，承包人按国家工程竣工验收的有关规定，向发包人提供完整的竣工资料和竣工验收报告。双方约定承包人提供竣工图的，承包人应按专用合同条款内约定的日期和份数向发包人提交竣工图。

（2）发包人组织验收。发包人收到竣工验收报告后28日内组织有关单位验收，并在验收后14日内给予认可或提出修改意见，承包人应当按要求进行修改，并承担由自身原因造成的修改费用。中间交工工程的范围和竣工时间，由双方在专用合同条款内约定。验收程序同上。

（3）发包人不能按时组织验收。发包人收到承包人送交的竣工验收报告后28日内不组织验收，或者在验收后14日内不提出修改意见的，则视为竣工验收报告已经被认可。发包人收到承包人竣工验收报告后28日内不组织验收，从第29日起承担工程保管及一切意外责任。

2. 提前竣工

发包人如需提前竣工，双方协商一致后应签订提前竣工协议，作为合同文件的组成部分。提前竣工协议应包括：

（1）要求提前的时间。
（2）承包人采取的赶工措施。
（3）发包人为提前竣工提供的条件。
（4）承包人为保证工程质量和安全采取的措施。
（5）提前竣工所需的追加合同价款等。

3. 甩项工程

甩项工程是指某个单位工程为了急于交付使用，把按照施工图要求还没有完成的某些工程细目甩下，而对整个单位工程先行验收。甩项工程中有些是漏项工程，或者是由于缺少某些材料、设备而造成的未完工程；有些是在验收过程中检查出来的需要返工或进行修补的工程。因上述原因，发包人要求甩项竣工时，双方应另行订立甩项竣工协议，明确双方责任和工程价款的支付办法。

【案例5】

1. 背景

甲公司作为工程总承包商，承接了某市冶金机械厂的施工任务，该项目由铸造车间、加工车间、检测中心等多个工业建筑和办公楼等配套工程组成，经建设单位同意，加工车间等工业建筑由甲公司施工，将办公楼的装饰工程分包给乙公司，为了确保按合同工期完成施工任务，甲公司和乙公司均编制了施工进度计划。

2. 问题

（1）甲、乙公司应当分别编制哪些施工进度计划？
（2）乙公司编制施工进度计划时的主要依据是什么？
（3）编制施工进度计划常用的表达形式是哪些？

3. 答案

本案例主要考核施工进度计划的编制对象、依据、表达形式。

（1）甲公司首先应当编制施工总进度计划，对总承包工程有一个总体进度安排。对于自己施工的工业建筑和办公楼主体工程，还应编制单位工程施工进度计划、分部分项工程进度计划和季度（月、旬或周）进度计划。乙公司承接办公楼装饰工程，应当在甲公司编制单位工程施工进度计划的基础上编制分部分项工程进度计划和季度（月、旬或周）进度计划。

（2）主要依据有施工图纸和相关技术资料、合同确定的工期、施工方案、施工条件、施工定额、气象条件、施工总进度计划等。

（3）施工进度计划的常用表达形式一般采用横道图和网络图。

课题四　施工合同管理中的质量控制

工程施工中的质量控制是合同履行中的重要环节，涉及许多方面的工作，工作中出现任何缺陷和疏漏，都会使工程质量无法达到预期的标准。承包人应按照合同约定的标准、规范、图纸、质量等级以及监理工程师发布的指令认真施工，并达到合同约定的质量等级。

一、概述

1. 施工质量控制的目标

施工质量控制的总体目标是贯彻执行建设工程质量法规和标准，正确配置生产要素和采用科学管理的方法，实现工程项目预期的使用功能和质量标准。不同管理主体的施工质量控制目标为：

（1）建设单位的质量控制目标是通过施工过程的全面质量监督管理、协调和决策，保证竣工项目达到投资决策所确定的质量标准。

（2）设计单位在施工阶段的质量控制目标，是通过设计变更控制及纠正施工中所发现的设计问题等，保证竣工项目的各项施工结果与设计文件所规定的标准相一致。

（3）施工单位的质量控制目标是通过施工过程的全面质量自控，保证交付满足施工合同及设计文件所规定的质量标准的建设工程产品。

（4）监理单位在施工阶段的质量控制目标是，通过审核施工质量文件、施工指令和结算支付控制等手段的应用，监控施工承包单位的质量活动行为，正确履行工程质量的监督责任，以保证工程质量达到施工合同和设计文件所规定的质量标准。

2. 施工质量控制的阶段划分及内容

施工质量控制包括施工准备质量控制、施工过程质量控制和施工验收质量控制三个阶段，见表7-1。

表7-1　施工质量控制的阶段划分及内容

序　号	阶　　段	控　制　内　容
1	施工准备质量控制	施工承包单位资质的核查
		施工质量计划的编制与审查
		现场施工准备的质量控制
		施工机械配置的控制
		……

（续）

序号	阶段	控制内容	
2	施工过程质量控制	施工过程质量的预控	确定工序质量控制计划，监控工序活动条件及成果
			设置工序活动的质量控制点
			工程质量预控对策
			作业技术交底的控制
			进场材料、构（配）件的质量控制
			环境状态的控制
		施工作业过程质量的实时监控	承包单位的自检系统
			施工作业技术复核与监控
			见证取样与见证点的实施监控
			工程变更的监控
			质量记录资料的控制
		施工作业过程质量检查与验收	基槽（基坑）检查验收
			隐蔽工程检查验收
			工序交接验收
			不合格品的处理及成品保护
			检验方法与检验程度的种类
3	施工验收质量控制	检验批的验收	
		分项工程验收	
		分部工程验收	
		单位工程验收	

（1）施工准备质量控制是指对工程项目开工前的全面施工准备和施工过程中各分部分项工程的施工作业准备的质量控制。

（2）施工过程质量控制是指对施工作业技术活动的投入与产出过程的质量控制，其内涵包括全过程施工生产及其中各分部分项工程的施工作业过程。

（3）施工验收质量控制是指对已完工程验收时的质量控制，即工程产品的质量控制。

3. 施工质量控制的工作程序

（1）在每项工程开始前，承包单位须做好施工准备工作，然后填报工程开工报审表，附上该项工程的开工报告、施工方案及施工进度计划等，报送监理工程师审查。若审查合格，则由总监理工程师批复准予施工。否则，承包单位应进一步做好施工准备工作，待条件具备时，再次填报工程开工报审表。

（2）在每道工序完成后，承包单位应进行自检，自检合格后，填报报验申请表交监理工程师检验。监理工程师收到检查申请后应在规定的时间内到现场检验，检验合格后予以确认。只有上一道工序被确认质量合格后，方能准许下道工序施工。

（3）当一个检验批、分项工程、分部工程完成后，承包单位首先对检验批、分项工程、分部工程进行自检，填写相应质量验收记录表，确认工程质量符合要求；然后向监理工程师提交报验申请表，附上自检的相关资料，经监理工程师现场检查及对相关资料审核后，符合要求的予以签认验收，反之，则指令承包单位进行整改或返工处理。

（4）在施工质量验收过程中，涉及结构安全的试块、试件及有关材料，应按规定进行见证取样检测；对涉及结构安全和使用功能的重要分部工程，应进行抽样检测。承担见证取样检测及有关结构安全检测的单位应具有相应资质。

（5）通过返修或加固处理仍不能满足安全使用要求的分部工程、单位工程，严禁验收。

4. 质量控制的原理过程

（1）确定控制对象，例如一个检验批、一道工序、一个分项工程、一个安装过程等。

（2）规定控制标准，即详细说明控制对象应达到的质量要求。

（3）制定具体的控制方法，例如工艺规程、控制用图表等。

（4）明确所采用的检验方法，包括检验手段。

（5）进行实际检验。

（6）分析实测数据与标准值之间差异的原因，解决差异所采取的措施、方法。

二、施工准备质量控制

1. 施工承包单位资质的核查

（1）招（投）标阶段对承包单位资质的审查，应根据工程类型、规模和特点确定参与投标企业的资质等级。对符合投标要求的企业，应查验营业执照、企业资质证书、企业年检情况、资质升降级情况等。

（2）对中标进场企业的质量管理体系的核查，了解企业贯彻质量、环境、安全认证情况，以及质量管理机构的落实情况。

2. 施工质量计划的编制与审查

（1）按照《建设工程项目管理规范》（GB/T 50326—2017），质量计划是质量管理体系文件的组成内容。在合同环境下，质量计划是企业向顾客表明质量管理的方针、目标及其具体实现的方法、手段和措施，体现企业对质量责任的承诺和实施的具体步骤。

（2）施工质量计划的编制主体是施工承包企业，审查主体是监理机构。

（3）目前，我国工程项目施工质量计划常用施工组织设计或施工项目管理实施规划的形式进行编制。

（4）施工质量计划编制完毕，应经企业技术领导审核批准，并按施工承包合同的约定提交工程监理或建设单位批准确认后执行。由于施工组织设计已包含了质量计划的主要内容，因此，对施工组织设计的审查就包括了对质量计划的审查。在工程开工前约定的时间内，承包单位必须完成施工组织设计的编制并报送项目监理机构，总监理工程师在约定的时间内审核签认。已审定的施工组织设计由项目监理机构报送建设单位。承包单位应按审定的施工组织设计文件组织施工，如需对其内容做较大的变更，应在实施前将变更内容以书面形式报送项目监理机构审核。

3. 现场施工准备的质量控制

现场施工准备的质量控制包括工程定位及标高基准的控制，施工平面布置的控制，现场临时设施控制等。

4. 施工材料、构（配）件订货的控制

（1）凡由承包单位负责采购的材料或构（配）件，应按有关标准和设计要求采购订货，

在采购订货前应向监理工程师申报，监理工程师应提出明确的质量检测项目、标准及对出厂合格证等质量文件的要求。

（2）供货方应向需方提供质量文件，用以表明其提供的货物能够达到需方提出的质量要求。质量文件主要包括产品合格证及技术说明书；质量检验证明；检测与试验者的资质证明；关键工序操作人员资格证明及操作记录；不合格品或质量问题处理的说明及证明；有关图纸及技术资料；必要时，还应附有权威性认证资料。

5. 施工机械配置的控制

施工机械设备的选择，除应考虑施工机械的技术性能、工作效率、工作质量、可靠性及维修便利，以及安全、灵活等方面对施工质量的影响与保证外，还应考虑其数量配置对施工质量的影响与保证条件。

6. 分包单位资格的审核确认

总承包单位选定分包单位后，应向监理工程师提交分包单位资质报审表，监理工程师审查时，主要是审查施工承包合同是否允许分包，分包单位是否具有按工程承包合同规定的条件完成分包工程任务的能力。

7. 施工图纸的现场核对

施工承包单位应做好施工图纸的现场核对工作，对于存在的问题，承包单位以书面形式提出，在设计单位以书面形式进行确认后，才能施工。

8. 严把开工关

开工前承包单位必须提交工程开工报审表，经监理工程师审查具备开工条件并由总监理工程师予以批准后，承包单位才能开始正式施工。

三、施工过程质量控制

一个工程项目是划分为工序作业过程、检验批、分项工程、分部工程、单位工程等若干层次进行施工的，各层次之间具有一定的先后顺序关系。所以，工序作业过程的质量控制是最基本的质量控制，它决定了检验批的质量；而检验批的质量又决定了分项工程的质量。施工过程质量控制的主要工作是以施工作业过程质量控制为核心，设置质量控制点进行预控，进行严格的施工作业过程质量检查，加强成品保护等。

1. 施工过程质量的预控

施工过程质量的预控是指针对所设置的质量控制点或分部分项工程，事先分析在施工中可能发生的质量问题和隐患，分析可能的原因，并提出相应的对策，制定对策表，采取有效的措施进行预先控制，以防止在施工中发生质量问题。质量预控一般按"施工作业准备——技术交底——中间检查及质量验收——资料整理"的顺序进行，并提出各阶段质量管理工作要求，其实施要点如下：

（1）确定工序质量控制计划，监控工序活动的条件及成果。工序质量控制计划是以完善的质量体系和质量检查制度为基础的，工序质量控制计划要明确规定质量监控的工作流程和质量检查制度，作为监理单位和施工单位共同遵循的准则。监控工序活动的条件，应分清主次工序，重点监控影响工序质量的各因素，注意各因素或条件的变化，使它们的质量始终处于控制之中。工序活动效果的监控主要是指对工序活动的产品采取一定的检验手段进行检验，根据检验结果分析、判断该工序的质量效果，从而实现对工序质量的控制。

（2）设置工序活动的质量控制点。质量控制点是指为了保证工序质量而确定的重点控制对象、关键部位或薄弱环节。承包单位在工程施工前应根据施工过程质量控制的要求，列出质量控制点明细表，表中应详细地列出各质量控制点的名称或控制内容、检验标准及检验方法等，提交监理工程师审查批准后，在此基础上实施质量预控。

1）设置质量控制点应考虑的因素：

① 施工工艺。施工工艺复杂时多设，不复杂时少设。

② 施工难度。施工难度大时多设，难度不大时少设。

③ 建设标准。建设标准高时多设，标准不高时少设。

④ 施工单位信誉。施工单位信誉高时少设，信誉不高时多设。

2）下列部位/环节应设置质量控制点：

① 施工过程中的关键工序、关键环节，如预应力结构的张拉。

② 隐蔽工程应作为重点设置质量控制点。

③ 施工中的薄弱环节或质量不稳定的工序、部位，如地下防水层施工。

④ 对后续工序质量有重大影响的工序或部位，如钢筋混凝土结构中的钢筋质量、模板的支撑与固定等。

⑤ 采用新工艺、新材料、新技术的部位或环节，应设置质量控制点。

⑥ 施工单位无足够把握的工序或环节，例如复杂曲线模板的放样等。

3）质量控制点的重点控制对象：

① 人的行为，包括人的身体素质、心理素质、技术水平等。

② 物的质量与性能，如基础的防渗灌浆中，灌浆材料的细度及强度。

③ 关键的操作过程，如预应力钢筋的张拉工艺操作过程及张拉力。

④ 施工技术参数，如填土含水率、混凝土受冻临界强度等。

⑤ 施工顺序，如冷拉钢筋应当先对焊，后冷拉，否则会失去冷强。

⑥ 施工工艺，如屋架固定一般应对角同时施焊，以免焊接应力使已校正的屋架发生变位等。

⑦ 技术间歇，如砖墙砌筑与抹灰之间应保证足够的间歇时间。

⑧ 施工方法，如滑模施工中的支承杆失稳问题可能引起重大质量事故。

⑨ 特殊地基，如湿陷性黄土、膨胀土等特殊土地基的处理应予特别重视。

4）设置质量控制点的一般位置。一般工业与民用建筑中质量控制点设置的位置可按分项工程给出，见表7-2。

表7-2 一般工业与民用建筑中质量控制点的设置位置

序 号	分项工程	质量控制点
1	工程测量定位	标准轴线桩、水平桩、龙门板、定位轴线、标高
2	地基基础	基坑尺寸、土质条件、承载力、基础及垫层尺寸、标高、预留洞孔等
3	砌体	砌体轴线、皮数杆、砂浆配合比、预留孔洞、砌体砌筑方法
4	模板	模板的位置、尺寸、强度及稳定性，模板内部清理及润湿情况
5	钢筋混凝土	水泥的品种、强度等级、砂、石质量、混凝土配合比、外加剂比例，混凝土振捣，钢筋的种类、规格、尺寸，预埋件的位置，预留孔洞，预制件吊装

（续）

序 号	分项工程	质量控制点
6	吊装	吊装设备起重能力、吊具、索具、地锚
7	装饰工程	抹灰层、镶贴面表面平整度、阴（阳）角、护角、滴水线、勾缝、涂装
8	屋面工程	基层平整度、坡度、防水材料技术指标、泛水与"三缝"处理
9	钢结构	翻样图、放大样
10	焊接	焊接条件、焊接工艺
11	装修	视具体情况而定

（3）工程质量预控对策。工程质量预控和预控对策的表达方式主要有：

1）文字表达。如钢筋电焊焊接质量的预控措施用文字表达为：

① 可能产生的质量问题：焊接接头偏心弯折；焊条型号或规格不符合要求；焊缝的长度、宽度、厚度不符合要求；凹陷、焊瘤、裂纹、烧伤、咬边、气孔、夹渣等缺陷。

② 质量预控措施：禁止焊工无证上岗；焊工正式施焊前，必须按规定进行焊接工艺试验；每批钢筋焊完后，承包单位自检并按规定对焊接接头见证取样进行力学性能试验；在检查焊接质量时，应同时抽检焊条的型号。

2）用解析图或表格形式表达质量预控对策。图表可分为两部分，一部分列出某一分部分项工程中各种影响质量的因素；另一部分列出对应于各种质量问题影响因素所采取的对策或措施。

（4）作业技术交底的控制。作业技术交底是对施工组织设计或施工方案的具体化，是更细致、明确，更加具体的技术实施方案，是工序施工或分项工程施工的具体指导文件。每一分项工程开始实施前均要进行交底，技术负责人按照设计图纸、施工组织设计编制技术交底书，并经项目总工程师批准后向施工人员交清工程特点、施工工艺方法、质量要求和验收标准、施工过程中需注意的问题，以及可能出现意外的措施及应急方案。交底中要明确做什么、谁来做、如何做、作业的标准和要求、什么时间完成等内容。关键部位或技术难度大、施工复杂的检验批、分项工程在施工前，承包单位的技术交底书要报监理工程师审查。经监理工程师审查后，如技术交底书不能保证作业活动的质量要求，承包单位要进行修改补充。没有做好技术交底的作业活动，不得进入正式实施。

（5）进场材料、构（配）件的质量控制：

1）凡运到施工现场的原材料或构（配）件，进场前应向监理机构提交工程材料、构（配）件报审表，同时应附产品出厂合格证及技术说明书，以及由施工承包单位按规定要求进行检验的检验试验报告，经监理工程师审查并确认其质量合格后，方准进场。如果监理工程师认为承包单位提交的有关产品合格证明文件以及检验试验报告，不足以说明到场产品的质量符合要求时，监理工程师可再行组织复检或见证取样试验，确认其质量合格后方可允许进场。

2）进口材料的检查、验收，应会同国家有关部门进行。

3）材料、构（配）件的存放，应安排适宜的存放条件及时间，并且应实行监控。例如，对水泥的存放应当防止受潮，存放时间一般不宜超过3个月，以免受潮结块。

4）对于某些当地的材料及现场配制的制品，一般要求承包单位事先进行试验，达到要求的标准后方可使用。例如，混凝土粗集料中如果含有无定形氧化硅时，会与水泥中的碱发生碱-集料反应，并吸水膨胀，从而导致混凝土开裂，需设法妥善解决。

（6）环境状态的控制。环境状态包括水、电供应和交通运输等施工作业环境，施工质量管理环境，施工现场劳动组织及作业人员上岗资格，施工机械设备的性能及工作状态环境，施工测量及计量器具的性能状态，现场自然条件环境等，施工单位应做好充分准备和妥当安排，监理工程师检查确认其准备可靠、状态良好、有效后，方准许其进行施工。

2. 施工作业过程质量的实时监控

（1）承包单位的自检系统。承包单位是施工质量的直接实施者和责任者，其自检系统表现在以下几点：

1）作业活动的作业者在作业结束后必须自检。

2）不同工序交接、转换必须由相关人员交接检查。

3）承包单位专职质检员的专检。

为实现上述三点，承包单位必须有整套的制度及工作程序、相关仪器设备，配备数量满足需要的专职质检人员及试验检测人员。监理工程师的职责是对承包单位作业活动质量的复核与确认，监理工程师的检查决不能代替承包单位的自检。而且，监理工程师的检查必须是在承包单位自检并确认合格的基础上进行的。专职质检员没检查或检查不合格的不能报监理工程师。

（2）施工作业技术复核与监控。凡涉及施工作业技术活动基准和依据的技术工作，都应该严格进行有专人负责的复核性检查，以避免基准失误给整个工程质量带来难以补救的或全局性的危害。涉及工程定位、轴线、标高的工作，预留孔洞留置的工作等，均属于涉及施工作业技术活动基准和依据的技术工作。技术复核是承包单位应履行的技术工作责任，其复核结果应报送监理工程师复验确认后，才能进行后续相关的施工。

（3）见证取样与见证点的实施监控。见证是指由监理工程师现场监督承包单位某工序全过程完成情况的活动。见证取样是指对工程项目使用的材料、构（配）件的现场取样、工序活动效果的检查实施见证。

1）承包单位在对进场材料、试块、钢筋接头等实施见证取样前要通知监理工程师，在监理工程师现场监督下，承包单位按相关要求完成取样过程。

2）完成取样后，承包单位将送检样品装入木箱，由监理工程师加封；不能装入箱中的试件，如钢筋样品，则贴上专用加封标志，然后送往具有相应资质的实验室。

3）送往实验室的样品，要填写送验单，送验单上要盖有"见证取样"专用章，并有见证取样监理工程师的签字。

4）实验室出具的报告一式两份，分别由承包单位和项目监理机构保存，并作为归档材料，是工序产品质量评定的重要依据。

5）实行见证取样，绝不代替承包单位应对材料、构（配）件进场时必须进行的自检。自检频率和数量要按相关规范的要求执行。见证取样的频率和数量应包括在承包单位的自检范围内，一般所占比例为30%。见证取样的试验费用由承包单位支付。

6）见证点的实施监控。见证点是对于重要程度不同及监督控制要求不同的质量控制点的一种区分方式。凡是被列为见证点的质量控制对象，在施工前，承包单位应提前通知监理人员在约定的时间内到现场进行见证和对其施工实施监督。如果监理人员未能在约定的时间内到现场见证和监督，则承包单位有权进行该点相应工序的操作和施工。

（4）工程变更的监控。施工过程中，由于种种原因会涉及工程变更，工程变更的要求可能来自建设单位、设计单位或施工承包单位，不同情况下工程变更的处理程序不同。但无论是哪一方提出工程变更或图纸修改，都应通过监理工程师审查并经有关方面加以研究，确认其必要性后，由总监理工程师发布变更指令方能生效予以实施。监理工程师在审查现场工程变更要求时，应持十分谨慎的态度，原则上应是原设计不能保证质量要求，或确有错误，以及无法施工的情况；一般情况下即使变更要求可能在技术经济上是合理的，也应全面考虑，将变更以后对质量、工期、造价方面的影响以及可能引起的索赔损失等加以比较，权衡轻重后再做出决定。

（5）质量记录资料的控制。质量记录资料包括以下三方面内容：

1）施工现场质量管理检查记录资料。主要包括承包单位现场质量管理制度、质量责任制度、主要专业工种操作上岗证书、分包单位资质及总包单位对分包单位的管理制度、施工图审查核对记录、施工组织设计及审批记录、工程质量检验制度等。

2）工程材料质量记录。主要包括进场材料、构（配）件、设备的质量证明资料，各种试验检验报告，各种合格证，设备进场维修记录或设备进场运行检验记录。

3）施工过程作业活动质量记录资料。施工过程可按分项工程、分部工程、单位工程建立相应的质量记录资料。在相应质量记录资料中应包含有关图纸的图号、质量自检资料、监理工程师的验收资料、各工序作业的原始施工记录等。施工质量记录资料应真实、齐全、完整，相关各方人员的签字应齐备、字迹清楚，结论应明确，与施工过程的进度要同步。在对作业活动效果的验收中，如缺少资料和资料不全，监理工程师应拒绝验收。

3. 施工作业过程质量检查与验收

施工作业过程质量检查与验收包括基槽（基坑）检查验收、隐蔽工程检查验收、工序交接验收等。

（1）基槽（基坑）检查验收。基槽（基坑）检查验收主要涉及地基承载力的检查确认，地质条件的检查确认，开挖边坡的稳定及支护状况的检查确认，基槽（基坑）开挖的尺寸、标高等。由于部位的重要性，基槽（基坑）检查验收要有勘察设计单位的有关人员参加，并请质量监督部门参加，经现场检测确认其地基承载力是否达到设计要求，地质条件是否与设计相符。如相符，则共同签署验收资料；否则，应采取措施进行处理，经承包单位处理完毕后重新验收。

（2）隐蔽工程检查验收。隐蔽工程是指会被其后续工程施工所隐蔽的分项分部工程，在隐蔽前所进行的检查验收。它是对一些已完分项分部工程质量的最后一道检查，由于检查对象就要被其他工程覆盖，给以后的检查整改造成障碍，故显得尤为重要。隐蔽工程检查验收的程序为：

1）隐蔽工程施工完毕，承包单位按有关技术规程、规范、施工图纸先进行自检，自检合格后，填写报验申请表，附上相应的隐蔽工程检查记录及有关材料证明、试验报告、复试报告等，报送项目监理机构。

2）监理工程师收到报验申请表后首先对质量证明资料进行审查，并在合同规定的时间内到现场核查，承包单位的专职质检员及相关施工人员应随同一起到现场。

3）经现场检查，如符合质量要求，监理工程师在报验申请表及隐蔽工程检查记录上签字确认，准予承包单位隐蔽、覆盖，进入下一道工序施工。如经现场检查发现不合格，监理工程师签发不合格项目通知，指令承包单位整改，整改后自检合格再报监理工程师复查。

（3）工序交接验收。工序交接验收是指作业活动中的一种必要的技术停顿、作业方式的转换及作业活动效果的中间确认。上道工序应满足下道工序的施工条件和要求，相关专业工序之间也是如此。通过工序间的交接验收，使各工序间和相关专业工程之间形成一个有机整体。

（4）不合格品的处理及成品保护。上道工序不合格，不准进入下道工序施工，不合格的材料、构（配）件、半成品不准进入施工现场且不允许使用，已经进场的不合格品应及时做出标志、记录，指定专人看管，不得使用，并限期清除出现场；不合格的工序或工程产品不予计价。

成品保护是指在施工过程中，有些分项工程已经完成，而其他一些分项工程尚在施工，或者是在其分项工程施工过程中，某些部位已完成；而其他部位正在施工；在这种情况下，承包单位必须负责对已完成部分采取妥善措施予以保护，以免因成品缺乏保护或保护不善而造成损坏或污染，影响工程整体质量。成品保护的一般措施：

1）防护：针对被保护对象的特点采取各种防护的措施。例如，对于进出口台阶，可用垫砖或方木搭脚手板供人通过，以此来保护台阶。

2）包裹：将被保护物包裹起来，以防损伤或污染。例如，对镶面大理石柱可用立板包裹起来，进行捆扎保护；铝合金门窗可用塑料布包扎保护等。

3）覆盖：用表面覆盖的办法防止堵塞或损伤。例如，雨水口排水管安装完成后可以覆盖，以防止异物落入而被堵塞；施工完的地面可用锯末覆盖以防止喷浆等污染等。

4）封闭：采取局部封闭的办法进行保护。例如房间内的石材地面或木板地面完工后，将该房间临时封闭，防止有人进入损坏地面。

5）合理安排施工顺序：主要是通过合理安排不同工作之间的施工顺序来防止后道工序损坏或污染已完工程的成品。例如，室内装饰工程施工时，采取先喷涂而后装灯具的施工顺序可防止喷浆污染、损坏灯具；先做顶棚装修而后做地面，可避免顶棚施工时污染地面。

（5）检验方法与检验程度的种类：

1）检验方法。对于现场所用原材料、半成品，以及工序过程或工程产品的质量进行检验的方法，一般可分为三类：目测法、量测法以及试验法。

① 目测法。目测法是指凭借人的感官进行检查，也可以叫作观感检验。这类方法主要是根据质量要求，采用看、摸、敲、照等方法对检查对象进行检查。"看"是指根据质量标准要求进行外观检查，如清水墙表面是否洁净，喷涂的密实度和颜色是否良好、均匀，工人的施工操作是否正常，混凝土振捣是否符合要求等。"摸"是指通过触摸的手感进行检查、鉴别，如涂料的光滑程度、牢固程度等。"敲"是指运用敲击方法进行观感检查，例如，对墙面瓷砖、大理石镶贴、地砖铺砌等的质量均可通过敲击检查，根据声音的虚实、脆闷判断有无空鼓等质量问题。"照"是指通过人工光源或反射光照射，仔细检查难以看清的部位。

② 量测法。量测法是指利用量测工具或计量仪表，通过实际量测结果与规定的质量标准或规范的要求相对照，从而判断质量是否符合要求。量测的手法可归纳为靠、吊、量、套。"靠"是指用直尺检查地面、墙面的平整度等。"吊"是指用线垂检查垂直度。"量"是指用量测工具或计量仪表等检查断面尺寸、轴线、标高、温度、湿度等数值并确定其偏

差，如大理石板拼缝尺寸与超差数量，摊铺沥青拌和料的温度等。"套"是指以方尺套方辅以塞尺，检查勒脚的垂直度、预制构件的方正、门窗洞口及构件的对角线等。

③ 试验法。试验法是指利用理化试验、无损测试或检验来判断检验对象的质量是否符合要求。

常用的理化试验包括物理、力学性能方面的检验，以及化学成分及含量的测定两个方面。力学性能方面的检验包括抗拉强度、抗压强度的测定等；物理性能方面的检验包括密度、含水率、凝结时间等的检验；化学成分及含量的测定包括钢筋中磷、硫含量的测定以及钢筋抗腐蚀性能测定等。

无损测试或检验是指借助专门的仪器、仪表等手段在不损伤被探测物的情况下了解被探测物的质量情况，如用超声波探伤仪、磁粉探伤仪等进行检验。

2）检验程度的种类按质量检验的程度，即检验对象被检验的数量划分，可有以下几类：

① 全数检验。全数检验主要是用于关键工序部位或隐蔽工程，以及那些在技术规程、质量检验验收标准或设计文件中有明确规定应进行全数检验的对象。例如，对安装模板的稳定性、刚度、强度，以及结构物轮廓尺寸等的检验。

② 抽样检验。对于主要的建筑材料、半成品或工程产品等，由于数量大，通常采取抽样检验。抽样检验具有检验数量少、比较经济、检验所需时间较少等优点。

③ 免检。免检是指在某种情况下，可以免去质量检验过程。例如，对实践证明其产品质量长期稳定、质量保证资料齐全的材料、构（配）件，可考虑免检。

四、施工验收质量控制

《建筑工程施工质量验收统一标准》（GB 50300—2013）将有关建筑工程的施工及验收规范和工程质量检验评定标准合并，组成新的工程质量验收规范体系，以统一建筑工程施工质量的验收方法、质量标准和程序。此标准坚持了"验评分离、强化验收、完善手段、过程控制"的指导思想。此标准规定了建筑工程各专业工程施工验收规范编制的统一准则和单位工程验收的质量标准、内容和程序等；增加了建筑工程施工现场质量管理和质量控制要求；提出了检验批质量检验的抽样方案要求；规定了建筑工程质量验收中子单位和子分部工程的划分，这涉及建筑工程安全和主要使用功能的见证取样及抽样检测。建筑工程各专业工程施工验收规范必须与此标准配合使用。

在工程项目管理过程中进行工程项目质量的验收，是施工项目质量管理的重要内容。项目经理必须根据合同和设计图纸的要求，严格执行国家有关工程项目质量验收的标准，及时地配合监理机构、质量监督部门等的有关人员进行质量评定和办理竣工验收交接手续。工程项目质量验收程序是按分项工程、分部工程、单位工程依次进行的，工程项目质量等级只有"合格"，凡不合格的项目不予验收。

1. 基本术语

（1）验收：在施工单位自行质量检查评定的基础上，参与建设的有关单位共同对检验批、分项工程、分部工程、单位工程的质量进行抽样复验，根据相关标准以书面形式对工程质量达到合格与否做出确认。

（2）检验批：按同一生产条件或规定的方式汇总起来供检验用的，由一定数量的样本组成的检验体。检验批是施工质量验收的最小单位，是分项工程验收的基础。构成一个检验批的产品，要具备以下基本条件：生产条件（包括设备、工艺过程、原材料等）基本相同；产品的种类、型号相同。如钢筋以同一品种、同一型号、同一炉号为一个检验批。

（3）主控项目：建筑工程中对安全、卫生、环境保护和公共利益起决定性作用的检验项目。如混凝土结构工程中的主控项目是"钢筋安装时，受力钢筋的品种、级别、规格和数量必须符合设计要求。"

（4）一般项目：除主控项目以外的检验项目都是一般项目。如混凝土结构工程中的一般项目是"钢筋的接头宜设置在受力较小处，钢筋接头末端至钢筋弯起点的距离不应小于钢筋直径的10倍。"

（5）观感质量：通过观察和必要的量测所反映的工程外在质量。如装饰石材面应无色差。

（6）返修：对工程不符合标准规定的部位采取整修等措施。

（7）返工：对不合格的工程部位采取的重新制作、重新施工等措施。

（8）工程质量不合格：凡工程质量没有满足某个规定的要求，就称之为质量不合格。

2. 质量验收评定标准（质量验收合格条件）

在对整个项目进行验收时，应首先评定检验批的质量，以检验批的质量评定各分项工程的质量，以各分项工程的质量来综合评定分部（子分部）工程的质量，再以分部工程的质量来综合评定单位（子单位）工程的质量；在质量评定的基础上，再与工程合同及有关文件相对照，决定项目能否验收。工程项目质量验收逻辑关系如图7-1所示。

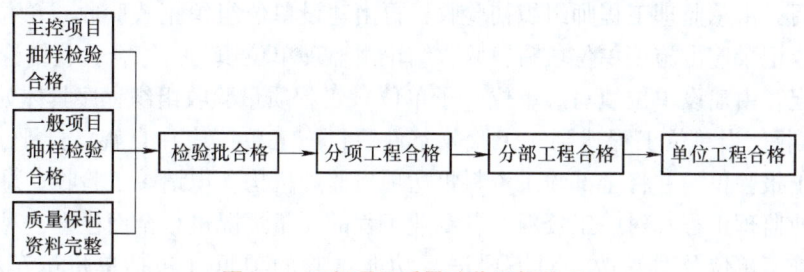

图 7-1　工程项目质量验收逻辑关系

（1）检验批质量验收合格的条件：
1）主控项目和一般项目的质量经抽样检验合格。
2）具有完整的施工操作依据、质量检查记录。

（2）分项工程质量验收合格的条件：
1）分项工程所含检验批均应符合合格质量的规定。
2）分项工程所含检验批的质量验收记录应完整。

（3）分部（子分部）工程质量验收合格的条件：
1）分部（子分部）工程所含分项工程的质量均应验收合格。
2）质量控制资料应完整。
3）地基与基础、主体结构和设备安装等分部工程有关安全及功能的检验及抽样检测结果应符合有关规定。
4）观感质量验收应符合要求。

(4) 单位（子单位）工程质量验收合格的条件：
1) 单位（子单位）工程所含分部（子分部）工程的质量均应验收合格。
2) 质量控制资料应完整。
3) 单位（子单位）工程所含分部工程有关安全和功能的检测资料应完整。
4) 主要功能项目的抽查结果应符合相关专业质量验收规范的规定。
5) 观感质量验收应符合要求。

3. 质量验收的组织程序

(1) 检验批和分项工程质量验收的组织程序。检验批和分项工程验收前，施工单位先填好检验批和分项工程验收记录，并由项目专业质量检查员和项目专业技术负责人分别在检验批和分项工程验收记录的相关栏目中签字；然后由监理工程师组织，严格按规定程序进行验收。检验批质量由专业监理工程师（或建设单位项目专业技术负责人）组织施工单位项目专业质量检查员等进行验收。分项工程质量应由监理工程师（或建设单位项目专业技术负责人）组织施工单位项目专业技术负责人等进行验收。

(2) 分部（子分部）工程质量验收组织程序。分部工程应由总监理工程师（或建设单位项目负责人）组织施工单位的项目负责人和技术、质量负责人等进行验收。由于地基基础、主体结构对技术性能要求严格，技术性强，关系整个工程的安全，因此，一般规定与地基基础、主体结构分部工程相关的勘察设计单位工程项目负责人和施工单位的技术、质量负责人也应参加相关分部工程验收。

(3) 单位（子单位）工程质量验收组织程序。单位（子单位）工程质量验收在施工单位自评完成后，由总监理工程师组织初验收，再由建设单位组织正式验收。单位（子单位）工程质量验收记录应由施工单位填写，验收结论由监理单位填写，综合验收结论由参加验收各方共同商定，由建设单位填写。单位（子单位）工程质量验收组织程序具体如下：

1) 预验收。当单位工程达到竣工验收条件后，施工单位应在自查、自评工作完成后，填写工程竣工报验单，并将全部竣工资料报送项目监理机构，申请竣工验收。总监理工程师应组织各专业监理工程师对竣工资料及各专业工程的质量情况进行全面检查，对检查出的问题，应督促施工单位及时整改。对需要进行功能试验的项目（包括单机试车和无负荷试车），监理工程师应督促施工单位及时进行试验，并对重要项目进行监督、检查，必要时请建设单位和设计单位参加。监理工程师应认真审查试验报告单并督促施工单位搞好成品保护和现场清理。经项目监理机构对竣工资料及实物全面检查、验收合格后，由总监理工程师签署工程竣工报验单，并向建设单位提出质量评估报告。

2) 正式验收。建设单位收到工程验收报告后，应由建设单位（项目）负责人组织施工（含分包单位）、设计、监理等单位的项目负责人进行单位（子单位）工程验收。单位工程由分包单位施工时，分包单位对所承包的工程项目应按规定的程序进行检查评定，总包单位应派人参加。分包工程完成后，应将工程有关资料交总包单位。建设工程经验收合格的，方可交付使用。在一个单位工程中，对满足生产要求或具备使用条件，施工单位已预验，监理工程师已初验通过的子单位工程，建设单位可组织进行验收。由几个施工单位负责施工的单位工程，当其中的施工单位所负责的子单位工程已按设计完成，并经自行检验合格，也可组织正式验收，办理交工手续。在对整个单位工程进行总验收时，已验收的子单位工程验收资料应作为单位工程验收的附件。

【案例6】

1. 背景

某建设单位投资兴建科研楼工程，为了加快工程进度，分别与三家施工单位签订了土建施工合同、电梯安装施工合同、装饰装修施工合同。三个合同都提出了一项相同的条款：建设单位应协调现场的施工单位，为施工单位创造可利用条件，如垂直运输等。

土建施工单位开槽后发现一条输气管道影响施工。建设单位代表察看现场后，认为施工单位放线有误，提出重新复查定位线。施工单位配合复查，没有查出问题。一天后，建设单位代表认为前一天复查时仪器有问题，要求更换测量仪器再次复测。施工单位只好停工配合复测，最后证明测量无错误。为此，施工单位向建设单位提出了反复检查两次的配合费用的索赔要求。

此外，土建施工单位在工程顶层结构楼板吊装施工的时候，电梯安装单位进入施工现场，而后装饰装修单位也在施工现场进行了大量垂直运输工作，三家施工单位因卷扬机使用问题发生了矛盾。由于建设单位没有协调好三个施工单位的协作关系，他们互相之间又没有合同约束，引起了电梯安装单位和装饰装修单位的索赔要求。最终，整个工程的工期延误了43日。

2. 问题

（1）建设单位代表在任何情况下要求重新检验，施工单位是否必须执行？其主要依据是什么？

（2）土建施工单位索赔是否有充分的理由？

（3）若再次检验不合格，施工单位应承担什么责任？

（4）电梯安装单位和装饰装修单位能否就工期延误向建设单位索赔？为什么？

3. 答案

（1）建设单位代表在任何情况下要求施工单位重新检验，施工单位必须执行，这是施工单位的义务。其主要依据是《建筑工程质量管理条例》第二十六条："施工单位对建设工程的施工质量负责。"

（2）土建施工单位索赔有充分的理由。因为该分项工程已检验合格，建设单位代表要求复验，复验结果若合格，建设单位应承担由此发生的一切费用。

（3）若再次检验不合格，施工单位应承担由此发生的一切费用。

（4）能索赔。由于建设单位未履行该工程的电梯安装施工合同和装饰装修施工合同中的相关条款，即"建设单位应协调现场的施工单位，为施工单位创造可利用条件，如垂直运输等。"因此，电梯安装单位和装饰装修单位可以就工期补偿或费用补偿向建设单位提出索赔。

课题五　施工合同管理中的投资控制

一、施工合同价款的确定

施工合同价款是指发包人和承包人在合同协议书中约定，发包人用以支付承包人按照合同约定完成承包范围内全部工程并承担质量保修责任的款项。招标工程的合同价款由发包人和承包人依据中标通知书中的中标价格在合同协议书中约定。合同价款在合同协议书中约定后，任何一方不得擅自改变，但它通常并不是最终的合同结算价格。最终的合同结算价格还应包括在施工过程中发生、经监理工程师确认后追加的合同价款，以及发包人按照合同规定对承包人的扣减款项。

实行招标的工程的合同价款应在中标通知书发出之日起30日内，由发（承）包双方依据招标文件和中标人的投标文件在书面合同中约定。

不实行招标的工程的合同价款，在发（承）包双方认可的工程价款基础上，由发（承）包双方在合同中约定。

通常有三种确定合同价款的方式，分别是：

（1）固定价格合同。对于此合同，双方在专用合同条款内约定合同价款包含的风险范围和风险费用的计算方法，在约定的风险范围内，合同价款不再调整；风险范围以外的合同价款调整方法，应当在专用合同条款内约定。如果发包人对施工期间可能出现的价格变动采取一次性付给承包人一笔风险补偿费用办法的，可在专用合同条款内写明补偿的金额和比例，写明补偿后是全部不予调整还是部分不予调整，以及可以调整项目的名称。

《建设工程工程量清单计价规范》（GB 50500—2013）中关于工程合同价款的约定的规定

（2）可调价格合同。对于此合同，合同价款可根据双方的约定而调整，双方在专用合同条款内约定合同价款的调整方法。

1）可调价格合同中合同价格的调整因素：

① 法律、行政法规和国家有关政策变化影响合同价款。

② 工程造价管理部门（国务院有关部门、县级以上人民政府建设行政主管部门或其委托的工程造价管理机构）公布的价格调整文件。

③ 一周内非承包人原因停水、停电、停气造成停工累计超过8h。

④ 双方约定的其他因素。

此时，双方在专用合同条款中可写明调整的范围和条件，除材料费外是否包括机械费、人工费、管理费等，对通用合同条款中所列出的调整因素是否还有补充，如对工程量增减和工程量变更的数量有限制的，还应写明限制的数量；调整的依据应写明是哪一级工程造价管理部门公布的价格调整文件；写明调整的方法、程序，承包人提出调价通知的时间，工程师批准和支付的时间等。

可调价格合同分为可调单价合同和可调总价合同，实行工程量清单计价的工程，宜采用可调单价合同。

2）可调价格合同中合同价款调整的程序。承包人应当在"可调价格合同中合同价格的调整因素"发生后14日内，将调整的原因、金额以书面形式通知监理工程师，监理工程师确认调整金额后作为追加合同价款，与工程款同期支付。监理工程师收到承包人通知后14日内不予确认也不提出修改意见，视为已经同意该项调整。

（3）成本加酬金合同。对于此合同，合同价款包括成本和酬金两部分，双方在专用合同条款内约定成本构成和酬金的计算方法。

二、工程预付款

预付款是在工程开工前发包人预先支付给承包人用来进行工程准备的一笔款项。发（承）包双方应在合同条款中对下列事项进行约定：

（1）预付工程款的数额，如为合同额的5%～15%等。

（2）预付工程款的支付方式和时间。如根据承包人的工作量，于某年某月某日前按预付款额度的比例支付等。

（3）预付款的扣除方式与比例。预付款一般应在工程竣工前全部扣回，可采取当工程开展到某一阶段（如完成合同额的60%～65%时）开始起扣，也可从每月的工程付款中扣回。

合同中没有约定或约定不明的，由双方协商确定；协商不能达成一致的，按《建设工程工程量清单计价规范》（GB 50500—2013）执行。

（4）未按时支付预付款的违约责任。一般规定，预付时间应不迟于约定的开工日期前7日。发包人不按约定预付，承包人在约定预付时间7日后向发包人发出要求预付的通知，发包人收到通知后仍不能按要求预付，承包人可在发出通知后7日停止施工，发包人应从约定应付之日起向承包人支付应付款的贷款利息，并承担违约责任。

三、工程款（进度款）的支付

1. 工程量的确认

对承包人已完成工程量进行计量、核实与确认，是发包人支付工程款的前提。发包人支付工程款，应按照合同约定计量和支付，支付周期同计量周期。承包人应在每个付款周期末，向发包人递交工程款支付申请，并附相应的证明文件。除合同另有约定外，工程款支付申请应包括下列内容：

（1）本周期已完成工程的价款。

（2）累计已完成的工程价款。

（3）累计已支付的工程价款。

（4）本周期已完成计日工金额。

（5）应增加和扣减的变更金额。

（6）应增加和扣减的索赔金额。

（7）应抵扣的工程预付款。

（8）应扣减的质量保证金。

（9）根据合同应增加和扣减的其他金额。

（10）本付款周期实际应支付的工程价款。

工程量具体的确认程序如下：

（1）承包人应按专用合同条款约定的时间，向监理工程师提交已完工程量的报告。

（2）监理工程师接到报告后7日内按设计图纸核实已完工程量（以下简称"计量"），并在计量前24h通知承包人。承包人为计量提供便利条件并派人参加。承包人收到通知后不参加计量的，计量结果有效，作为工程价款支付的依据。

（3）监理工程师收到承包人报告后7日内未进行计量，从第8日起，承包人报告中开列的工程量即视为已被确认，作为工程价款支付的依据。

（4）监理工程师不按约定时间通知承包人，致使承包人未能参加计量，计量结果无效。

（5）工程计量时，若发现工程量清单中出现漏项、工程量计算偏差，以及工程变更引起工程量的增减，应按承包人在履行合同义务过程中实际完成的工程量计量。

（6）对因承包人原因造成返工的工程量，监理工程师不予计量。

2. 工程款结算方式

合同双方应在专用合同条款中明确工程款的结算是按月结算、按形象进度结算、按竣工后一次性结算，还是按其他方式结算。

（1）按月结算。这是常见的一种工程款支付方式，一般在每个月末由承包人提交已完工程量报告，经监理工程师审查确认，签发月度付款证书后，由发包人按合同约定的时间支付工程款。

（2）按形象进度结算。这是一种常见的工程款支付方式，实际上是按工程形象进度分段结算的。当承包人完成合同约定的工程形象进度时，承包人提交已完工程量报告，经监理工程师审查确认，签发付款证书后，由发包人按合同约定的时间支付工程款。

（3）按竣工后一次性结算。当工程项目工期较短（12个月内）或合同价格较低（100万元以下）时，可采用工程价款每月月中预支、竣工后一次性结算的结算方式。

（4）按其他方式结算。结算双方可以在专用合同条款中约定采用并经开户银行同意的其他方式结算工程款。

3. 工程款支付的程序和责任

（1）发包人应在合同约定时间内核对和支付工程款。在确认计量结果后14日内（发包人在收到承包人递交的工程款支付申请及相应的证明文件后），发包人应向承包人支付工程款。同期用于工程的发包人供应的材料及设备价款、按约定时间发包人应扣回的预付款，与工程款同期调整。合同价款调整、监理工程师确认增加的工程变更价款及追加的合同价款、发包人或监理工程师同意确认的工程索赔等，也应与工程款同期调整支付。

（2）发包人超过约定的支付时间不支付工程款的，承包人可向发包人发出要求付款的通知；发包人未在合同约定时间内支付工程款的，承包人应及时向发包人发出要求付款的通知，发包人收到承包人通知后如不能按要求付款，可与承包人协商签订延期付款协议，协议应明确延期支付的时间和从付款申请生效后按同期银行贷款利率计算应付款的利息。

（3）发包人不按合同约定支付工程款，双方又未达成延期付款协议，导致施工无法进行时，承包人可停止施工，由发包人承担违约责任。

四、安全防护措施费用及其他费用的确认与支付

承包人在投标报价的措施项目清单中包含的通用措施项目费用包括：安全文明施工费（含环境保护、文明施工、安全施工、临时设施等费用），夜间施工费，二次搬运费，冬（雨）期施工费，大型机械设备进出场及安拆费，施工排水费，施工降水费，地上、地下设施及建筑物的临时保护设施费，已完工程及设备保护费。措施项目清单中的安全文明施工费应按照国家或省级、行业建设主管部门的规定计价，不得作为竞争性费用。

《建设工程工程量清单计价规范》（GB 50500—2013）中关于安全文明施工费、规费和税金计算的相关规定

1. 安全防护措施费用的承担

承包人应遵守工程建设安全生产有关规定，严格按安全标准组织施工，并随时接受行业安全检查人员依法实施的监督检查，采取必要的安全防护措施消除事故隐患。由于承包人安全措施不力造成事故的责任和因此而发生的费用，由承包人承担。

发包人应对其在施工场地的工作人员进行安全教育，并对他们的安全负责。发包人不得要求承包人违反安全管理规定进行施工。因发包人原因导致的安全事故，由发包人承担相应责任及所发生的费用。

承包人在动力设备、输电线路、地下管道、密封防震车间、易燃易爆地段以及临街交通要道附近施工时，施工开始前应向监理工程师提出安全保护措施，经监理工程师认可后实施，由发包人承担安全防护措施费用。

承包人在实施爆破作业或在放射性、毒害性环境中施工（含储存、运输、使用）及使用毒害性、腐蚀性物品施工时，承包人应在施工前14日以书面形式通知监理工程师，并提出相应的安全防护措施，经监理工程师认可后实施，由发包人承担安全防护措施费用。

发生重大伤亡事故及其他安全事故，承包人应按有关规定立即上报有关部门并通知监理工程师，同时按政府有关部门要求处理，由事故责任方承担发生的费用。双方对事故责任有争议时，应按政府有关部门的认定处理。

2. 运用专利技术及特殊工艺发生费用的确认

发包人要求使用专利技术或特殊工艺的，发包人应负责办理相应的申报手续，承担申报、试验、使用等费用。承包人应按发包人要求使用，并负责试验等有关工作。承包人提出使用专利技术或特殊工艺的，应取得监理工程师认可，承包人负责办理申报手续并承担有关费用。擅自使用专利技术侵犯他人专利权的，责任者依法承担相应责任。

3. 地下文物保护费和地下障碍物处置费

在施工中发现古墓、古建筑遗址等文物及化石，或其他有考古、地质研究等价值的物品时，承包人应立即保护好现场并于4h内以书面形式通知监理工程师，监理工程师应于收到通知后24h内报告当地文物管理部门，发包人和承包人按文物管理部门的要求采取妥善保护措施，由发包人承担由此发生的费用，延误的工期相应顺延。如发现后隐瞒不报，致使文物遭受破坏的，责任者依法承担相应责任。

施工中发现影响施工的地下障碍物时，承包人应于8h内以书面形式通知监理工程师，同时提出处置方案，监理工程师在收到处置方案后24h内予以认可或提出修正方案，由发包人承担由此发生的费用，延误的工期相应顺延。所发现的地下障碍物有归属单位时，发包人应报请有关部门协同处置。

五、索赔与现场签证管理

1. 索赔及索赔费用的认可

合同一方向另一方提出索赔时，应有正当的索赔理由和有效证据，并应符合合同的相关约定。若承包人认为非承包人原因发生的事件造成了承包人的经济损失，承包人应在确认该事件发生后，按合同约定向发包人发出索赔通知。发包人在收到最终索赔报告后并在合同约定时间内，未向承包人做出答复的，视为该项索赔已经认可。

2. 承包人索赔费用的认可程序

（1）承包人在合同约定的时间内向发包人递交费用索赔意向通知书，并在合同约定的时间内向发包人递交费用索赔申请表。

（2）发包人指定的专人初步审查费用索赔申请表，经造价工程师复核索赔金额后，与承包人协商确定并由发包人批准；承包人的费用索赔与工程延期索赔要求相关联时，发包人在做出费用索赔的批准决定时，应结合工程延期的批准，综合做出费用索赔和工程延期的决定。

3. 现场签证及现场签证费用的确认

若承包人应发包人要求完成合同以外的零星工作或非承包人责任事件发生时，承包人应按合同约定及时向发包人提出现场签证。发（承）包双方确认的现场签证费用与工程款同期支付。

六、工程价款的调整

1. 工程价款调整的情形

（1）招标工程以投标截止日前28日，非招标工程以合同签订前28日为基准日；其后，法律法规、规章和政策发生变化影响工程造价的，应按省级或行业建设主管部门或其授权的工程造价管理机构发布的规定调整工程价款。

（2）若施工中出现施工图纸（含设计变更）与工程量清单项目特征描述不符的，发（承）包双方应按新的项目特征确定相应工程量清单项目的综合单价。

（3）因分部分项工程量清单漏项或非承包人原因的工程变更，造成增加新的工程量清单项目，其对应的综合单价按下列方法确定：

1）已有适用的综合单价的，按合同中已有的综合单价确定。

2）有类似的综合单价的，参照类似的综合单价确定。

3）没有适用或类似的综合单价的，由承包人提出综合单价，经发包人确认后执行。

（4）分项工程量清单漏项或非承包人原因的工程变更，引起措施项目发生变化，造成施工组织设计或施工方案变更的，原措施费中已有的措施项目，按原措施费的组价方法调整；原措施费中没有的措施项目，由承包人根据措施项目变更情况，提出适当的措施费变更，经发包人确认后调整。

（5）发包人原因引起的工程量增减，该项工程量变化在合同约定幅度以内的，应执行原有的综合单价；该项工程量变化在合同约定幅度以外的，其综合单价及措施项目费应予以调整。

（6）施工期内市场价格波动超出一定幅度时，应按合同约定调整工程价款；合同没有约定或约定不明确的，应按省级或行业建设主管部门或其授权的工程造价管理机构的规定调整。

（7）因承包人原因导致工程变更的，承包人无权要求追加合同价款。

2. 工程价款调整的程序

（1）工程价款调整报告由受益方在合同约定时间内向合同的另一方提出，经对方确认后调整合同价款。受益方未在合同约定时间内提出工程价款调整报告的，视为不涉及合同价款的调整。

（2）工程价款调整报告的一方应在合同约定时间内确认或提出协商意见，否则，视为工程价款调整报告已经确认。

（3）发（承）包人调整的工程价款，作为追加（减）合同价款与工程款同期支付。

七、竣工结算

1. 承包人递交竣工结算报告及有关责任

（1）工程竣工验收报告经发包人认可后 28 日内，承包人向发包人递交竣工结算报告及完整的结算资料，双方按照合同协议书约定的合同价款及专用条款约定的合同价款调整内容，进行工程竣工结算。

（2）竣工结算由承包人或受其委托的工程造价咨询人编制，由发包人或受其委托的工程造价咨询人核对。

（3）竣工结算的依据：《建设工程工程量清单计价规范》（GB 50500—2013）；施工合同；工程竣工图纸及有关资料；双方确认的工程量；双方确认追加（减）的工程价款；双方确认的索赔、现场签证事项及价款；投标文件；招标文件；其他依据。

（4）工程竣工验收报告经发包人认可后 28 日内，承包人未能向发包人递交竣工结算报告及完整的结算资料，造成工程竣工结算不能正常进行或工程竣工结算价款不能及时支付，发包人要求交付工程的，承包人应当交付；发包人不要求交付工程的，承包人承担保管责任。

2. 竣工结算价款的支付

发包人确认竣工结算报告后通知经办银行向承包人支付工程竣工结算价款。承包人在收到竣工结算价款后 14 日内将竣工工程交付发包人。

《中华人民共和国民法典》中涉及工程价款结算的相关规定

《建设工程工程量清单计价规范》（GB 50500—2013）中关于竣工结算的相关规定

强化工程进度款支付和工程结算管理

3. 发包人不支付竣工结算价款的违约责任

（1）发包人收到竣工结算报告及结算资料后 28 日内无正当理由不支付工程竣工结算价款的，应从第 29 日起按承包人同期向银行贷款的利率支付拖欠工程价款的利息，并承担违约责任。

（2）发包人收到竣工结算报告及结算资料后 28 日内不支付工程竣工结算价款的，承包人可以催告发包人支付

《建设工程工程量清单计价规范》（GB 50500—2013）中关于工程计价争议处理的相关规定

结算价款。发包人在收到竣工结算报告及结算资料后 56 日内仍不支付的，承包人可以与发包人协议将该工程折价，也可以由承包人申请人民法院将该工程依法拍卖，承包人就该工程折价或者拍卖的价款优先受偿。

【案例7】

1. 背景

某施工单位（承包人）于2020年2月参加某综合楼工程的投标，根据业主提供的全部施工图纸和工程量清单提出报价并中标，2020年3月开始施工。该工程采用的合同方式为以工程量清单为基础的固定单价合同。计价依据为《建设工程工程量清单计价规范》（GB 50500—2013）。合同约定了合同价款的调整因素和调整方法，摘要如下：

（1）合同价款的调整因素：

1）分部分项工程量清单：设计变更、施工洽商部分据实调整；由于工程量清单的工程数量与施工图纸之间存在差异，幅度在±3%以内的，不予调整，超出±3%的部分据实调整。

2）措施项目清单：投标报价中的措施费已包干，不作调整。

3）综合单价的调整：出现新增、错项、漏项的项目或原清单工程量变化超过±10%的，调整综合单价。

（2）调整综合单价的方法：

1）由于工程量清单错项、漏项或设计变更、施工洽商引起新的工程量清单项目，其相应综合单价由承包人根据同期市场价格水平提出，经发包人确认后作为结算的依据。

2）由于工程量清单的工程数量有误或设计变更、施工洽商引起工程量增减，幅度在10%以内的，执行原综合单价；幅度在10%以外的，其增加部分的工程量或减少后剩余部分的工程量的综合单价由承包人根据同期市场价格水平提出，经发包人确认后，作为结算的依据。

施工过程中发生了以下事件：

事件一：工程量清单给出的基础垫层工程量为180m³，而根据施工图纸计算的垫层工程量为185m³。

事件二：工程量清单给出的挖基础土方工程量为9600m³，而根据施工图纸计算的挖基础土方工程量为10080m³。挖基础土方的综合单价为40元/m³。

事件三：合同中约定的施工排水、降水费用为133000元；施工过程中考虑到该年份雨水较多，施工排水、降水费用增加到140000元。

事件四：施工过程中，由于预拌混凝土出现质量问题，部分梁的承载能力不足，经设计单位和业主同意，对梁进行了加固，设计单位进行了计算并提出加固方案。由于此项设计变更造成费用增加8000元。

事件五：因业主改变部分房间用途，提出设计变更，防静电活动地面由原来的400m²增加到500m²，合同确定的综合单价为420元/m²，施工时市场价格水平发生变化，施工单位根据同期市场价格水平，确定综合单价为435元/m²，经业主和监理工程师审核并批准。

2. 问题

（1）该工程采用的是固定单价合同，合同中又约定了综合单价的调整方法，该约定是否妥当？为什么？

（2）该项目施工过程中所发生的以上事件，是否可以进行相应合同价款的调整？应如何调整？

3. 答案

本案例主要考核合同价款的调整。通过案例教学，要求学生掌握工程合同价款的约定和调整，掌握预付款、进度款的计算，掌握竣工工程的结算。本案例计算的主要依据有《建设工程工程量清单计价规范》(GB 50500—2013)、《建设工程价款结算暂行办法》(财建[2004] 369号)、《建设工程施工合同(示范文本)》(GF—2017—0201)等。

(1) 该约定妥当。根据《建设工程施工合同(示范文本)》(GF—2017—0201),采用固定价格合同的,合同双方在约定的风险范围内合同价款不再调整;风险范围以外的合同价款调整方法,在专用合同条款内约定。本案例综合单价在风险范围内,不再调整。专用合同条款约定的调整范围,是指风险范围以外的合同价款调整。

(2) 本案例中所发生的事件,应按如下方法处理:

事件一:不可调整。工程量清单的基础垫层工程量与按施工图纸计算的工程量的差异幅度为 $(185-180)m^3 \div 180m^3 = 2.78\% < 3\%$。根据本案例合同条款,工程量清单的工程数量与施工图纸之间存在差异,幅度在±3%以内的,不予调整。因此依据合同不予调整。

事件二:可调整。工程量清单的挖基础土方工程量与按施工图纸计算的工程量的差异幅度为 $(10080-9600)m^3 \div 9600m^3 = 5\% > 3\%$。该工程量差异幅度已经超过3%,依据合同可以进行调整。依据合同,超出3%部分可以调整,即可以调整的挖基础土方工程量为 $10080m^3 - 9600m^3 \times (1+3\%) = 192m^3$。由于工程量差异幅度为5%,未超过合同约定的10%,因此按合同约定执行原有综合单价,应调整的价款为 $40元/m^3 \times 192m^3 = 7680元$。

事件三:不可调整。施工排水、降水费用属于措施费,按合同约定不能调整。

事件四:不可调整。预拌混凝土出现质量问题属于承包商的问题,根据《建设工程施工合同(示范文本)》(GF—2017—0201)通用合同条款规定,因承包人自身原因导致的工程变更,承包人无权要求追加合同价款。

事件五:可调整。因为该事件是由于设计变更引起的工程量增加。合同约定由于设计变更、施工洽商部分引起工程量增减的,应据实调整。本案例事件五工程量增加的幅度为 $(500-400)m^2 \div 400m^2 = 25\%$,增加幅度已超过10%,按合同可以进行综合单价调整。根据合同约定,增加幅度在10%以外的,增加部分的工程量的综合单价由承包人根据同期市场价格水平提出,并经发包人确认。事件五应结算的价款为:

1) 按原综合单价计算的工程量为 $400m^2 \times (1+10\%) = 440m^2$。
2) 按新的综合单价计算的工程量为 $500m^2 - 400m^2 \times (1+10\%) = 500m^2 - 440m^2 = 60m^2$。
3) 调整后的价款为 $420元/m^2 \times 440m^2 + 435元/m^2 \times 60m^2 = 210900元$。

拓展讨论

党的二十大报告提出,坚持安全第一、预防为主,建立大安全大应急框架,完善公共安全体系,推动公共安全治理模式向事前预防转型。推进安全生产风险专项整治,加强重点行业、重点领域安全监管。

请思考: 建筑工程施工安全管理的原则有哪些?如何保证施工现场的安全生产费用专款专用?

同步测试

一、单项选择题

1.《建设工程施工合同(示范文本)》(GF—2017—0201)中规定的在专用合同条款内

可约定采用的确定合同价款的方式不包括（　　）。

A. 固定价格合同　　B. 可调价格合同　　C. 成本加酬金合同　　D. 成本加利润合同

2. 某制药厂的生产车间是一栋两层高低跨厂房，建筑面积约8500m²。按照公开招标的程序，经过资格预审及公开开标、评标后，甲乙双方签订了建筑安装工程承包合同，合同规定工期为9个月，甲方也按规定提供了工程地质资料和设计图纸。则双方采用（　　）方式可使建设单位承担的风险最小。

A. 固定单价合同　　B. 固定总价合同　　C. 可调价格合同　　D. 成本加酬金合同

3. 对发（承）包双方而言，下列（　　）方式分担风险最为合理。

A. 固定单价合同　　B. 固定总价合同　　C. 可调价格合同　　D. 成本加酬金合同

4. 一般情况下，签订成本加酬金合同不利于工程的（　　）。

A. 进度控制　　B. 质量控制　　C. 成本控制　　D. 安全控制

5. 实行工程量清单计价应采用（　　）。

A. 不完全单价法　　B. 工料单价法　　C. 全费用单价法　　D. 综合单价法

6. 按《建设工程施工合同（示范文本）》(GF—2017—0201)规定，工程预付款的预付时间应不迟于约定的开工日期前（　　）。

A. 7日　　B. 10日　　C. 14日　　D. 28日

7. 关于工程价款的调整，下列说法正确的是（　　）。

A. 发生清单漏项时，若合同中没有适用于变更工程的综合单价，应由监理工程师提出综合单价并经发包人确认后执行

B. 因不可抗力事件导致的工程损害所需要的清理、修复费用由发包人承担

C. 因非承包人的原因引起的工程量变化超过合同约定的幅度，应对其综合单价予以调整

D. 收到调整工程价款报告的一方，应在收到之日起10日内予以确认或提出协商意见，否则视为确认

8. 分部分项工程量清单采用综合单价计价，它不同于全费用综合单价，它的单价中不包含（　　），因而更能体现企业自身的报价水平。

A. 管理费和税金　　B. 管理费和规费　　C. 规费和税金　　D. 规费和风险因素

9. 某工程合同价款为1500万元，施工工期312日，工程预付款为合同价款的25%，主要材料、设备所占比重为60%，则预付款的起扣点为（　　）万元。

A. 875　　B. 625　　C. 600　　D. 375

10. 《建设工程工程量清单计价规范》(GB 50500—2013)规定，如果发包人在收到承包人要求预付工程款的通知后仍不按要求预付，承包人可在发出通知（　　）日后停止施工。

A. 7　　B. 10　　C. 14　　D. 28

11. 《建设工程工程量清单计价规范》(GB 50500—2013)规定，发包人应在收到承包人递交的工程款支付申请及相应的证明文件后（　　）日内核对和支付工程款。

A. 7　　B. 10　　C. 14　　D. 28

12. 工程竣工结算应（　　）。

A. 由承包人负责编制，由监理工程师核对

B. 由承包人和发包人共同编制，由监理工程师核对

C. 由承包人和发包人共同编制，互相核对

D. 由承包人负责编制，由发包人核对

13. 下列说法正确的是（　　）。

A. 分段结算的工程，可以按月预支工程款

B. 实行按月结算进度款的工程，不需要预付工程款

C. 实行按月结算与支付的工程，不需要进行竣工结算

D. 分段结算与支付的工程，应按季度结算工程款

14. 工程预付款主要是保证承包人施工所需（　　）。

A. 施工机械的正常储备　　　　　B. 材料和构（配）件的储备

C. 临时设施的准备　　　　　　　D. 施工管理费用的支付

15. 发包人应在竣工结算书确认后（　　）日内向承包人支付工程结算价款。

A. 7　　　　　B. 10　　　　　C. 14　　　　　D. 15

二、多项选择题

1. 建设工程合同按照承包工程计价方式可分为（　　）。

A. 固定总价合同　　B. 固定价格合同　　C. 可调价格合同　　D. 成本加酬金合同

E. 可调单价合同

2. 可调价格合同中，合同价格的调整因素包括（　　）。

A. 政策法规的变化　　　　　　　B. 材料市场价格的变化

C. 一周内非承包人原因停水、停电、停气造成的停工累计超过 8h

D. 双方约定的其他因素　　　　　E. 工程造价管理部门公布的价格调整

3. 固定总价合同一般适用于（　　）的工程项目。

A. 工期较短　　　B. 技术不太复杂　　C. 工程量能够较准确地计算

D. 风险不大　　　E. 纠纷不多

4. 《建设工程施工合同（示范文本）》（GF—2017—0201）由（　　）组成。

A. 合同协议书　　　　B. 普通条款　　　　C. 通用合同条款

D. 补充条款　　　　　E. 专用合同条款

5. 工程款的支付是施工过程中的一项经常性的工作。其（　　）都应在施工合同中做出具体的规定。

A. 支付数额　　　　　B. 支付方式　　　　C. 支付时限

D. 延期支付的方式　　E. 延期支付的利息

6. 工程量清单应由（　　）组成。

A. 分部分项工程量清单　　B. 措施项目清单　　C. 其他项目清单

D. 零星项目清单　　　　　E. 规费项目清单、税金项目清单

7. 工程预付款的额度一般根据（　　）等因素经测算确定。

A. 施工周期　　　　　　　　　　B. 建筑安装工程的工作量

C. 主要材料和构（配）件费用占建筑安装工程的工作量的比例

D. 材料单价　　　　　　　　　　E. 材料储备周期

8. 采用工程量清单计价的工程，当发生综合单价需要调整时，应采取的办法有（　　）。

A. 由工程量清单漏项增加的工程量清单项目，其相应综合单价由承包人提出，经发包

人确认后，作为结算依据

B. 因非承包人的原因引起的工程量增减在合同约定幅度以内的，应执行原综合单价

C. 因非承包人的原因引起的工程量增减在合同约定幅度以外的部分由承包人提出，经监理工程师确认后作为结算依据

D. 因非承包人的原因引起的工程量增减在合同约定幅度以外的部分由承包人提出，经发包人确认后作为结算依据

E. 若出现施工图纸与清单项目特征描述不符的，双方应按新的项目特征确定该清单项目的综合单价

9.《建设工程施工合同（示范文本）》（GF—2017—0201）规定，施工合同文件的组成内容包括（　　）。

A. 中标通知书　　　　　B. 招标文件　　　　　C. 投标书及其文件
D. 技术规范　　　　　　E. 工程量清单

10.《建设工程施工合同（示范文本）》（GF—2017—0201）规定，应由承包人承担的工作包括（　　）。

A. 确定水准点和坐标控制点
B. 将施工所需通信线路从施工场地外部接至专用合同条款约定的地点
C. 提供进度统计报表　　　　D. 提供和维修围栏设施
E. 做好施工现场邻近建筑物、构筑物保护

三、案例分析题

1. 某施工单位承包了某工程项目的施工任务，工期为 10 个月。业主（发包人）与施工单位（承包人）签订的合同中关于工程价款的内容有：

（1）建筑安装工程造价 1200 万元。

（2）工程预付款为建筑安装工程造价的 20%。

（3）扣回预付款的时间：从工程款（含预付款）支付至合同价款的 60% 后，开始从当月的工程款中扣回预付款，预付款分三个月扣回。预付款扣回比例：开始扣回的第一个月，扣回预付款的 30%；第二个月扣回预付款的 40%；第三个月扣回预付款的 30%。

（4）工程质量保修金（保留金）为工程结算价款总额的 3%，最后一个月一次性扣除。

（5）工程款支付方式为按月结算。

分月完成工程款见表 7-3。

表 7-3　分月完成工程款　　　　　　　　　　　　（单位：万元）

月　　份	1~3	4	5	6	7	8	9	10
实际完成工程款	320	130	130	140	140	130	110	100

问题：

（1）该工程预付款为多少？该工程的预付款起扣点为多少？该工程的工程质量保修金为多少？

（2）该工程各月应拨付的工程款为多少？累计工程款为多少？

（3）在合同中承包人承诺，工程保修期内若发生属于保修范围内的质量问题，在承包人接到通知后的 72h 内到现场查看并维修。该工程竣工后在保修期内发现部分卫生间的墙面

瓷砖大面积空鼓脱落，业主向承包人发出书面通知并多次催促其修理，承包人一再拖延。两周后业主委托其他施工单位修理，修理费1万元，该项费用应如何处理？

2. 高层办公楼业主与A施工总承包单位签订了施工总承包合同，并委托了工程监理。经总监理工程师审核批准，A单位将桩基础施工分包给B专业基础工程公司。B单位将劳务工作分包给C劳务公司并签订了劳务分包合同。C单位进场后编制了桩基础施工方案，经B单位项目经理审批同意后即组织了施工。由于桩基础施工时总承包单位未全部进场，B单位要求C单位自行解决施工用水、供电、供热、通信等施工管线和施工道路。

问题：

（1）桩基础施工方案的编制和审批是否正确？说明理由。

（2）B单位的要求是否合理？说明理由。

（3）桩基础验收合格后，C单位向B单位递交完整的结算资料，要求B单位按照合同约定支付劳务报酬尾款，B单位以A单位未付工程款为由拒绝支付。B单位的做法是否正确？说明理由。

3. 某承包人与有资质的某劳务分包人签订了劳务分包合同，合同中约定了不同工作成果的计件单价（含管理费）。工程于6个月后竣工，并经发包人验收合格。在质量保修期内，承包人发现有一墙面抹灰质量不合格，导致墙面面层及抹灰大面积脱落。于是，承包人向劳务分包人提出经济索赔2万元，劳务分包人不予确认。

问题：

（1）劳务报酬的约定有哪几种方式？

（2）工时及工程量的确认如何处理？

（3）劳务分包人的做法是否正确？为什么？

4. 某住宅工程以公开招标的形式确定了中标单位。招标文件规定，以固定总价合同承包。签订施工合同时，施工图设计尚未完成。中标的建筑公司中标后经过艰苦谈判确定合同价850万元。该建筑公司认为工程结构简单并且对施工现场、周围环境非常熟悉，未到现场进行勘察；另外，考虑工期不到一年，市场材料价格不会发生太大的变化，所以就接受了固定总价的合同形式。合同条款中规定：

（1）乙方按业主代表批准的施工组织设计（或施工方案）组织施工，乙方不承担因此引起的工期延误和费用增加的责任。

（2）甲方向乙方提供场地的工程地质和地下主要管线资料，供乙方参考使用。

问题：

（1）双方选择固定总价合同的形式是否妥当？乙方承担哪些主要风险？乙方做法有哪些不足？

（2）建设工程合同按照承包工程计价方式分为哪几类？

（3）建设工程施工合同中约定的发（承）包人的义务有哪些？

（4）合同条款中有哪些不妥之处？

单元八

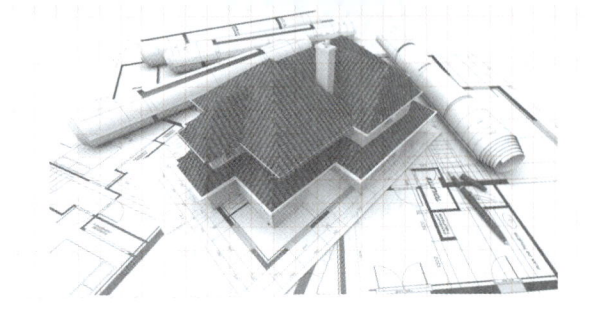

建设工程相关合同管理

> **知识目标**
> - 了解建设工程勘察设计合同管理的内容。
> - 掌握建设工程物资采购合同管理的内容。
> - 了解建设工程监理合同管理的内容。

> **能力目标**
> - 能解释建设工程勘察设计合同管理的内容。
> - 能写出建设工程物资采购合同管理的内容。
> - 能写出建设工程监理合同管理的内容。

> **导 语**

建设工程合同管理除了施工合同管理外,还有建设工程勘察设计合同管理、建设工程物资采购合同管理、建设工程监理合同管理等。

课题一　建设工程勘察设计合同管理

一、勘察设计合同示范文本

(一)《建设工程勘察合同(示范文本)》(GF—2016—0203)

2016年,住房和城乡建设部、国家工商行政管理总局制定了《建设工程勘察合同(示范文本)》(GF—2016—0203)。《建设工程勘察合同(示范文本)》(GF—2016—0203)由合同协议书、通用合同条款和专用合同条款三部分组成。

1. 合同协议书

合同协议书共计12条,主要包括工程概况、勘察范围和阶段、技术要求及工作量、合同工期、质量标准、合同价款、合同文件构成、承诺、词语定义、签订时间、签订地点、合同生效和合同份数内容,集中约定了合同当事人基本的合同权利义务。

2. 通用合同条款

通用合同条款是合同当事人根据《民法典》《建筑法》《招标投标法》等相关法律法规的规定,就工程勘察的实施及相关事项对合同当事人的权利义务做出的原则性约定。

通用合同条款具体包括一般约定、发包人、勘察人、工期、成果资料、后期服务、合同价款与支付、变更与调整、知识产权、不可抗力、合同生效与终止、合同解除、责任与保险、违约、索赔、争议解决及补充条款共计17条。上述条款安排既考虑了现行法律法规对工程建设的有关要求，也考虑了工程勘察管理的特殊需要。

3. 专用合同条款

专用合同条款是对通用合同条款原则性约定的细化、完善、补充、修改或另行约定的条款。合同当事人可以根据不同建设工程的特点及具体情况，通过双方的谈判、协商对相应的专用合同条款进行修改及补充。

（二）建设工程设计合同示范文本

建设工程设计合同示范文本按照委托任务的不同分为两个版本：

1.《建设工程设计合同示范文本（房屋建筑工程）》(GF—2015—0209)

2015年，住房和城乡建设部、国家工商行政管理总局制定了《建设工程设计合同示范文本（房屋建筑工程）》(GF—2015—0209)。《建设工程设计合同示范文本（房屋建筑工程）》(GF—2015—0209)由合同协议书、通用合同条款和专用合同条款三部分组成。

（1）合同协议书。合同协议书集中约定了合同当事人基本的合同权利义务。

（2）通用合同条款。通用合同条款是合同当事人根据《建筑法》《民法典》等法律法规的规定，就工程设计的实施及相关事项，对合同当事人的权利义务做出的原则性约定。

通用合同条款既考虑了现行法律法规对工程建设的有关要求，也考虑了工程设计管理的特殊需要。

（3）专用合同条款。专用合同条款是对通用合同条款原则性约定的细化、完善、补充、修改或另行约定的条款。合同当事人可以根据不同建设工程的特点及具体情况，通过双方的谈判、协商对相应的专用合同条款进行修改及补充。

2.《建设工程设计合同示范文本（专业建设工程）》(GF—2015—0210)

2015年，住房和城乡建设部、国家工商行政管理总局制定了《建设工程设计合同示范文本（专业建设工程）》(GF—2015—0210)。

《建设工程设计合同示范文本（专业建设工程）》(GF—2015—0210)适用于房屋建筑工程以外各行业建设工程项目的主体工程和配套工程（含厂区/矿区内的自备电站、道路、专用铁路、通信、各种管网管线和配套的建筑物等全部配套工程）的设计活动，以及与主体工程、配套工程相关的工艺、土木、建筑、环境保护、水土保持、消防、安全、卫生、节能、防雷、抗震、照明等工程的设计活动。

房屋建筑工程以外的各行业建设工程统称为专业建设工程，具体包括煤炭、化工石化医药、石油天然气（海洋石油）、电力、冶金、军工、机械、商物粮、核工业、电子通信广电、轻纺、建材、铁道、公路、水运、民航、市政、农林、水利、海洋等工程。

《建设工程设计合同示范文本（专业建设工程）》(GF—2015—0210)由合同协议书、通用合同条款和专用合同条款三部分组成。

（1）合同协议书。合同协议书集中约定了合同当事人基本的合同权利义务。

（2）通用合同条款。通用合同条款是合同当事人根据《建筑法》《民法典》等法律法规的规定，就工程设计的实施及相关事项，对合同当事人的权利义务做出的原则性约定。

通用合同条款既考虑了现行法律法规对工程建设的有关要求，也考虑了工程设计管理的特殊需要。

（3）专用合同条款。专用合同条款是对通用合同条款原则性约定的细化、完善、补充、修改或另行约定的条款。合同当事人可以根据不同建设工程的特点及具体情况，通过双方的谈判、协商对相应的专用合同条款进行修改及补充。

二、工程勘察设计合同订立的形式和程序

1. 承包人审查工程项目的批准文件

承包人在接受委托勘察或设计任务前，必须对发包人所委托的工程项目的批准文件进行全面审查。这些文件是工程项目实施的前提条件。

2. 发包人提出勘察设计的要求

发包人提出的勘察设计要求主要包括勘察设计的期限、进度、质量等。勘察设计工作有效期限以发包人下达的开工通知书或合同规定的时间为准，如遇特殊情况时（设计变更、工作量变化、不可抗力影响以及非承包人原因造成的停工、窝工等），工期相应顺延。

3. 承包人确定取费标准和进度

承包人根据发包人的勘察设计要求和发包人提供的工程项目资料，研究并确定收费标准和费用，提出取费标准和进度。

4. 合同条款协商

合同双方当事人应就合同的各项条款协商并取得一致意见。

三、勘察设计合同中双方的义务和责任

1. 双方的义务

（1）发包人的义务。发包人应负责提供工程项目的资料或文件、技术要求、期限，以及合同中规定的共同协作应承担的有关准备工作和其他服务项目。

1）提供设计依据资料。发包人应按时提供设计依据资料和基础资料，而且要对资料的正确性、完整性及时限负责。

2）提供必要的现场工作条件。发包人有义务为承包人在现场工作期间提供必要的工作、生活方面的条件，可能涉及工作、生活、交通等方面的便利条件，以及必要的劳动保护装备。

3）外部协调工作。设计阶段成果完成后，应由发包人组织鉴定和验收，并负责向发包人的上级或有管理资质的设计审批部门完成审批手续。

施工图完成后，发包人应将施工图报送建设行政主管部门，并由其委托的审查机构进行安全和强制性标准、规范执行情况等内容的审查。发包人和承包人共同保证施工图设计满足以下条件：

① 建筑物（包括地基基础、主体结构体系）的施工图设计稳定、安全、可靠。

② 施工图设计符合消防、节能、环保、抗震、卫生、人防等有关强制性标准、规范的规定。

③ 施工图达到规定的设计深度。

④ 不存在有可能损害公共利益的其他影响。

4）其他相关工作。发包人委托承包人配合引进项目的设计任务，从询价、对外谈判、国内外技术考察直至建成投产的各个阶段，应吸收承包人参加。出国费用，除制装费外，其

他费用由发包人支付。

5) 保护承包人的知识产权。未经承包人同意,发包人对交付的设计资料及文件不得擅自修改、复制或向第三人转让或用于本合同外的项目。

6) 遵循合理设计周期规律。如果发包人从施工进度的需要或其他方面的考虑,要求承包人比合同规定时间提前交付设计文件时,必须征得承包人同意,并应支付相应的赶工费。

(2) 承包人的义务:

1) 保证工程质量。承包人要按合同规定的标准完成各阶段的设计任务,并对提交的设计文件的质量负责。承包人要注明建(构)筑物的合理使用年限,对选用的材料、构(配)件要注明规格、型号、性能等技术指标。

各阶段审查对设计文件提出的修改意见,承包人应负责修正和完善。承包人应按规定参加有关的设计审查,并根据审查结论负责对不超出原定范围的内容作必要的调整补充。

2) 对外商的设计资料进行审查。需要使用外商提供的资料时,承包人应负责对外商的设计资料进行审查,并负责该合同项目的联络工作。

3) 工作任务:

① 初步设计的工作任务包括总体设计(大型工程);方案设计,包括建筑设计、工艺设计、方案比选等;编制初步设计文件,包括完善选定的方案、分专业设计并汇总、编制说明与概算、参加初步设计审查会议、修正初步审计等。

② 技术设计的工作任务包括提出技术设计计划,包括工艺流程试验研究、特殊设备的研制、大型建(构)筑物关键部位的试验研究;编制技术设计文件;参加初步审查,并作必要修正。

③ 施工图设计的工作任务包括建筑、结构和设备设计,专业设计的协调,编制施工图设计文件。

4) 配合施工的义务包括设计交底、解决施工中出现的设计问题、工程验收等。

5) 承包人应保护发包人的知识产权,不得向第三人泄露、转让发包人提交的图纸等技术经济资料。

2. 双方的责任

(1) 发包人的责任:

1) 发包人应负责勘察现场的水电供应、道路平整、现场清理等工作,以保证勘察工作的顺利进行。

2) 若勘察现场需要看守,特别是在有毒、有害等危险现场作业时,发包人应派人负责安全保卫工作,并按国家有关规定,对从事危险作业的现场人员进行保健防护,并承担费用。

3) 工程勘察前,若发包人负责提供材料的,应根据承包人提出的工程用料计划,按时提供各种材料及其产品合格证明,承担费用和运到现场,并与承包人一起验收。

4) 勘察过程中的任务变更,经办理正式手续后,发包人应按实际发生的工作量支付勘察费。

5) 由于发包人原因造成承包人停(窝)工,除工期顺延外,发包人应支付停(窝)工费;发包人若要求在合同规定时间内完工,发包人应向承包人支付经双方协商的加班费。

6) 按照国家有关规定和合同的约定支付勘察费用。按规定收取费用的勘察合同生效后，发包人应向承包人支付定金。提交勘察成果资料后，发包人应在合同规定时间内一次性付清全部工程勘察费用。

7）发包人应承担合同有关条款规定和补充协议中发包人应负的其他责任。

8）在未签合同前发包人已同意并确认承包人为发包人所做的各项设计工作，应按收费标准支付相应设计费。

9）发包人要求承包人比合同规定时间提前交付设计资料及文件时，如果承包人能够做到，发包人应根据承包人提前投入的工作量，向承包人支付赶工费。

10）在承包人进入现场指导和配合施工时，发包人应负责提供必要的工作、生活及交通等条件。

11）发包人应向承包人明确设计的范围和深度。

12）负责及时向有关部门办理各设计阶段的设计文件的审批工作。

13）按照国家有关规定和合同的约定支付设计费用，按规定收取费用的设计合同生效后，发包人向承包人支付定金。设计任务的定金约为预计设计费的20%。设计工作的取费，一般应根据工程种类、建设规模和工程的繁简程度确定。

14）发包人应承担承包人规定的设计文件中保密条款的保密责任。

（2）承包人的责任：

1）若承包人提供的勘察成果资料质量不合格，承包人应负责无偿给予补充完善使其达到质量合格要求；若承包人无力补充完善，需另委托其他单位时，承包人应承担全部勘察费用；或因勘察质量不合格造成重大经济损失或工程事故时，承包人除应负法律责任，退回直接受损失部分的勘察费外，还应根据损失程度向发包人支付赔偿金。

2）承包人承担合同有关条款规定的和补充协议中承包人应负的其他责任。

3）如果建设项目的设计任务由两个以上的设计单位配合完成，如委托其中一个设计单位为总承包时，签订总承包合同，总包单位对发包人负责。总包单位和各分包单位签订分包合同，分包单位对总包单位负责。

4）发包人或承包人不履行合同造成违约行为的，应承担违约责任。

四、发包人对勘察设计合同的管理

1. 设计阶段管理工作的职责范围

设计阶段的管理，一般是指由建设项目已经取得立项批准文件以及必需的有关批文后，从编制设计任务书开始，直到完成施工图设计的全过程管理。设计阶段管理工作的职责范围包括：

（1）根据设计任务书等有关批示和资料编制设计要求，委托项目咨询机构编制设计招标文件。

（2）组织设计方案招（投）标，并参与评选设计方案。

（3）协助选择勘察设计单位，或提出评标意见及建议中标单位名单。

（4）协助起草勘察设计合同条款及协议书。

（5）监督勘察设计合同的履行情况。

（6）审查勘察设计阶段的方案和勘察设计结果。

（7）向建设单位提出支付合同价款的意见。

(8) 审查项目概（预）算。

2. 发包人对勘察设计合同管理的重要依据

(1) 批准的可行性研究报告及设计任务书。

(2) 建设工程勘察设计合同。

(3) 经批准的选址报告及规划部门批文。

(4) 工程地质、水文地质资料及地形图。

(5) 其他资料。

五、承包人对勘察设计合同的管理

1. 建立专门的合同管理机构

建设工程勘察设计单位应当设立专门的合同管理机构，对合同实施的各个步骤进行监督、控制，不断完善建设工程勘察设计合同的自身管理机制。

2. 承包人对合同的管理实施

(1) 合同订立时的管理。承包人设立的专门的合同管理机构对建设工程勘察设计合同的订立全面负责，并实施监管、控制。特别是在合同订立前要深入了解发包人的资信、经营作风及订立合同应当具备的相应条件。规范合同双方当事人权利义务的条款要全面、明确。

(2) 合同履行时的管理。合同开始履行，即意味着合同双方当事人的权利义务开始享有和承担。为保证勘察设计合同能够正确、全面地被履行，专门的合同管理机构需要经常检查合同履行情况，发现问题及时协调解决，避免不必要的损失。

(3) 建立健全合同管理档案。合同订立的资料，以及合同履行中形成的所有资料，承包人要有专人负责，随时注意收集和保存，及时归档。健全的合同管理档案是解决合同争议和提出索赔的依据。

(4) 抓好参与合同的人员素质培训。参与合同的所有人员，必须具有良好的合同意识，承包人应配合有关部门搞好人员素质培训等工作，提高参与合同人员的素质，确保合同目标的实现。

六、设计合同生效与设计期限

1. 合同生效

设计合同采用定金担保，一般以合同总价的 20% 作为定金。设计合同由双方当事人签字盖章，并在发包人支付定金后生效。发包人应在合同签字 3 日内支付该款项，承包人收到定金为设计开工的标志。发包人未能按时支付的，承包人有权推迟开工时间，且交付设计文件的时间相应顺延。

2. 设计期限

设计期限是判定承包人是否按期履行合同义务的标准，除了合同约定的交付设计文件（包括约定分次移交的设计文件）的时间外，还可能包括由于非承包人应承担责任和风险的原因，经过双方协议补充确定应顺延的时间，如设计过程中发生影响设计开展的不可抗力事件；非设计人员引起的设计变更；发包人应承担责任的事件对设计进度的干扰等。

3. 合同终止

设计合同在正常履行的情况下，工程施工完成竣工验收工作，或委托的专业建设工程设计完成施工验收，承包人为合同项目的服务结束，合同终止。

七、设计合同的变更

设计合同的变更，通常是指承包人承接工作范围和内容的改变。

1. 承包人的工作

承包人交付设计资料及文件后，按规定参加有关的设计审查，并根据审查结论负责对不超出原定范围的内容作必要的调整补充。

2. 委托任务范围内的设计变更

如果发包人根据工程的实际需要确需修改建设工程的设计文件时，应当首先报经原审批机关批准，然后由原设计单位修改，经过修改的设计文件仍须按设计管理程序经有关部门审批后使用。

3. 委托其他设计单位完成的变更

在某些特殊情况下（例如，变更增加的设计内容专业性特点较强，超过了设计单位资质条件允许承接的工作范围），发包人经原设计单位书面同意后，也可以委托其他的具有相应资质等级的设计单位修改设计内容。修改单位对修改的、设计文件承担相应责任，之前的设计单位不再对修改的部分负责。

4. 发包人原因的重大设计变更

发包人变更委托设计项目的规模、条件或提交的资料错误，或所提交资料作较大修改，导致承包人的设计需返工时，双方除需另行协商签订补充协议外，发包人应按承包人所耗工作量增付设计费。

在未签合同前发包人同意承包人所作的各项设计工作，发包人应按收费标准支付设计费。

八、国家有关行政部门对勘察设计合同的管理

建设工程勘察设计合同的管理除承包人、发包人自身管理外，政府有关部门如建设主管部门、工商行政管理部门、公证机关、主管部门等依据职权划分，也要加强对建设工程勘察设计合同的监督管理。

（1）国家有关行政部门的主要职能：贯彻有关法律法规和规章；制定和推荐使用建设工程勘察设计合同文本；审查和鉴证建设工程勘察设计合同，监督合同履行，调解合同协议，依法查处违法行为；指导勘察设计单位的合同管理工作，培训勘察设计单位的合同管理人员，总结交流经验，表彰先进的合同管理单位。

（2）签订勘察设计合同的双方，应该将合同文本送所在地省级建设行政主管部门或其授权机构备案，也可以到工商行政管理部门办理合同签证。

（3）在签订、履行合同的过程中，有违反法律法规，扰乱建设市场秩序行为的，建设行政主管部门和工商行政管理部门要依照各自职责，依法给予行政处罚。构成犯罪的，提请司法机关追究其刑事责任。

《建设工程设计合同示范文本（房屋建筑工程）》(GF—2015—0209)中关于违约责任的规定

课题二　建设工程物资采购合同管理

一、建设工程物资采购合同的概念

建设工程物资采购合同，是指具有平等主体的自然人、法人、其他组织之间为实现建设工程物资买卖，设立、变更、终止相互权利义务关系的协议。依照协议，出卖人转移建设工程物资的所有权于买受人，买受人接受该项建设工程物资并支付价款。建设工程物资采购合同，一般分为材料采购合同和设备采购合同。

建设工程物资采购合同的特征有：

1. 建设工程物资采购合同应依据施工合同订立

施工合同中确立了关于物资采购的协商条款，无论是发包方供应材料和设备，还是承包方供应材料和设备，都应依据施工合同采购物资。根据施工合同的工程量采购确定所需物资的数量，以及根据施工合同的类别来确定物资的质量要求。因此，施工合同一般是订立建设工程物资采购合同的前提。

2. 建设工程物资采购合同以转移财物和支付价款为基本内容

建设工程物资采购合同内容繁多，条款复杂，涉及物资的数量和质量条款、包装条款、运输方式、结算方式等。但根本内容是双方应尽的义务，即卖方按质、按量、按时地将建设工程物资的所有权转归买方；买方按时、按量地支付货款，这两项主要义务构成了建设工程物资采购合同的主要内容。

3. 建设工程物资采购合同的标的品种繁多，供货条件复杂

建设工程物资采购合同的标的是建筑材料和设备，它包括钢材、木材、水泥和其他辅助材料以及机电成套设备。这些建设工程物资的特点在于品种、质量、数量和价格差异较大，根据建设工程的需要，有的数量庞大，有的要求技术条件较高，因此，在合同中必须对各种所需物资逐一列明，以确保工程施工的需要。

4. 建设工程物资采购合同应实际履行

由于建设工程物资采购合同是依据施工合同订立的，建设工程物资采购合同的履行直接影响施工合同的履行，因此建设工程物资采购合同一旦订立，卖方义务一般不能解除，不允许卖方以支付违约金和赔偿金的方式代替合同的履行，除非合同的延迟履行对买方成为不必要。

5. 建设工程物资采购合同采用书面形式

根据《民法典》的规定，订立合同依照法律、行政法规或当事人约定采用书面形式的，应当采用书面形式。建设工程物资采购合同中的标的物用量大，质量要求复杂，且根据工程进度计划分期分批地均衡履行，同时还涉及售后维修服务工作，因此合同履行周期长，应当采用书面形式。

二、材料采购合同

材料采购合同，是指平等主体的自然人、法人、其他组织之间，以工程项目所需材料为标的、以材料买卖为目的，出卖人（卖方）转移材料的所有权于买受人（买方），买受人支

付材料价款的合同。

1. 材料采购合同的订立方式

材料采购合同的订立可采用以下几种方式：

（1）公开招标。由招标单位通过各种媒介公开发布招标广告。采用公开招标方式进行材料采购，适用于大宗材料的采购合同。

（2）邀请招标。

（3）询价、报价、签订合同。物资买方向若干建材厂商或建材经营公司发出询价函，要求他们在规定的期限内做出报价，在收到厂商的报价后，经过比较，选定报价合理的厂商与其签订合同。

（4）直接定购。由物资买方直接向建材厂商或建材经营公司报价，建材厂商或建材经营公司接受报价、签订合同。

2. 材料采购合同的主要条款

《民法典》规定，材料采购合同的主要条款如下：

（1）双方当事人的名称、地址，法定代表人的姓名，采用委托代理合同的，应有授权委托书并注明代理人的姓名、职务等。

（2）合同标的。材料的名称、品种、型号、规格等应符合施工合同的规定。

（3）技术标准和质量要求。质量条款应明确各类材料的技术要求、试验项目、试验方法、试验频率以及国家法律规定的国家强制性标准和行业强制性标准。

（4）材料数量及计量方法。材料数量的确定由当事人协商，应以材料清单为依据，并规定交货数量的正负尾差、合理磅差和在途自然减（增）量的规定及计量方法。计量单位采用国家规定的度量衡标准，计量方法按国家的有关规定执行，没有规定的，可由当事人协商执行。

（5）材料的包装。材料的包装是保护材料在储运过程中免受损坏不可缺少的环节。包装质量条款可按国家和有关部门规定的标准签订，当事人有特殊要求的，可由双方商定标准，但应保证材料的包装适合材料的运输方式，并根据材料特点采取防潮、防雨、防锈、防振、防腐蚀的保护措施。

《中华人民共和国民法典》中对出卖人的包装义务的相关规定

（6）材料交付方式。材料交付可采取送货、自提和代运三种不同方式。由于工程用料数量大、体积大、品种繁杂、时间性较强，当事人应采取合理的交付方式并明确交货地点，以便及时、准确、安全、经济地履行合同。

（7）材料的交货期限。

（8）材料的价格。材料的价格应在订立合同时明确定价，可以是约定价格，也可以是政府定价或指导价。

（9）违约责任。在合同中，当事人应对违反合同所负的经济责任做出明确规定。

（10）特殊条款。如果双方当事人对一些特殊条件或要求达成一致意见，也可在合同中明确规定，成为合同的条款。当事人对以上条款达成一致意见形成书面协议后，经当事人签名盖章即产生法律效力，若当事人要求鉴证或公证的，则经鉴证机关或公证机关盖章后方可生效。

(11) 争议解决的方式。

3. 材料采购合同的履行

材料采购合同订立后，应依据《民法典》的规定予以全面、实际地履行。

(1) 按约定的标的履行。卖方交付的货物必须与合同规定的名称、品种、规格、型号相一致，除非买方同意，不允许以其他货物代替履行合同，也不允许以支付违约金或赔偿金的方式代替履行合同。

(2) 按合同规定的期限、地点交付货物。交付货物的日期应在合同规定的交付期限内，交付的地点应在合同指定的地点。实际交付的日期早于或迟于合同规定的交付期限，即视为提前或逾期交货。提前交付的，买方可拒绝接受；逾期交付的，应承担逾期交付的责任。如果逾期交货，买方不再需要，应在接到卖方交货通知后15日内通知卖方，逾期不答复的，视为同意延期交货。

(3) 按合同规定的数量和质量交付货物。对于交付货物的数量应当场检验，清点账目后，由双方当事人签字。对质量的检验，外在质量可当场检验；内在质量需做物理或化学试验的，试验的结果作为验收的依据。卖方在交货时，应将产品合格证随同产品交买方据以验收。

(4) 按约定的价格及结算条款履行。买方在验收材料后，应按合同规定履行付款义务，否则承担法律责任。

4. 材料采购合同的交货检验

(1) 验收依据。可作为双方验收的依据包括：
1) 采购合同。
2) 供货方提供的发货单、计量单、装箱单及其他有关凭证。
3) 合同内约定的质量标准（执行的标准代号、标准名称）。
4) 产品合格证、检验单。
5) 图纸、样品及其他技术证明文件。
6) 双方当事人共同封存的样品等。

(2) 交货数量检验：
1) 供货方代运货物的到货检验。采购方在站场提货地点应与运输单位共同验货，采购方接收后，运输单位不再负责。属于交运前出现的问题，由供货方负责；运输过程中发生的问题，由运输单位负责。
2) 现场交货的到货检验：
① 验收方法。数量验收的验收方法包括衡量法、理论换算法、查点法。
② 交货数量的允许增减范围。交货数量在合理的尾差和磅差内（运输过程中的合理损耗）的，不按多交或少交对待，双方互不退补；超过合同规定界限范围的，按合同约定方法计算多交或少交的数量。如果超出合理范围，则按实际交货数量计算。不足部分由供货方补齐或退回不足部分的货款。采购方同意接受的多交付部分，应进一步支付溢出数量货物的货款。但在计算多交或少交数量时，应将订购数量与实际数量相比较，并不再考虑合理磅差和尾差因素。

(3) 交货质量检验：
1) 质量责任。不论采用何种交接方式，采购方均应在合同规定的由供货方对质量负责的条件和期限内，对交付产品进行验收和试验。某些必须安装试运转后才能发现内在质量缺陷的设备，应于合同内规定缺陷责任或保修期。在此期限内，凡检测不合格的物资或设备，均由供货方负责。

2）验收方法。合同内应具体写明检验的内容和手段，以及检测应达到的质量标准。质量验收的方法可以采用经验鉴别法、物理试验和化学试验。

3）对产品提出异议的时间和方法。合同内应具体写明采购方对不合格产品提出异议的时间和拒付货款的条件。采购方提出的书面异议中，应说明检验情况，出具检验证明和对不合格产品提出具体处理意见。因采购方使用、保管、保养不善原因导致的质量下降，供货方不承担责任。

在接到采购方的书面异议后，供货方应在10日内（或合同商定的时间内）负责处理，否则视为默认采购方提出的异议和处理意见。

5. 材料采购合同的违约责任

（1）供货方的责任：

1）未能按合同约定交付货物：

① 因供货方原因导致不能全部或部分交货的，应按合同规定的违约金比例乘以不能交货部分货款计算违约金，违约金不足以弥补实际损失时，可以修改其计算方法，使实际损失得到合理的补偿。施工承包人为了避免停工待料，不得不以较高价格紧急采购不能供应部分的货物而受到的价差损失等情况，适用此处理办法。

② 逾期交货。对于逾期交货，无论是自提还是到指定地点接货，均要按约定依据逾期交货部分货款的总价计算违约金。对于自提货物而不能按期交货时，若发生采购方的其他额外损失（如空车的往返费用），应由供货方承担。

发生逾期交货事件后，供货方还应在发货前与采购方就发货的事宜进行协商：采购方需要时，可继续按照约定数量发货，并承担逾期交货责任；如果采购方认为已不需要，有权在接到发货协商通知后的15日内，通知供货方办理解除合同手续，逾期不予答复，视为同意供货方继续发货。

③ 提前交货。对于自提，采购方接到对方发出的提前提货通知后，可以根据自己的实际情况拒绝提前提货；对于供货方提前发运或交付的货物，采购方有权按合同规定的时间付款，而且对于多交货部分，以及品种、型号、规格、质量等不符合合同规定的产品，在代为保管期内实际支出的保管、保养等费用由供货方承担。代为保管期内，不是因采购方保管不善而导致的损失，仍由供货方负责。

④ 交货数量与合同不符。交付的数量多于合同约定，且采购方不接受时，可在承付期内拒付多交部分的货款和运杂费。在同一城市，可拒收多交部分；不在同一城市，采购方应先把货物接收下来并负责保管，然后将详细情况和处理意见在到货后的10日内通知对方。交付的数量少于合同约定的，采购方凭有关的合法证明在承付期内拒付少交部分的货款，并在到货后的10日内将详细情况和处理意见通知对方，供货方接到通知后应在10日内答复，否则视为同意对方的处理意见。

2）产品质量缺陷。交付货物的品种、型号、规格、质量等不符合合同规定的，如果采购方同意使用，应当按质论价；如果采购方不同意使用，由供货方负责包换或保修，不能修理或调换的产品，按供货方不能交货对待。

3）供货方的运输责任：

① 包装责任。凡因包装不符合规定而造成货物运输过程中的损坏或灭失的，均由供货方负责赔偿。

② 发运责任。错发到货地点或接货人时，除应负责运至合同规定的到货地点或接货人外，还应承担对方因此多支付的一切实际费用和逾期交货的违约金。如果供货方未按合同约定的路线和运输工具发运货物，要承担由此增加的费用。

（2）采购方的责任：

1）未按合同约定接受货物：

① 采购方要求中途退货的，应向供货方支付按退货部分货款总额计算的违约金。

② 采购方违反合同规定拒绝接货的，要承担由此造成的货物损失和运输单位的罚款。

③ 采购方不按期提货，除须支付按逾期提货部分货款总值计算延期付款的违约金外，还应承担逾期提货时间内供货方实际发生的代为保管、保养费用。

2）逾期付款的，应按合同内约定的计算办法，支付逾期付款利息（延期付款利率一般为万分之5/日）。

3）误填交接地点或接货人。不论是因为采购方在合同内错填到货地点或接货人，还是未在合同约定的时限内及时将变更的到货地点或接货人通知对方，导致供货方送货或代运过程中不能顺利交接货物，所产生的后果均由采购方承担。相关责任范围包括，自行运到所需地点或承担供货方及运输单位按采购方要求改变交货地点的一切额外支出。

6. 监理工程师对材料采购合同的管理

（1）对材料采购合同及时进行统一编号管理。

（2）监督材料采购合同的订立。监理工程师虽不参与材料采购合同的订立工作，但应监督材料采购合同符合施工技术要求。

（3）检查材料采购合同的履行。监理工程师应对进场材料做全面检查和检验，对检查或检验的材料认为有缺陷或不符合合同要求的，监理工程师可拒收这些材料，并指示在规定的时间内将材料运出现场；监理工程师也可指示用合格适用的材料取代原来的材料。

（4）分析合同的执行。对材料采购合同执行情况的分析，应从投资控制、进度控制或质量控制的角度对执行中可能出现的问题和风险进行全面分析，防止由于材料采购合同的执行原因造成施工合同不能全面履行。

三、设备采购合同

1. 设备采购合同的基本要素

设备采购合同由设备订购方与供应方商定，一般包括以下条款：

（1）采购方与供应方的名称与地址、联系方式、收付款账号、签约代表、一般纳税人号码。

（2）设备的型号、规格和数量。

（3）设备质量技术要求和验收标准。

（4）设备价款及运输、包装、保险等费用及结算方式。

（5）设备的交货期、交货地点与交货方式。

（6）违约责任和违约处罚办法。

（7）合同的签订日期和履行有效期。

（8）合同纠纷解决争议的途径和方法。

2. 设备采购合同履行注意事项

（1）设备在采购过程中，采购方未按合同约定履行支付价款或其他义务时，设备的所有权应属于供应方。

（2）设备供应方应履行向采购方交付设备或支付提取设备的凭证，供应方应当按照约定或交易习惯，向采购方支付设备相关资料。

（3）供应具有知识产权的设备时，除法律另有规定或相关方另有约定外，其设备的知识产权不属于采购方。

（4）因设备质量不符合要求，致使不能实现合同目的时，采购方可以拒绝接受设备或者解除合同。采购方拒绝接收设备或者解除合同的，设备毁损、灭失的危险由供应方承担。

（5）约定了设备检验期间的，采购方应当在检验期间将所采购的设备的数量，或者质量不符合约定的情形通知供应方，采购方怠于通知的，视为设备的数量或者质量符合规定。

（6）采用分期付款方式采购设备，当采购方未支付到期价款达到全部价款的 1/5 的，供应方可以要求采购方支付全部价款或者解除合同。供应方解除合同的，可以向采购方要求支付该设备的使用费。

（7）国外引进订购的设备，要选定国际公证商检机构进行设备质量的检验。

3. 设备采购管理要点

（1）信息收集。广泛收集设备市场上货源和厂家的信息，可直接进行设备产品信息咨询，包括各种技术参数、性能、精度、质量、信誉、附件、价格、交货期、厂家业绩、厂家规模等，建立采购信息资料库。

（2）供应方选择。通常采取以下三种形式进行供应方选择：

1）寻求长期合作伙伴。由于长期业务联系建立起良好的合作关系，与采购方有紧密的联系，质量和信誉有保证，设备采购时可将长期合作伙伴作为供应方。

2）寻找总承包商。在大批量设备订购时，可利用总承包商的采购便利和信息优势，整批委托订购所需设备。

3）自行选择供应方。通过信息筛选、厂家装备考察和同类设备应用情况调查等方法，结合价格与性能分析以比较的方式最终选择供应方。

（3）计划与进度跟踪。采购计划通常与合同计划相一致，因此要设立与采购计划管理和合同管理相适应的计划与进度跟踪系统。同时，在设备制造各工序中，设置进度跟踪点；要强化与设备供应方的联系；在具备条件或必要的情况下，增设采购方参与设备制造过程的工序验收与安装前验收环节。

4. 合同管理

订货合同及订货过程中发生的所有资料都应妥善保管，以便在订货过程中和合同执行过程中查询，并作为仲裁供需双方可能发生矛盾的依据。合同要进行分类整理，建立专门台账和档案进行管理。国外设备订货的往返函电、附加协议、商谈纪要、预付款单据，都应视为合同的附件进行登记和归类管理。

5. 设备采购合同违约责任

（1）出卖人违约责任：

1）未依照合同约定交付设备责任。这类违约行为可能包括不能供货和不能如期供货两种情况。如果因出卖人原因导致不能全部或部分交货，应依照合同约定的违约金数额或方式支付违约金。未约定违约金的，按不能交货行为由此给买受人造成的实际损失赔偿。

出卖人不能如期交货的行为可以分为逾期交货和提前交货两种情况。逾期交货的，出卖人支付违约金或赔偿金后，并不解除提供设备的责任，买受人表示仍需要时，出卖人应继续履行供货义务；如果继续履行合同已经不能实现买受人的订约目的，则买受人有权通知出卖人解除合同。对于提前交付货物的情况，属于约定由买受人自提货物的合同，买受人接到对方发出的提前提货通知后，可以根据自己的实际情况拒绝提前提货；对于出卖人提前发运或交付的货物，买受人可以要求出卖人支付由此而产生的费用，并仍可依照合同规定的时间付款。

2）设备质量责任。交付设备的品种、型号、规格、质量不符合合同规定的，如果买受人同意利用，应当按质论价；买受人不同意利用时，由出卖人负责包换或包修。不能修理或调换的，买受人可以解除合同，要求出卖人赔偿损失。因设备质量不符合质量要求，致使不能实现合同目的，买受人可以拒绝接受设备或者解除合同。

3）分批次交货合同责任。合同双方就设备采购签订多项关联合同的，出卖人的违约责任为：因主设备不符合约定而解除合同的，解除合同的效力及于从设备；因从设备不符合约定被解除的，解除的效力不及于主设备。出卖人分批交付设备的，出卖人对其中一批设备不交付或者交付不符合约定，致使该批设备不能实现合同目的的，买受人可以就该批设备解除合同。出卖人不交付其中一批设备或者交付不符合约定，致使之后其他各批设备的交付不能实现合同目的的，买受人可以就该批以及之后其他各批设备解除合同。买受人如果就其中一批设备解除合同，该批设备与其他各批设备相互依存的，可以就已经交付和未交付的各批设备解除合同。

4）出卖人的运输责任。该责任主要涉及包装责任和发货责任两个方面。因包装不符合规定造成货物运输过程中的损坏或灭失的，均由出卖人负责赔偿。

供货方如果将货物错发到接货地点或接货人时，除应负责将货物发送到合同约定的到货地点或接货人外，还应承担对方因此多支付的一切实际费用和逾期交货的违约金。

5）不涉诉担保责任。出卖人就交付的设备，负有保证第三人不得向买受人主张任何权利的义务（但法律另有规定或买受人订立合同时知道或者应当知道第三人对买卖的设备享有权利的除外）。买受人有确切证据证明第三人可能就标的物主张权利的，可以中止支付相应的价款。

6）承担违约拒付货款责任。出卖人违约，买受人可以依法拒付货款，但应当依照中国人民银行结算办法的拒付规定办理。采用托收承付结算时，如果采购方的拒付手续超过承付期，银行不予受理。采购方对拒付货款的产品必须负责接收，并妥为保管不准动用。若发现动用，由银行代供货方扣收货款，并按逾期付款对待。

买受人有权部分或全部拒付货款的情况大致包括：交付货物的数量少于合同规定，拒付少交部分的货款；拒付质量不符合合同要求部分货物的货款；供货方交付的货物多于合同规定的数量且采购方不同意接收部分的货物，在承付期内可以拒付。

(2) 买受人违约责任：

1) 不按照合同约定接收货物。合同签订以后或履行过程中，买受人要求中途退货，应向出卖人支付按退货部分货款总额计算的违约金。对于实行供货方送货代运的设备，买受人违反合同规定拒绝接货的，要承担由此造成的货物损失和有关部门的罚款、保管费等。

2) 逾期付款。买受人逾期付款的，应依照合同规定的计算方法，支付逾期付款利息。

3) 货物交接地点错误的责任。不论是由于买受人在合同内错填到货地点或接货人，还是未在合同约定的时限内及时将变更的到货地点或接货人通知对方，导致出卖人送货或代运过程中不能顺利交接货物，所产生的后果均由买受人承担。

课题三　建设工程监理合同管理

一、建设工程监理合同概述

1. 建设工程监理合同的概念

建设工程监理合同简称监理合同，是指委托人与监理人就委托的工程项目管理内容签订的明确双方权利、义务的协议。

2. 建设工程监理合同的特征

建设工程监理合同是委托合同的一种，除具有委托合同的共同特点外，还具有以下特点：

(1) 建设工程监理合同的当事人双方应当是具有民事权力能力和民事行为能力、取得法人资格的企事业单位、其他社会组织，个人在法律允许的范围内也可以成为合同当事人。

在建设工程监理合同中应特别注意：

1) 委托人必须是具有国家批准的建设项目、落实投资计划的企事业单位、其他社会组织及个人。

2) 作为受托人必须是依法成立的具有法人资格的监理企业，并且所承担的工程监理业务应与企业资质等级和业务范围相符合。

(2) 建设工程监理合同委托的工作内容必须符合工程项目的建设程序，遵守有关法律、行政法规的规定。建设工程监理合同是以对建设工程项目实施控制和管理为主要内容，因此建设工程监理合同必须符合建设工程项目的程序，符合国家和建设行政主管部门颁发的有关建设工程的法律、行政法规、部门规章和各种标准、规范要求。

(3) 建设工程监理合同的标的是服务。建设工程实施阶段所签订的其他合同，如勘察设计合同、施工承包合同、物资采购合同、加工承揽合同的标的物是产生新的物质成果或信息成果；而建设工程监理合同的标的是服务，即监理工程师凭借自己的知识、经验、技能受业主委托为其所签订的其他合同的履行实施监督和管理。

二、《建设工程监理合同（示范文本）》(GF—2012—0202) 的内容

《建设工程监理合同（示范文本）》(GF—2012—0202) 由协议书、中标通知书（适用于招标工程）或委托书（适用于非招标工程）、投标文件（适用于招标工程）或监理与相关服务建议书（适用于非招标工程）、专用条件、通用条件等组成。

（1）建设工程监理合同的定义。建设工程监理合同是一个总的协议，是纲领性的法律文件。其中明确了当事人双方确定的委托监理工程的概况（工程名称、地点、工程规模、总投资）；委托人向监理人支付报酬的期限和方式；合同签订、生效、完成的时间；双方愿意履行约定的各项义务的表示。建设工程监理合同是一份标准的格式文件，经双方当事人在合同空格中填写具体规定的内容并签字盖章后，即发生法律效力。

（2）建设工程监理合同通用条件。建设工程监理合同通用条件涵盖了合同中所用词语的定义，适用的范围和法规，签约双方的责任、权利和义务，合同生效、变更与终止，监理报酬、争议的解决，以及其他一些情况。它是建设工程监理合同的通用文件，适用于各类建设工程监理合同。

（3）建设工程监理合同的专用条件。建设工程监理合同的专用条件是结合地域特点、专业特点和监理项目的工程特点，对标准条件中的某些条款进行的补充和修正。

三、建设工程监理合同的订立

建设工程监理合同的订立，意味着委托关系的形成，因而合同的订立必须经双方法定代表人或经法定代表人授权的委托人签署并监督执行。

建设工程监理合同的订立包括委托监理业务的范围；对监理工作的要求；建设工程监理合同的履行期限、地点和方式；双方的权利、义务和责任。

1. 委托监理业务的范围

委托监理业务的范围是监理工程师为委托人提供服务的范围和工作量。委托人委托监理业务的范围可以非常广泛，按工程建设各阶段分类，委托监理业务可以包括项目前期立项咨询，以及设计阶段、实施阶段、保修阶段的全部监理工作或某一阶段的监理工作。在某一阶段内，又可以进行投资、质量、工期的三大控制及信息、合同、安全的三项管理，以及对参加建设项目的有关方之间进行组织与协调，简称监理工作的"三控、三管、一协调"。但就具体项目而言，要根据工程的特点、监理人的能力、建设不同阶段的监理任务等方面因素，将委托的监理业务详细写入合同的专用条件中。

施工阶段委托监理业务的范围为：

（1）协助委托人选择承包人，组织设计、施工、设备采购等招标。

（2）技术监督和检查，包括检查工程设计、材料和设备质量，以及对操作或施工质量的监理和检查等。

（3）施工管理，包括质量控制、成本控制、计划和进度控制等。

通常，施工监理合同中的"监理工作范围"条款，一般应与工程项目总概算、单位工程概算所涵盖的工程范围相一致，或与工程总承包合同、单项工程承包合同所涵盖的工程范围相一致。

2. 对监理工作的要求

在监理合同中明确约定的监理人执行监理工作的要求，应当符合《建设工程监理规范》（GB/T 50319—2013）的规定。应针对工程项目的实际情况派出监理工作需要的监理机构及人员，编制监理规划和监理实施细则，采取实现监理工作目标相应的监理措施，才能保证建设工程监理合同得到真正的履行。

3. 建设工程监理合同的履行期限、地点和方式

订立建设工程监理合同时约定的履行期限、地点和方式是指合同中规定的当事人履行自己的义务、完成工作的时间、地点以及结算酬金。

在当事人双方签订建设工程监理合同时，必须商定监理期限，标明开始和完成的时间。合同中注明的监理工作开始实施和完成日期是根据工程情况估算的时间，合同约定的监理酬金是根据这个时间估算的。如果委托人根据实际需要增加委托工作范围或内容，导致需要延长合同期限，双方可以通过协商，另行签订补充协议。监理酬金的支付方式也必须事先约定。

4. 双方的权利、义务和责任

委托人和监理人构成了合同的"主体"。委托人和监理人在合同当中具有平等的法律地位。委托人和监理人经协商一致签订建设工程监理合同，在履行合同过程中双方都依法享有权利和义务。

由于建设工程监理合同是双方当事人协商一致后签订的，因此无论委托人是还是监理人，未经双方的书面同意，均不能将所签订合同的议定权利和义务转让给第三者，而单方面变更合同主体。

（1）委托人的权利：

1）授予监理人权限的权利。委托人授予监理人权限的大小，要根据自身的管理能力、工程建设项目的特点及需要等因素考虑。建设工程监理合同内授予监理人的权限，在执行过程中可随时通过书面附加协议予以扩大或减小。

2）对其他合同承包人的选定权。委托人是建设资金的持有者和建筑产品的所有人，因此对设计合同、施工合同、加工制造合同等的承包单位有选定权和订立合同的签字权。监理人在选定其他合同承包人的过程中仅有建议权而无决定权。

3）委托监理工程重大事项的决定权。委托人有对工程规模、规划设计、生产工艺设计、设计标准和使用功能等要求的认定权、工程设计变更审批权。

4）对监理人履行合同的监督控制权。委托人对监理人履行合同的监督控制权体现在以下三个方面：

① 对建设工程监理合同转让和分包的监督。除了支付款的转让外，监理人不得将所涉及的利益或规定义务转让给第三方。监理人所选择的监理工作分包单位必须事先征得委托人的认可。在没有取得委托人的书面同意前，监理人不得开始施行、更改或终止全部或部分服务的任何分包合同。

② 对监理人员的控制监督。合同专用条件或监理人的投标书内，应明确总监理工程师人选及监理机构派驻人员计划。合同开始履行时，监理人应向委托人报送委派的总监理工程师及其监理机构主要成员名单，以保证完成建设工程监理合同专用条件中约定的监理工作范围内的任务。当监理人调换总监理工程师时，须经委托人同意。

③ 合同履行的监督权。监理人有义务按时提交监理报告，委托人也可以随时要求监理人提交合同专用条件中明确约定的有关重大问题的专项报告。委托人按照合同约定检查监理工作的执行情况时，如果发现监理人员不按建设工程监理合同履行职责或与承包方串通，给委托人或工程造成损失的，有权要求监理人更换监理人员，直至终止合同，并承担相应赔偿责任。

(2) 监理人的权利。监理人在委托人委托的工程范围内，享有以下权利：

1) 选择工程总承包人的建议权。

2) 选择工程分包人的认可权。

3) 审批工程施工组织设计和设计方案，按照保质量、保工期和降低成本的原则，向承包人提出建议，并向委托人提出书面报告。

4) 对工程设计中的技术问题，按照安全和优化的原则，向设计单位提出建议。如果拟提出的建议会提高工程造价，或延长工期，应当事先征得委托人的同意。当发现工程设计不符合国家颁布的建设工程质量标准或设计约定的质量标准时，监理人应当书面报告委托人并要求设计单位更正。

5) 征得委托人同意，监理人发布开工令、停工令、复工令，但应当事先向委托人报告。如在紧急情况下未能事先报告，则应在 24h 内向委托人做出书面报告。

6) 主持工程建设有关协作单位的组织协调工作，重要协调事项应当事先向委托人报告。

7) 工程上使用的材料和施工质量的检验权。对于不符合设计要求和合同约定及国家质量标准的材料、构（配）件、设备，有权通知承包人停止使用；对不符合规范和质量标准的工序、分部工程、分项工程和不安全施工作业，有权通知承包人停工整改、返工。承包人得到监理机构复工令后才能复工。

8) 在工程施工合同约定的工程造价范围内，工程款支付的审核和签认权，以及工程结算的确认权和否决权。未经总监工程师签字确认，委托人不支付工程款。

9) 工程施工进度的检查、监督权，以及工程实际竣工日期提前或超过工程施工合同规定的竣工期限的签认权。

10) 监理人在委托人授权下，可对任何承包人合同规定的义务提出变更。如果由此严重影响了工程费用、工程质量或工程进度，则这种变更须经委托人事先批准；在紧急情况下未能事先报委托人批准时，监理人所做的变更也应尽快通知委托人。在监理过程中发现工程承包人的人员工作不力，监理机构可要求承包人调换有关人员。

在委托的工程范围内，委托人或承包人对对方的任何意见和要求，均必须首先向监理机构提出，由监理机构研究处理意见，再同双方协商确定。当委托人和承包人发生争议时，监理机构应根据自己的职能，以独立的身份判断，公正地进行调解。当双方的争议由政府行政主管部门调解或仲裁机构仲裁时，应当提供作证的事实材料。

(3) 委托人的义务：

1) 委托人在监理人开展监理业务之前应向监理人支付预付款。

2) 委托人应当在专用条款约定的时间内就监理人书面提交并要求做出决定的一切事宜做出书面决定。

3) 委托人应当将授予监理人的监理权利，以及监理人主要成员的职能分工、监理权限及时书面通知已选定的承包人，并在与第三人签订的合同中予以明确。

4) 委托人应当负责工程建设的所有外部关系的协调，为监理工作提供外部条件。根据需要，如将部分或全部协调工作委托监理人承担，则应在专用条件中明确委托的工作和相应的报酬。

5) 委托人应当授权一名熟悉工程情况、能在规定时间内做出决定的常驻代表，负责与监理人联系。更换常驻代表，要提前通知监理人。

6）委托人应当在双方约定的时间内免费向监理人提供与工程有关的、为监理工作所需要的工程资料。

7）委托人应免费向监理人提供办公用房、通信设施、监理人员工地住房及合同专用条件约定的设施，并对监理人自备的设施给予合理的经济补偿。

8）委托人应在不影响监理人开展监理工作的时间内提供如下资料：与本工程合作的原材料、构（配）件、设备等生产厂家的名录；提供与本工程有关的协作单位、配合单位的名录。

9）根据情况需要，如果双方约定，由委托人免费向监理人提供其他人员，应在建设工程监理合同专用条件中予以明确。

（4）监理人的义务：

1）监理人按合同约定派出监理工作需要的监理机构及监理人员，向委托人报送委派的总监理工程师及其监理机构主要成员名单、监理规划，完成建设工程监理合同专用条件中约定的监理工作范围内的监理业务。在履行合同义务期间，应按合同约定定期向委托人报告监理工作。

2）监理人在履行合同的义务期间，应认真、勤奋地工作，为委托人提供与其水平相适应的咨询意见，公正地维护各方的合法权益。

3）监理人使用委托人提供的设施和物品属委托人的财产，在监理工作完成或中止时，应将其设施和剩余的物品按合同约定的时间和方式移交给委托人。

4）在合同期内或合同终止后，未征得有关方同意，不得泄露与本工程、本合同业务有关的保密资料。

（5）委托人的责任：

1）委托人应履行合同约定的义务，如有违反，应承担违约责任，并赔偿给监理人造成的经济损失。

2）监理人处理委托业务时，因非监理人原因而受到损失的，可以向委托人要求补偿损失。

3）委托人向监理人提出赔偿的要求不能成立时，委托人应当补偿由该索赔所引起的监理人的各种费用支出。

（6）监理人的责任：

1）监理人的责任期即建设工程监理合同有效期，在监理过程中，如果因工程建设进度的推迟或延误而超过书面约定的日期的，双方应进一步约定相应延长的合同期。

2）监理人在责任期内，应当履行约定的义务。如果因监理人过失造成了委托人的经济损失的，应当向委托人赔偿。累积赔偿总额不应超过监理报酬总额。

3）监理人对承包人违反合同规定的质量要求和完工时限，不承担责任。因不可抗力导致建设工程监理合同不能全部或部分履行，监理人不承担责任。但因监理人未尽其自身的义务而引起委托人的损失，应向委托人承担赔偿责任。

4）监理人向委托人提出赔偿要求不能成立时，监理人应当补偿由于该索赔所导致委托人的各种费用支出。

四、建设工程监理合同的履行

建设工程监理合同一经生效，监理单位就要按合同规定，行使权利，履行应尽义务。

1. 确定项目总监理工程师，成立项目监理组织

对每一个承揽到的监理项目，监理单位都应根据工程项目的规模、性质、业主对监理工作的要求，委派称职的人员担任项目的总监理工程师，代表监理单位全面负责该项目的监理工作。总监理工程师对内向监理单位负责，对外向业主负责。

在总监理工程师的具体领导下，组建项目的监理班子，并根据签订的建设工程监理合同，制订监理规划和具体的实施计划，开展监理工作。

一般情况下，监理单位在参与项目监理投标、拟订监理方案（大纲）以及与业主商签建设工程监理合同时，应选派称职的人员作为主持人主持这些工作。在监理任务确定并签订了建设工程监理合同后，该主持人可作为项目总监理工程师，这样，项目总监理工程师在承接任务阶段就早期介入，从而更能了解业主的建设意图和对监理工作的要求，能更好地与后续工作相衔接。

2. 进一步熟悉情况，收集有关资料，为开展监理工作做准备

（1）收集反映工程所在地区技术经济状况及建设条件的资料，如气象资料；工程地质及水文地质资料；可提供的交通运输能力，以及时间及价格等资料；供水、供电、燃气、通信的供应能力、价格等资料；勘察设计、土建施工、设备安装单位状况；建筑材料及构件、半成品的生产、供应情况等。

（2）收集反映工程项目特征的有关资料，如工程项目的批文；规划部门关于规划范围和设计条件的通知；土地管理部门关于准予用地的批文；批准的工程项目可行性研究报告或设计任务书；工程项目地形图；工程项目勘察设计图纸及有关说明等。

（3）当地关于拆迁工作的有关规定；当地关于工程项目建设应交纳有关税、费的规定；当地关于工程项目建设管理机构资质管理的有关规定；当地关于工程项目建设实行建设监理的有关规定；当地关于工程项目建设招标投标的有关规定；当地关于工程造价管理的有关规定等。

（4）收集类似工程项目建设的有关资料，如类似工程项目投资方面的有关资料；类似工程项目建设工期方面的有关资料；类似工程项目其他技术经济指标等。

3. 制订工程项目监理规划

工程项目的监理规划，是开展项目监理活动的纲领性文件，它是根据业主委托监理的要求，在细化既有监理项目有关资料的基础上，结合监理的具体条件编制的开展监理工作的指导性文件。工程项目监理规划应由项目总监理工程师主持编写。

4. 制订各专业监理工作计划或实施细则

在监理规划的指导下，为具体指导投资控制、质量控制、进度控制的进行，还需要结合工程项目实际情况，制订相应的各专业监理工作计划或实施细则。

5. 根据制订的监理工作计划或实施细则，规范化地开展监理工作

（1）监理工作的规范化要求工作应有顺序性，即监理的各项工作都是按一定逻辑顺序先后开展的，从而使监理工作能有效地达到目标而不致造成工作状态的无序和混乱。

（2）监理工作的规范化要求建设监理工作职责要明确，监理工作是由不同专业、不同层次的专家群体共同完成的，他们之间有明确的职责分工，是协调监理工作的前提和实现监理目标的重要保证。

（3）监理工作的规范化要求监理工作应有明确的工作目标。在职责分工的基础上，每一项监理工作应达到的具体目标都应是确定的，完成的时间也应有时限规定，从而能通过报表资料对监理工作及其效果进行检查和考核。

6. 监理工作总结

监理工作总结应包括三部分内容：

（1）向业主提交监理工作总结。其内容包括建设工程监理合同履行情况概述；监理任务或监理目标完成情况评价；由业主提供的供监理活动使用的办公用房、车辆、试验设备等的清单；表明监理工作终结的说明等。

（2）向监理单位提交的监理工作总结。其内容包括监理工作的经验，采用监理技术、方法的经验，采用某种经济措施、组织措施的经验，签订建设工程监理合同方面的经验，处理好业主、承包单位关系的经验等。

（3）监理工作中存在的问题及改进的建议，以指导以后的监理工作，并向政府有关部门提出政策建议，不断提高我国工程建设监理水平。

此外，在全部监理工作完成后，监理单位应注意做好建设工程监理合同的归档工作，主要包括两方面内容：一方面是向业主移交档案；另一方面是监理单位内部归档。建设工程监理合同归档资料应包括建设工程监理合同、监理大纲、监理规划、在监理工作中的程序性文件等。

五、建设工程监理合同的管理

建设工程监理合同的有效期为双方签订合同后，工程准备工作开始，到监理人向委托人办理完竣工验收或工程移交手续，承包人和委托人已签订工程保修责任书，监理人收到监理报酬尾款时，建设工程监理合同才能终止。如果保修期仍需监理人执行监理工作，双方应在合同的专用条件中另行约定。

1. 委托人的履行

建设工程监理单位和委托单位之间是一种合同关系，委托单位应按照建设工程监理合同履行自己应当履行的合同义务。建设工程监理合同中规定的应当由委托方负责的工作，是保障合同最终实现的基础，如外部关系的协调，为监理工作提供外部条件，为监理单位提供获取本工程使用的原材料、构（配）件、机械设备等生产厂家名录等，都是为监理人做好工作的先决条件。委托人必须严格按照建设工程监理合同的规定，履行应尽的义务，才有权要求监理人履行合同。

委托人应当履行的义务主要有以下几个方面：

（1）严格按照建设工程监理合同的规定履行应尽的义务，提供工程顺利进行所必需的辅助条件。

（2）负责工程的外部关系的协调工作，满足开展监理工作所需的外部条件。

（3）与监理人做好协调工作。

（4）在合理的时间内，对监理人的书面要求做出书面决定。

（5）提供工程相关的信息、物质、人员服务。

2. 监理人的履行

为保证建设工程监理合同的顺利执行，监理人在合同履行期间应尽的义务如下：

（1）认真工作，公正地维护有关方面的合法权益。

（2）按合同约定派驻足够的人员从事现场监理工作。

（3）在合同期内或合同终止后，未征得有关方同意，不得泄露与本工程、合同业务有关的保密资料。

（4）使用委托人提供的设施和物品的，监理工作完成或中止后应及时归还委托人。

（5）非经委托人书面同意，监理人及其职员不应接收建设工程监理合同约定以外的与监理工程有关的报酬。

（6）不得参与可能与合同规定的与委托人利益相冲突的任何活动。

（7）负责合同的协调管理工作。

3. 建设工程监理合同的变更

建设工程监理合同涉及合同变更的条款主要是指合同责任期的变更和委托监理工作内容的变更两个方面。

（1）合同责任期的变更。建设工程监理合同的通用条件规定，建设工程监理合同的有效期即监理人的责任期。但在监理过程中如因工程建设进度推迟或延误而超过约定的日期时，建设工程监理合同并不能到期终止，合同责任期经与委托人商议后应进行相应的变更。

（2）委托监理工作内容的变更。建设工程监理合同的专用条件中注明了监理工作的范围和内容，属于正常的监理人必须履行的合同义务。但在合同履行过程中，常会发生一些订立合同时未能或不能合理预见的事件，这些附加的和额外的工作常会引起委托监理工作内容的变更，也需要监理人完成，这就要与委托人商议委托监理工作内容的变更。

4. 建设工程监理合同的违约责任与索赔

合同履行过程中，由于当事人一方的过错，造成合同不能履行或者不能完全履行的，由有过错的一方承担违约责任；如属双方的过错，根据实际情况，由双方分别承担各自的违约责任。为保证建设工程监理合同规定的各项权利义务的顺利实现，在《建设工程监理合同（示范文本）》（GF—2012—0202）中，制定了约束双方行为的条款，分别如下：

（1）委托人责任：

1）委托人违约应承担违约责任，赔偿监理人的经济损失。

2）委托人索赔不成立时，由此引起监理人的费用，应给予补偿。

（2）监理人责任：

1）因监理人过失造成经济损失的，应向委托人进行赔偿，累计总额不应超出监理酬金总额（除去税金）。

2）向委托人索赔不成立时，由此引起委托人的费用，应给予补偿。

（3）监理人的责任限度。在建设工程监理合同的通用条件中规定：监理人在责任期内，如果因过失而造成经济损失，要负监理失职的责任；监理人不对责任期以外发生的任何事情所引起的损失或损害负责，也不对第三方违反合同规定的质量要求和完工时限承担责任。

拓展讨论

党的二十大报告提出，大自然是人类赖以生存发展的基本条件。尊重自然、顺应自然、保护自然，是全面建设社会主义现代化国家的内在要求。必须牢固树立和践行绿水青山就是金山银山的理念，站在人与自然和谐共生的高度谋划发展。

请思考：建设工程项目在勘察、设计、监理过程中如何体现绿色发展？如何促进人与自然和谐共生？

同 步 测 试

一、单项选择题

1. 建设工程设计合同在履行时，（　　）是承包人的责任或义务。
   A. 提供有关设计的技术资料
   B. 修改预算
   C. 向有关部门办理各设计阶段设计文件的审批工作
   D. 确定设计深度与范围
2. 建设工程设计合同规定，承包人承担合同义务的期限至（　　）。
   A. 交付设计文件　　B. 设计文件审查通过　　C. 完成设计变更　　D. 工程竣工验收合格
3. 某大宗水泥采购合同，进行交货检验清点数量时，发现交货数量少于订购的数量，但少交的数额没有超过合同约定的合理尾差限度，采购方应（　　）。
   A. 按订购数量支付
   B. 按实际交货数量支付
   C. 待供货方补足数量后再按定购数量支付
   D. 按订购数量支付但扣除少交数量依据合同约定计算的违约金
4. 材料采购合同在履行过程中，供货方提前1个月通过铁路运输部门将订购物资运抵项目所在地的车站，且交付数量多于合同约定的尾差，（　　）。
   A. 采购方不能拒绝提货，多交货的保管费用应由采购方承担
   B. 采购方不能拒绝提货，多交货的保管费用应由供应方承担
   C. 采购方可以拒绝提货，多交货的保管费用应由采购方承担
   D. 采购方可以拒绝提货，多交货的保管费用应由供应方承担
5. 某建设工程设计合同中规定的设计费为10万元，委托人已按规定比例付给承包人定金。合同开始履行后承包人违约，承包人应返还给委托人（　　）。
   A. 20万元　　　　B. 10万元　　　　　C. 2万元　　　　D. 4万元
6. 下列关于业主享有的权利，说法错误的是（　　）。
   A. 业主有选定工程总设计单位和总承包单位，以及与其订立合同的签订权
   B. 业主有对工程规模、设计标准、规划设计、生产工艺设计和设计使用功能要求的认定权
   C. 监理单位调换总监理工程师可以不经过业主同意
   D. 业主有权要求监理机构提交监理工作月度报告及监理业务范围内的专项报告
7. （　　）是经济活动中十分常见的一种合同，也是建设工程中需经常订立的一种合同。
   A. 买卖合同　　　B. 货物运输合同　　　C. 保险合同　　　D. 租赁合同
8. 建设工程设计合同必须具有上级机关批准的（　　）才能签订。
   A. 设计任务书　　B. 总概算　　　　　C. 施工图设计　　D. 初步设计文件

二、多项选择题

1. 依据建设工程设计合同的规定，（　　）是发包人的责任。

A. 对设计依据资料的正确性负责　　　B. 保证设计质量
C. 提出技术设计方案　　　　　　　　D. 解决施工中出现的设计问题
E. 提供必要的现场工作条件

2. 建设工程设计合同履行过程中，发包人要求变更部分委托的设计工作内容。由于承包人不具备相应的资质，发包人准备将这部分设计任务委托给另一承包人。建设工程设计合同示范文本针对此情况的规定包括（　　）。
A. 发包人与承包人协商并经承包人同意
B. 承包人必须与发包人选择的另一承包人签订合同
C. 该部分设计成果须经原承包人审查批准
D. 原承包人不对该部分的设计质量承担责任
E. 原承包人对该部分设计未能按时完成承担责任

3. 在材料采购合同中，交货质量的验收方法有（　　）。
A. 化学试验　　B. 衡量法　　　C. 物理试验　　　D. 查点法
E. 经验鉴别法

4. 建设工程勘察设计合同的委托人一般是（　　）。
A. 项目业主　　　　　　　　　　　B. 建设项目的承包单位
C. 建设项目的总承包单位　　　　　D. 项目的某分包单位
E. 勘察设计单位

5. 建设工程勘察设计合同的主要内容包括（　　）。
A. 委托方提交的有关基础资料的期限
B. 勘察设计单位提交勘察设计文件的期限
C. 勘察或设计的质量要求，以及勘察、设计的费用
D. 违约责任
E. 勘察设计合同的定金

6. 在建设工程勘察中，发包人向承包人提交的基础资料有（　　）。
A. 可行性研究报告　　　　　　　　B. 工程需要勘察的地点、内容
C. 工程施工详图　　　　　　　　　D. 勘察技术要求
E. 附图

7. 勘察设计单位提交的勘察设计文件有（　　）。
A. 勘察设计图纸及说明　　　　　　B. 材料设备清单
C. 可行性研究报告　　　　　　　　D. 工程所需燃料方面的协议
E. 工程的概（预）算

8. 建设工程监理合同的主体是（　　）。
A. 委托人　　B. 监理单位　　C. 承包商　　D. 监理单位法人　　E. 发包商

9. 监理单位应承担的义务有（　　）。
A. 向委托人报送委派的总监理工程师及其监理机构主要成员名单、监理规划，完成建设工程监理合同专用条件中约定的监理工程师范围内的监理业务
B. 应当负责工程建设的所有外部关系的协调
C. 监理机构在履行合同义务的期间，应运用合理的技能，为委托人提供与其监理机构

水平相适应的咨询意见，认真、勤奋工作，帮助委托人实现合同预定的目标，公正地维护各方的合法权益

D. 监理机构使用委托人提供的设施和物品属于委托人的财产，在监理工作完成或中止时，应将其设施和剩余的物品库存清单提交给委托人，并按合同约定的时间和方式移交此类设施和物品

E. 在合同期内或合同终止后，未征得有关方同意，不得泄露与本工程、本合同业务活动有关的保密资料

10. 在委托的工程范围内，监理单位（　　）。

A. 享有选择工程总设计单位和施工总承包单位的建议权

B. 不享有选择工程设计分包单位和施工分包单位的确认权与否定权

C. 享有工程建设有关事项（包括工程规模、设计标准、规划设计、生产工艺设计和使用功能要求）的建议权

D. 享有工程施工进度的检查、监督权，以及工程实际竣工日期提前或超过工程承包合同规定的竣工期限的签认权

E. 享有工地上使用的材料和施工质量的检验权

11. 建设工程监理合同的当事人应当严格按照合同的约定履行各自的义务。建设工程监理合同的履行包括（　　）。

A. 监理单位完成监理工作　　　　B. 监理酬金的支付
C. 违约责任　　　　　　　　　　D. 监理单位完成附加的工作
E. 监理单位完成额外的工作

12. 下列关于买卖合同的特点，说法正确的是（　　）。

A. 买卖合同是双务、无偿合同　　B. 买卖合同是诺成合同
C. 买卖合同是要式合同　　　　　D. 买卖合同是双务、有偿合同
E. 买卖合同是非要式合同

三、思考题

1. 建设工程勘察设计合同应包括哪些主要内容？
2. 建设工程勘察设计合同的履行有何要求？
3. 建设工程勘察设计合同变更与解除应符合什么条件？违约责任如何承担？
4. 材料采购合同的履行有何要求？
5. 设备采购合同的履行有何要求？
6. 《建设工程监理合同（示范文本）》(GF—2012—0202) 如何使用？
7. 建设工程监理合同如何规定监理单位的权利与义务？
8. 建设工程监理合同的履行有何要求？

单元九

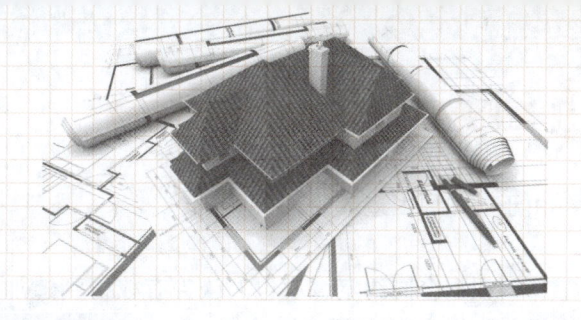

建设工程索赔

知识目标

- 理解建设工程索赔的概念、起因、分类、依据。
- 理解建设工程常见的索赔问题。
- 理解建设工程索赔程序及索赔文件的编写。
- 了解建设工程反索赔。
- 掌握索赔费用、索赔工期分析。
- 掌握工程索赔的技巧。

能力目标

- 具备编写索赔文件的能力。
- 能运用费用索赔、工期索赔的分析方法和计算方法处理实际问题。
- 能应用工程索赔的技巧。

导 语

在建设工程合同实施的过程中,存在大量不可预见的因素,会出现合同外的各种事项,存在工程索赔与反索赔问题。

课题一　建设工程索赔基本知识

一、索赔的概述

索赔,按照《建设工程施工合同(示范文本)》(GF—2017—0201)的约定,是指在合同履行过程中,对于非自己的过错,而是应由对方承担责任的情况造成的实际损失,向对方提出经济补偿和(或)工期顺延的要求。根据建筑市场的惯例,一般所说的索赔是指狭义上的索赔,仅指承包人向发包人提出的索赔;而由发包人提出的索赔一般称为反索赔。

施工签证

索赔的特征:①索赔是承包人要求发包人给予补偿的权利主张;②承包人自己没有过错;③索赔完全符合合同和法律的规定;④索赔事件之所以发生是由于发包人、监理工程师、设计单位或非承包人的有关单位造成的;⑤与合同和法律原来的规定相比较,承包人已承受实际损失,包括工期和经济损失;⑥必须有确切的证据。

索赔为非自身责任的情况:①发包人不能切实履约;②发包人没有违反合同约定,但是由于其他原因造成的。

1.《建设工程施工合同（示范文本）》(GF—2017—0201) 第 19.1 条的规定

根据合同约定，承包人认为有权得到追加付款和（或）延长工期的，应按以下程序向发包人提出索赔：

（1）承包人应在知道或应当知道索赔事件发生后 28 日内，向监理人递交索赔意向通知书，并说明发生索赔事件的事由；承包人未在前述 28 日内发出索赔意向通知书的，丧失要求追加付款和（或）延长工期的权利。

（2）承包人应在发出索赔意向通知书后 28 日内，向监理人正式递交索赔报告；索赔报告应详细说明索赔理由以及要求追加的付款金额和（或）延长的工期，并附必要的记录和证明材料。

（3）索赔事件具有持续影响的，承包人应按合理时间间隔继续递交延续索赔通知，说明持续影响的实际情况和记录，列出累计的追加付款金额和（或）工期延长日数。

（4）在索赔事件影响结束后 28 日内，承包人应向监理人递交最终索赔报告，说明最终要求索赔的追加付款金额和（或）延长的工期，并附必要的记录和证明材料。

2.《建设工程施工合同（示范文本）》(GF—2017—0201) 第 19.2 条的规定

对承包人索赔的处理如下：

（1）监理人应在收到索赔报告后 14 日内完成审查并报送发包人。监理人对索赔报告存在异议的，有权要求承包人提交全部原始记录的副本。

（2）发包人应在监理人收到索赔报告或有关索赔的进一步证明材料后的 28 日内，由监理人向承包人出具经发包人签认的索赔处理结果。发包人逾期答复的，则视为认可承包人的索赔要求。

（3）承包人接受索赔处理结果的，索赔款项在当期进度款中进行支付；承包人不接受索赔处理结果的，按照《建设工程施工合同（示范文本）》(GF—2017—0201) 第 20 条的约定处理。

3.《建设工程施工合同（示范文本）》(GF—2017—0201) 第 19.3 条的规定

根据合同约定，发包人认为有权得到赔付金额和（或）延长缺陷责任期的，监理人应向承包人发出通知并附有详细的证明。

发包人应在知道或应当知道索赔事件发生后 28 日内通过监理人向承包人提出索赔意向通知书，发包人未在前述 28 日内发出索赔意向通知书的，丧失要求赔付金额和（或）延长缺陷责任期的权利。发包人应在发出索赔意向通知书后 28 日内，通过监理人向承包人正式递交索赔报告。

4.《建设工程施工合同（示范文本）》(GF—2017—0201) 第 19.4 条的规定

对发包人索赔的处理如下：

（1）承包人收到发包人提交的索赔报告后，应及时审查索赔报告的内容、查验发包人的证明材料。

（2）承包人应在收到索赔报告或有关索赔的进一步证明材料后 28 日内，将索赔处理结果答复发包人。如果承包人未在上述期限内做出答复，则视为对发包人索赔要求的认可。

（3）承包人接受索赔处理结果的，发包人可从应支付给承包人的合同价款中扣除赔付的金额或延长缺陷责任期；发包人不接受索赔处理结果的，按《建设工程施工合同（示范文本)》(GF—2017—0201) 第 20 条的约定处理。

5.《建设工程施工合同（示范文本）》(GF—2017—0201) 第 19.5 条的规定

(1) 承包人按《建设工程施工合同（示范文本）》(GF—2017—0201) 第 14.2 条的约定接收竣工付款证书后，应被视为已无权再提出在工程接收证书颁发前所发生的任何索赔。

(2) 承包人按《建设工程施工合同（示范文本）》(GF—2017—0201) 第 14.4 条提交的最终结清申请单中，只限于提出工程接收证书颁发后发生的索赔。提出索赔的期限自接受最终结清证书时终止。

二、工程索赔的起因

索赔是工程承包中经常发生的事件。由于施工现场条件、气候条件的变化，施工进度、物价的变化，以及合同条款、规范、标准文件和施工图纸的变更、差异、延误等因素的影响，工程承包中不可避免地会出现索赔。承包商在工程施工过程中，仔细分析引起索赔事件发生的原因，是做好索赔工作的首要问题。引起索赔的原因多种多样，其中主要有以下几种情况：

1. 业主的行为引起的索赔

(1) 因业主提供的招标文件中的错误、漏项或与实际不符，造成中标施工后造价突破原中标价或合同价造成的经济损失。

(2) 业主未按合同规定交付施工场地。

(3) 业主未在合同规定的期限内完成土地征用、青苗树木补偿、房屋拆迁，以及清除地面障碍、架空障碍和地下障碍等工作，导致施工场地不具备或不完全具备施工条件。

(4) 业主未按合同规定将施工所需水、电、通信线路从施工场地外部接至约定地点，或虽接至约定地点但没有保证施工期间的需要。

(5) 业主没有按合同规定开通施工场地与城乡公共道路的通道或施工场地内的主要交通干道，没有满足施工运输的需要，没有保证施工期间的畅通。

(6) 业主没有按合同的约定及时向承包商提供施工场地的工程地质和地下管网线路资料，或者提供的数据不符合真实准确的要求。

(7) 业主未及时办理施工所需各种证件、批文和临时用地、占道及铁路专用线的申报批准手续而影响施工。

(8) 业主未及时将水准点与坐标控制点以书面形式交给承包商。

(9) 业主未及时组织有关单位和承包商进行图纸会审，未及时向承包商进行设计交谈。

(10) 业主没有妥善协调处理好施工现场周围地下管线和邻近建筑物、构筑物的保护而影响施工顺利进行。

(11) 业主没有按照合同的规定提供应由业主提供的建筑材料、机械设备。

(12) 业主拖延承担合同规定的责任，如拖延图纸的批准、拖延隐蔽工程的验收、拖延对承包商所提问题的答复等，造成施工延误。

(13) 业主未按合同规定的时间和数量支付工程款。

(14) 业主要求赶工。

(15) 业主提前占用部分永久工程。

(16) 因业主中途变更建设计划，如工程停建、缓建造成施工力量大运迁、施工材料积压倒运、人员机械窝工、合同工期延长、工程维护保管和现场值勤保卫工作增加、临建设施和用料摊销量加大等。

（17）因业主供料无质量证明，委托承包商代为检验，或按业主要求对已有合格证明的材料、构件，已检查合格的隐蔽工程进行复验所发生的费用。

（18）因业主所供材料亏量或设计模数不符合定点厂家定型产品的几何尺寸要求，导致施工超耗而增加的量差损失。

（19）因业主供应的材料、设备未按合同规定地点堆放的倒运费用或业主供货到现场、由承包商代为卸车堆放所发生的人工和机械台班费。

2. 业主代表的不当行为引起的索赔

（1）业主代表委派的具体管理人员没有按合同规定提前通知承包商，对施工造成影响。

（2）业主代表发出的指令、通知有误。

（3）业主代表未按合同规定及时向承包商提供指令、批准、图纸或未履行其他义务。

（4）业主代表对承包商的施工组织进行不合理干预。

（5）业主代表对工程苛刻检查，对同一部位的反复检查，使用与合同规定不符的检查标准进行检查，过分频繁的检查，故意不及时检查。

3. 设计变更或设计缺陷引起的索赔

（1）因设计漏项或变更造成人力、物资、资金的损失，以及停工待图、工期延误、返修加固、物资积压、改换代用以及连带发生的其他损失。

（2）因设计提供的工程地质勘察报告与实际不符而影响施工所造成的损失。

（3）按图施工后发现设计错误或缺陷，经业主同意采取补救措施进行技术处理所增加的额外费用。

（4）设计单位驻工地代表在现场临时决定，但无正式书面手续的某些材料代用要求，以及局部修改或其他有关工程的随机处理事宜所增加的额外费用。

（5）新型、特种材料和新型、特种结构的试制、试验所增加的费用。

4. 合同文件的缺陷引起的索赔

（1）合同条款规定用语含糊、不够准确。

（2）合同条款存在漏洞，对实际可能发生的情况未做预料和规定，缺少某些必不可少的条款。

（3）合同条款之间存在矛盾。

（4）双方的某些条款中隐含着较大风险，对单方面要求过于苛刻，约束不平衡，甚至发现某些条文是恶意的。

5. 施工条件与施工方法的变化引起的索赔

（1）加快施工引起劳动力资源、周转材料、机械设备的增加，以及各工种交叉干扰增大工作量等额外增加的费用。

（2）因场地狭窄以致场内运输运距增加所发生的超运距费用。

（3）因在特殊环境中或恶劣条件下施工发生的降效损失和增加的安全防护、劳动保护等费用。

（4）在执行经建设单位批准的施工组织设计和进度计划时，因实际情况发生变化而引起施工方法的变化所增加的费用。

6. 国家政策法规的变更引起的索赔

（1）每季度由工程造价管理部门发布的建筑工程材料预算价格的变化。

（2）中国建设银行关于调整贷款利率的规定。

（3）国家有关部门关于在工程中停止使用某种设备、材料的通知。

（4）国家有关部门关于在工程中推广某些设备、施工技术的规定。

（5）国家对某种设备、建筑材料限制进口、提高关税的规定。

（6）在外资或中外合资工程项目中货币贬值也有可能导致索赔。

7. 不可抗力事件引起的索赔

（1）因自然灾害引起的损失。

（2）因社会动乱、暴乱引起的损失。

（3）因物价大幅度上涨，造成材料价格、工人工资大幅度上涨而增加的费用。

8. 不可预见因素的发生引起的索赔

（1）因施工中发现文物、古董、古建筑基础和结构、化石、古钱币等有考古、地质研究价值的物品所发生的保护等费用。

（2）异常恶劣气候条件造成已完工程损坏或质量达不到合格标准时的处置费、重新施工费。

9. 分包商违约引起的索赔

（1）建设单位指定的分包商出现工程质量不合格、工程进度延误等违约情况。

（2）平行分包商在同一施工现场交叉干扰引起工效降低所发生的额外支出。

三、工程索赔的分类

1. 按索赔的要求分类

（1）工期索赔。要求延长合同工期。

（2）费用索赔。要求追加费用，提高合同价格。

2. 按合同类型分类

（1）总承包合同索赔。总承包商与业主之间的索赔。

（2）分包合同索赔。总承包商与分包商之间的索赔。

（3）合伙合同索赔。合伙人之间的索赔。

（4）供应合同索赔。业主（承包商）与供应商之间的索赔。

（5）劳务合同索赔。劳务供应商与雇佣者之间的索赔。

（6）其他。向银行、保险公司的索赔。

3. 按索赔的起因分类

（1）业主违约。如业主未按合同规定提供施工条件（场地、道路、水电、图纸等）、下达错误指令、拖延下达指令、未按合同支付工程款。

（2）合同变更。双方协商达成新的附加协议、修正案、备忘录、会议纪要，业主下达指令修改设计、施工进度、施工方案，以及合同条款有缺陷、错误、矛盾和不一致等。

（3）工程环境变化。如地质条件与合同规定不一致，物价上涨，法律变化、汇率变化等。

(4) 不可抗力因素。恶劣的气候条件、洪水、地震、政局变化、战争、经济封锁等。

4. 按干扰事件的性质分类

(1) 工期的延长或中断索赔。由于干扰事件的影响造成工程拖期或工程中断一段时间。

(2) 工程变更索赔。干扰事件引起工程量增加或减少或增加新的工程变更。

(3) 工程终止索赔。干扰事件造成合同被迫停止并不再进行。

(4) 其他。如货币贬值、汇率变化、物价上涨、政策变化、法律变化等。

5. 按处理方式分类

(1) 单项索赔。在工程施工中，针对某一干扰事件，在该项索赔有效期内提出的索赔。

(2) 总索赔（又称一揽子索赔、综合索赔）。将许多已提出但未获得解决的单项索赔集中起来，提出一份总索赔报告，通常在工程竣工前提出，双方进行最终谈判，以一个一揽子方案解决。

6. 按索赔的依据分类

(1) 依据合同条款进行的索赔。在索赔事件发生后，承包商可根据合同中某些条款的规定提出索赔。由于合同中有明确的文字说明，承包商索赔的成功率是比较高的。

(2) 合同未明确规定的索赔。某些索赔事项，无法根据合同的明示条款直接进行索赔，但可以根据这些条款隐含的内容合理推断出承包商具有索赔的权利，则这种索赔是合法的，同样具有法律效力。在此情况下，承包商如果有充分的证据资料，就能使索赔获得成功。

(3) 道义索赔。既然是道义上的索赔，承包商则不可能依据合同条款或合同条款中隐含的意义提出索赔。如承包商因投标价过低或其他承包商的原因，使其产生巨大损失，而在施工过程中，承包商仍能竭尽全力去履行合同，业主在目睹承包商的艰难困境后，出于道义上的原因，可能在承包商提出要求时，给予一定的经济补偿。

四、工程索赔的主要依据

1. 合同文件

由于合同文件的内容相当广泛，包括合同协议、图纸、合同条件、工程量清单以及许多的来往函件和变更通知，有时会自相矛盾，或作不同解释，导致合同纠纷。因此，索赔必须以合同为依据。遇到索赔事件时，监理工程师必须以完全独立的身份，站在客观公正的立场上审查索赔要求的正当性，必须对合同条件、协议条款等有详细的了解，以合同为依据公平处理合同双方的利益纠纷。

根据有关规定，合同文件应能互相解释、互为说明，除合同另有约定外，合同文件的组成和解释顺序如下：本合同协议书；中标通知书；投标书及其附件；本合同专用条款；本合同通用条款；标准、规范及有关技术文件；图纸；工程量清单；工程报价单或预算书。

合同履行中，发包人及承包人有关工程的洽商、变更等书面协议或文件视为本合同的组成部分。

2. 订立合同所依据的法律法规

(1) 适用的法律法规。建设工程合同文件适用的法律和行政法规，需要明示的，由双方在专用条款中约定。

(2) 适用的标准、规范。双方在专用条款内约定适用的标准、规范的名称。

3. 相关证据

索赔证据是当事人用来支持其索赔成立或和索赔有关的证明文件和资料。索赔证据作为索赔文件的组成部分，在很大程度上关系到索赔的成功与否。证据不全、不足或没有证据，索赔是很难获得成功的。

在工程项目实施过程中，会产生大量的工程信息和资料，这些信息和资料是开展索赔的重要证据。因此，在施工过程中应该自始至终做好资料积累工作，建立完善的资料记录和科学管理制度，认真系统地积累和管理有关合同、质量、进度以及财务收支等方面的资料。

(1) 可以作为证据使用的材料：

1) 书证。是指以其文字或数字记载的内容起证明作用的书面文书和其他载体。如合同文本、财务账册、欠条、收据、往来信函以及确定有关权利的判决书、法律文件等。

2) 物证。是指以其存在、存放的地点的外部特征及物质特性来证明案件事实真相的证据。如购销过程中封存的样品，被损坏的机械、设备，有质量问题的产品等。

3) 证人证言。是指知道、了解事实真相的人所提供的证词，或向司法机关所做的陈述。

4) 视听材料。是指能够证明案件真实情况的音像资料。如录音带、录像带等。

5) 被告人供述和有关当事人陈述。它包括犯罪嫌疑人、被告人向司法机关所作的承认犯罪并交代犯罪事实的陈述，或否认犯罪或具有从轻、减轻、免除处罚的辩解、申诉，以及被害人、当事人就案件事实向司法机关所做的陈述。

6) 鉴定结论。是指专业人员就案件有关情况向司法机关提供的专门性的书面鉴定意见。如损伤鉴定、痕迹鉴定、质量责任鉴定等。

7) 勘验、检验笔录。是指司法人员或行政执法人员对与案件有关的现场物品、人身等进行勘察、试验、实验或检查的文字记载。这项证据具有专门性。

(2) 常见的工程索赔证据：

1) 各种合同文件，包括施工合同协议书及其附件、中标通知书、投标书、标准和技术规范、图纸、工程量清单、工程报价单或者预算书、有关技术资料和要求、施工过程中的补充协议等。

2) 工程各种往来函件、通知、答复等。

3) 各种会谈纪要。

4) 经过发包人或者监理工程师批准的承包人的施工进度计划、施工方案、施工组织设计和现场实施情况记录。

5) 工程各项会议纪要。

6) 气象报告和资料，如有关温度、风力、雨雪的资料。

7) 施工现场记录，包括有关的设计交底、设计变更、施工变更指令，工程材料和机械设备的采购、验收与使用等方面的凭证及材料供应清单、合格证书，工程现场水、电、道路等开通、封闭的记录，停水、停电等各种干扰事件的时间和影响记录等。

8) 工程有关照片和录像等。

9）施工日记、备忘录等。
10）发包人或者监理工程师签认的签证。
11）发包人或者监理工程师发布的各种书面指令和确认书，以及承包人的要求、请求、通知书等。
12）工程中的各种检查验收报告和各种技术鉴定报告。
13）工地的交接记录（应注明交接日期，场地平整情况，水、电、路的情况等）、图纸和各种资料交接记录。
14）建筑材料和设备的采购、订货、运输、进场、使用等方面的记录、凭证和报表。
15）市场行情资料，包括市场价格、官方的物价指数、工资指数、中国人民银行的外汇比率等材料。
16）投标前发包人提供的参考资料和现场资料。
17）工程结算资料、财务报告、财务凭证等。
18）各种会计核算资料。
19）法律法规、法令、政策文件。

课题二　建设工程常见的索赔问题

一、合同文件引起的索赔

合同文件包括的范围很宽，主要的是合同条件、技术规范说明等。在索赔案例中，关于合同条件、工程量和价格方面出现的问题较多。有关合同文件引起的索赔内容常见于如下几个方面：

（1）合同条款规定用语含糊、不够准确。
（2）合同条款存在漏洞，对实际可能发生的情况未作预料和规定，缺少某些必不可少的条款。
（3）合同条款之间存在矛盾。
（4）双方的某些条款中隐含着较大风险，对单方面要求过于苛刻，约束不平衡，甚至发现某些条文是恶意的。

一般在合同协议书中列出了合同文件，如果发现某几个文件的解释和说明有矛盾时，可按合同文件的优先顺序，排在前面的文件的解释和说明更具有权威性。尽管这样，还可能有很多矛盾不好解决。另外，用词不严谨，导致双方对合同条款的不同解释，从而引起工程索赔。例如"应抹平整""足够的尺寸"，像这样的词容易引起争议，因为没有给出"平整"的标准和多大尺寸算"足够"。图纸、规范是固定的，而工程是千变万化的，人们从不同的角度就有不同的理解，这个问题的本身就构成了索赔产生的外部原因。

二、工程施工中索赔

1. 工程变更引起的索赔

在工程施工过程中，由于工程不可预见的情况、环境的改变或为了节约成本等，在监理工程师认为必要时，可以对工程或其任何部分的外形、质量或数量做出变更。任何此类变更，承包商均不应以任何方式使合同作废或无效，但如果监理工程师确定的工程变更单价或价格不合理或缺乏说服承包商的依据，则承包商有权就此向业主进行索赔。

2. 工期延期的索赔

工期延期的索赔通常包括两个方面：一方面是要求延长工期；另一方面是要求偿付由于非承包商原因导致工程延期而造成的损失。一般这两方面的索赔要求应分别编制，因为工期和费用索赔并不一定同时成立。例如，由于特殊恶劣气候等原因，承包商可以要求延长工期，但不能要求补偿；也有些延误时间并不影响关键路线的施工，承包商可能得不到延长工期的承诺。但是，如果承包商能提出证据说明其延误造成的损失，就可能获得这些损失的补偿。有时，两种索赔可能混在一起，既可以要求延长工期，又可以获得对其损失的补偿。

提出工期索赔，通常是基于下述原因：

（1）合同文件的内容出错或者相矛盾。
（2）监理工程师在合理的时间内未曾发出承包商要求的图纸和指示。
（3）有关放线的资料不准。
（4）不利的自然条件。
（5）在现场发现化石、钱币、有价值的物品或文物。
（6）额外的样本与试验。
（7）业主和监理工程师命令暂停工程施工。
（8）业主未能按时提供施工现场。
（9）业主违约。
（10）业主风险导致的工期问题。
（11）不可抗力。

以上这些原因要求延长工期的，必须提出合理的证据，一般可获得监理工程师和发包人的同意，有的还可索赔损失。

以上提出的工期索赔中，凡属于客观原因造成的延期属于业主也无法预见到的情况的，如特殊反常天气，达到合同中特殊反常天气的约定条件时，承包商可能得到延长工期的赔付，但得不到费用补偿。凡属于业主方面的原因造成工期拖延，不仅应给承包商延长工期，还应给予费用补偿。

3. 施工加速索赔

工程项目可能遇到各种意外的情况或由于工程变更而必须延长工期，但有时业主坚持不给延期（例如该工程已经预售给买主，需按议定时间移交买主），迫使承包商采取赶工措施来完成工程，从而导致工程成本增加，即为施工加速索赔。在如何确定加速施工所发生的费用时，合同双方可能差距很大，因为影响附加费用款额的因素有很多，如投入的资源量、提前的完工天数、加班津贴、施工新单价等。要解决这些问题，建议在合同中予以"奖金"约定的办法，鼓励合同当事一方克服困难，加速施工。即规定当某一部分工程或分部工程每提前完工一天，发给承包商资金若干，这种支付方式的优点是：不仅促使承包商早日完成工程，使工程早日投入运行，而且计价方式简单，避免了计算加速施工、延长工期、调整单价等许多容易扯皮的繁琐计算和讨论。

三、特殊风险和不可抗力的灾害索赔

1. 不利的自然条件与人为障碍引起的索赔

不利的自然条件是指施工中遭遇的实际自然条件比招标文件中所描述的更为困难和恶劣，是一个有经验的承包商无法预测的不利自然条件与人为障碍，导致了承包商必须花费更多的时间和费用，在这种情况下，承包商可以向业主提出索赔要求。

（1）地质条件变化引起的索赔。一般来说，在招标文件中规定，由业主提供有关该项工程的勘察地质资料。但在合同中往往写明"承包商在提交投标书之前，已对现场和周围环境及与之有关的可用资料进行了考察和检查，包括地表以下条件及水文和气候条件。承包商应对他自己对上述资料的解释负责。"针对此项条款，客观公正地说，是有损施工单位的合法权利的，因为在非设计、勘察、施工总包合同中，承包商虽有责任全面了解地质资料（特别是地质条件），但在合同范围内，并没有进行独立的地质勘察的合同义务，其对地质条件的理解，更多的是依赖于工程建设第三方合同——地质勘察单位所提供的地质资料，而对于地质资料的真实性与完备性，地质勘察单位应当负责，而不应由施工承包商来承担其责任。通常，合同条款中还有一条"在工程施工过程中，承包商如果遇到了现场气候条件以外的外界障碍或条件，在他看来这些障碍和条件是一个有经验的承包商也无法预见到的，则承包商应就此向监理工程师提交有关通知，并将一份副本交业主。收到此通知后，如果监理工程师认为这类障碍或条件是一个有经验的承包商无法合理预见到的，在与业主和承包商适当协商以后，应给予承包商延长工期和费用补偿的权利，但不包括利润。"基于此款与前款所述"承包商应对他自己对上述资料的解释负责"的两条并存的合同条款，往往会成为合同当事人双方各执一词发生争议的缘由所在，这一点在投标过程中应予以必要的重视，投标人在招标文件澄清资料中应予以提出，以便合同当事人的合同权利的保障及便于合同索赔。

（2）工程中人为障碍引起的索赔。在施工过程中，往往会因为遇到地下构筑物或文物或地下的电缆、管道和各种装置而导致工程费用增加，如原投标的是机械挖土，而现场不得不改为人工挖土，只要给定的施工合同、施工图纸未予标明，合同的当事人均可提出索赔。当然，地下的电缆、管道和各种装置应例外，即对这些地下情况当知且应知的例外。

2. 物价上涨引起的索赔

物价上涨是各国市场的普遍现象，由于物价上涨，人工费和材料费增长，引起了工程成本的增加。如何处理由物价上涨引起的合同价调整的问题，常用的办法有以下三种：

（1）对固定总价合同不予调整，但这种方法适用于工期短、规模小的工程。

（2）按价差调整合同价。在工程结算时，对人工费及材料的价差（现行价格与基础价格的差值），由业主向承包商补偿，相关计算如下：

1）材料价调整额 =（现行价 − 基础价）× 材料数量。

2）人工费调整额 =（现时工资 − 基础工资）×（实际工作小时数 + 加班工作小时数 × 加班工资增加率）。

3）对管理费及利润不进行调整。

（3）用调价公式调整合同价。在每月结算工程款时，利用合同文件中的调价公式计算人工、材料等的调整额。

3. 法律、货币及汇率变化引起的索赔

（1）法律变化引起的索赔。如果在基准日期（投标截止日期前 28 日）以后，由于业主所在国家或地方的任何法规、法令、政令或其他法律或规章发生了变更，导致了承包商成本增加，对承包商由此增加的开支，业主应予以补偿。

（2）货币及汇率变化引起的索赔。如果在基准日期以后，工程施工所在国的政府或授权机构支付合同价格的一种或几种货币实行限制或货币汇总限制，则业主应补偿承包商因此而受到的损失。

如果合同规定将全部或部分款额以一种或几种外币支付给承包商，则这项支付不应受上述指定的一种或几种外币与工程施工所在国货币之间的汇率变化的影响。

4. 业主风险的索赔

（1）拖延提供施工场地。因自然灾害影响或业主方面的原因导致没能如期向承包商移交合格的、可以直接进行施工的施工现场的，承包商可以提出将工期顺延的"工期索赔"或由于窝工而直接提出经济索赔。

（2）拖延支付应付款。此时，承包商不仅要求支付应得款项，而且还有权索赔利息，因为业主对应付款的拖延将影响到承包商的资金周转。

（3）指定分包商违约。指定分包商违约常常表现为未能按分包合同规定完成应承担的工作而影响了总承包商的工作。从理论上讲，总承包商应该对包括指定分包商在内的所有分包商的行为向业主负责。但是实际情况往往不是那么简单，因为指定分包商不是由总承包商选择的，而是按照合同规定归其统一协调管理的分包商，特别是业主把总承包商接受某一指定分包商作为授予合同的前提条件之一时，业主不可能对指定分包商的不当行为不负任何责任。因此，总承包商除了根据与指定分包商签订的合同进行索赔外，还有权向业主提出延长工期的索赔要求。

（4）业主提前占用部分永久工程引起的损失。工程实践中经常会出现业主从经济效益方面考虑将部分单项工程提前使用，或从其他方面考虑提前占用部分分项工程。业主如果不按合同中规定的时间接收工程，而又对提前占用会产生的不良后果考虑不周，将会引起承包商的索赔。

四、工程暂停、终止合同的索赔

由于业主不正当地暂停、终止工程，承包商有权要求补偿损失，其数额是承包商在被暂停、终止工程中的人工、材料、机械设备的全部支出，以及各项管理费用、保险费、贷款利息、保函费用的支出减去已结算的工程款，并有权要求赔偿其盈利损失。

工程中途停工索赔

课题三　建设工程索赔程序

一、建设工程索赔一般程序

建设工程索赔一般程序如图 9-1 所示。

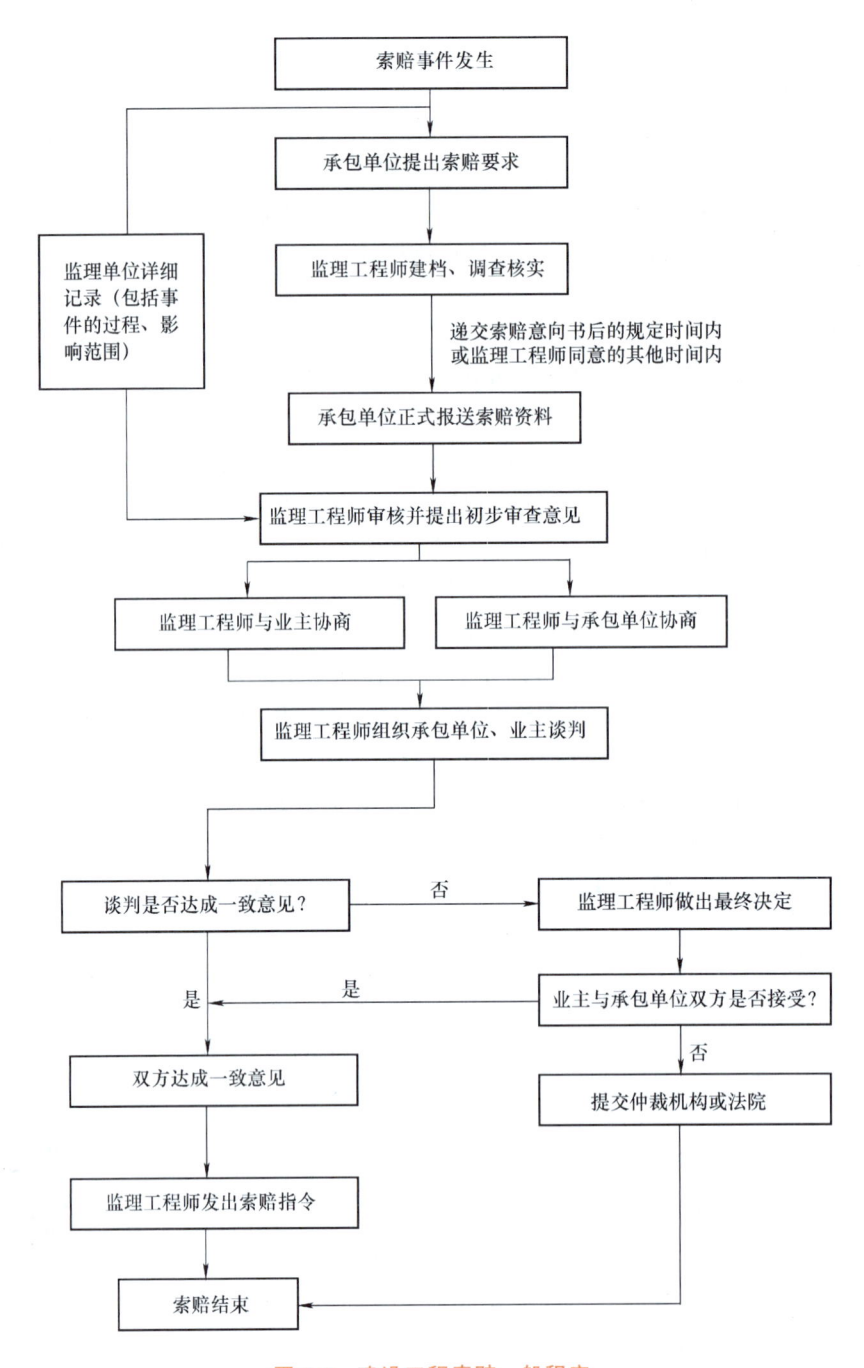

图 9-1　建设工程索赔一般程序

二、索赔工作内容

1. 通知（提出索赔要求）

按合同要求，凡业主或业主代表方的原因，出现工程项目或工程量的变化，导致工程拖期和成本增加时，承包商有权提出索赔。在索赔事项出现后，承包商在遵照业主代表的指令进行施工的同时要口头提出索赔意向,并要在规定的期限内写出书面文件正式通知监理工程师,声明将对此事项要求索赔。按合同条款规定,这个书面文件应在索赔事项发生后28日内向业主或其代表正式提出。否则,业主或其代表将拒绝承包商的索赔要求。

2. 报送索赔资料

承包商根据合同条款,向业主代表报送证据资料及估算索赔款,证据资料应尽可能详细有力,并一次性提出,以便加快索赔过程,以较早拿到索赔款。承包商报送的索赔资料,应包括以下两方面内容:

(1) 出自合同条款的法律论证部分,以证明自己提出索赔要求的合法性。

(2) 超出合同协议所增加的开支部分,以说明自己应得的索赔金额。

承包商所报送的资料,一般以索赔文件附件的形式出现,作为要求索赔的证据,来论证所提出索赔的原因和合理性。

工程项目资料是索赔的重要依据,项目资料不完整,索赔就难以顺利进行。因此,在施工过程中应始终做好资料累积工作,建立完善的资料记录制度,认真系统地积累施工进度、质量以及财务收支资料。对将要发生索赔的一些工程项目,从开始施工时正式发函给业主代表提出索赔要求起,就要有目的地搜集证据资料,系统地对现场进行拍照,妥善保管开支收据,有意识地为索赔积累必需的证据。

一般要收集和保管的资料有:

(1) 施工记录方面:施工日志、施工报告、逐月分项施工纪要、施工日报、每日工时记录、同业主或其代表的往来信函及文件、施工进度及特殊问题的照片、会议记录或纪要、施工图纸、同业主或其代表的电话记录、投标时的施工进度表、修正后的施工进度表、施工质量检查记录、施工设备使用记录、施工材料使用记录。

(2) 财务记录方面:施工进度款支付申请单,工人劳动计时卡,工人分布记录,工人工资单,材料、设备及配件等的采购单,收付款单据,标书中财务部分的章节,工地施工预算,工地开支报告,会计日报表,会计总账,批准的财务报告,会计往来信函及文件,通用货币汇率变化表。

上述所有资料,每个管理单位都应经常、系统地积累,以备索赔急需。在报送索赔文件时,仅摘取直接论证部分,并尽可能利用图表对比方式,附以有关照片,使人一目了然,有说服力。同时,要根据索赔内容,查找上述资料范围以外的证据。例如,在要求提高单价时,应补充各类气象水文资料,进行对比,以论证自然条件对工期的影响等。索赔报告中财务方面的证据资料,除索赔人的论证之外,最好附有注册会计师或审计部门的审计报告,以证明该财务证据的正确性。

所有的索赔证据资料,按一般程序应作为索赔报告的附件,一并报送驻地监理工程师。但在具体施工过程中,由于测算、整理文件等大量准备工作,往往不能同每月一次的索赔报告同时送出。这时,承包商不能因等待证据资料而超过报送索赔报告的规定期限。因为按一般合同条款的规定,索赔报告应在发生索赔事项后28日内报出,否则,承包商将失去要求索赔的权利。因此,承包商应按规定在每月报送工程结算款的同时,向驻地监理工程师报送额外工程或其他任何超出标书范围的工程开支的索赔报告,若来不及同时报出全部所需的证据资料,可向驻地监理工程师申明将尽快报出。这样就保留了自己要求索赔的权利,并在驻地监理工程师同意的期限内再补充报上全部的索赔证据资料,把应办手续办理齐全。

3. 谈判协商

许多索赔是在进度付款、变更估算和最终结算等过程中发生的。在此情况下，谈判协商将以往来信函和讨论的形式出现，即以一种有关的非正式途径进行。对承包商来说，在谈判中要注意以下几个方面问题：

（1）了解问题的所在。承包商应该了解自己要求的是什么，以及自己有哪些权利，了解业主可能会是什么态度。

（2）了解对手。要了解与自己谈判的人，若自己不清楚对方的想法，就要向对方询问，可同对方进行讨论。还要了解对方的委托人是谁，对方要对谁负责。

（3）使用简单的语言。若用简单的语言就可把事情阐述清楚时，就不要把索赔书或答辩词做得过长或用很深奥的句子，要简明扼要、直截了当、不绕弯子、逻辑性强。

（4）行动迅速。在提出一项索赔要求或提出证据时如果产生了延误，是十分有害的，容易使业主对索赔的合理性产生疑问。

（5）谈判的时机。索赔必须在其事态升级前尽快解决。认为索赔仅仅是在手头工作完成之后再去考虑的想法是错误的，索赔应尽早提出。

（6）谈判者的授权问题。在最终谈判中，业主通常派业主代表参加，业主代表有权解决问题，业主代表通常具备一定的建筑技术知识和建筑合同知识。在与业主代表谈判时通常存在一个问题：业主代表是否被授权解决此事。就合同索赔而言，应不存在这样的问题，业主代表有权根据合同进行协商；然而涉及合同外索赔时，业主代表将无权处理。所以，应了解业主代表与业主各自的权利所在。

谈判协商的过程通常从程序性问题开始，不能期望谈判会很快得出结论，尤其是问题尚未明确或问题并非是一种完全肯定或完全否定的答案时更是如此。无论如何，通过谈判协商解决好索赔问题是比较理想的结果。

4. 邀请中间人调解

如争议双方经过谈判协商不能达成协议，则可由双方协商邀请一至数名中间人进行调解，促成双方索赔争议的解决。中间人必须站在中间立场上，处事要公平合理，绝不偏袒一方而歧视另一方。中间人应起催化剂的作用，提出合理的解决办法，促成双方采纳，而不能强加于任一方。中间人一般是熟悉工程承包业务的律师，在复杂的争议中，还应聘请熟悉工程技术的专家参加。中间调解工作是争议双方在自愿的基础上进行的，若任一方对中间人的工作不满意，或难以达成调解协议时，即可结束调解工作。

这种调解办法既可避免诉至仲裁机构或法院，又可使矛盾解决；既节约费用，还不致使争议双方的对立情绪增加。

5. 提交仲裁机构或法院

经过谈判协商和中间人调解，索赔要求仍得不到解决时，索赔一方有权要求将此争议提交仲裁机构仲裁，也可诉至法院通过诉讼解决。

仲裁或诉讼的过程往往较长，一般从提出到裁决需要半年的时间，有的复杂案例甚至拖延数年。以仲裁为例，通常它的程序是：

（1）由索赔一方向合同规定的仲裁机构正式提出仲裁申请，并通知被索赔一方。

（2）由仲裁机构组成专门的仲裁委员会。仲裁委员会一般由三人组成，合同双方各指定一名仲裁员作为自己的代表；仲裁机构指定第三名仲裁员，并征得索赔双方同意，担任仲裁委员会主席。

（3）由仲裁委员会主持会议，听取索赔一方的论证及被索赔方的反对意见。对于复杂的索赔案例，在取得仲裁委员会全体成员同意后，双方可选派等数的技术专家出席仲裁会议，进行技术论证。

（4）由仲裁委员会主席代表仲裁委员会做出裁决。这个裁决具有法律效力，为最终裁决，对索赔双方均有约束力。

仲裁或诉讼的费用不低，所以合同双方的纠纷一般应力求通过协商或调解解决，不要走到仲裁或诉讼这一步。但有时因双方矛盾尖锐，各不相让，只好诉至仲裁或诉讼。

合同标准条款中一般声明，在合同双方进行仲裁或诉讼期间，承包商仍应坚持施工，不得终止施工，除非业主连续数月不向承包商支付工程款。因此，施工索赔的仲裁或诉讼过程，往往对承包商不利。当然，承包商在有确凿的论证下，他的索赔要求也可在仲裁或诉讼中取得胜利。

课题四　建设工程反索赔

一、建设工程反索赔的概念与特点

1. 建设工程反索赔的概念

反索赔是相对索赔而言的，是对提出索赔一方的反驳（回应、索赔）。发包人可以针对承包人的索赔进行反索赔，承包人也可以针对发包人的索赔进行反索赔。通常的反索赔主要是指发包人向承包人的反索赔。

2. 建设工程反索赔的特点

（1）索赔与反索赔的同时性。

（2）技巧性强，处理不当将会引起诉讼。

（3）在反索赔时，发包人处于主动的有利地位，发包人在经监理工程师证明承包人违约后，可以直接从应付工程款中扣回款项，或从银行保函中得以补偿。

二、反索赔的内容

发包人相对承包人反索赔的内容一般包括：工程质量缺陷反索赔、拖延工期反索赔、保留金的反索赔、发包人其他损失的反索赔等。

（一）防止对方提出索赔

防止对方提出索赔通常表现在以下两方面：

（1）防止自己违约，要按照合同办事。通过加强工程管理，特别是合同管理，使对方找不到索赔的理由和依据。工程按合同顺利实施，没有损失发生，就不需提出索赔。

（2）在实际工程中所发生的干扰事件，常常是双方都有责任，许多承包商采取先发制人的策略，首先提出索赔，争取索赔中的有利地位，打乱对方的阵脚，争取主动权。另外，早日提出索赔，可以防止超过索赔的时效而失去索赔机会。

（二）反击对方的索赔要求

为了避免和减少损失，必须反击对方的索赔请求。对承包商来说，这个索赔可能来自业主、总（分）包商、供应商。常见的反击对方的索赔要求的措施有：

1. 反驳索赔方的索赔报告

反驳索赔方的索赔报告通常涉及以下内容：

（1）索赔要求或者索赔报告的时限性：是否在合同规定的时限内提出了索赔要求和索赔报告。

（2）判断索赔事件的真实性。

（3）干扰事件责任分析：是否存在索赔人自己疏忽大意、管理不善的问题。

（4）索赔理由分析：索赔要求是否和合同条款或有关法律法规的规定一致。

（5）干扰事件影响分析：索赔事件和事件影响之间是否存在因果关系、干扰事件影响范围的大小、索赔方是否采取了有效的减损控制措施。

（6）索赔证据分析：证据是否存在不足、不当或者片面的情形。

（7）索赔费用的审核：这是反驳索赔方的索赔报告中的最后一步，也是关键的一个环节，分析的重点在于各项数据是否准确，计算方法是否合理，各种取费是否合理、适度，有无重复计算等问题。

2. 反索赔中主动提出索赔

反索赔中主动提出索赔本质上仍属于索赔，但与反驳索赔方的索赔报告不同，此种情形下的索赔的重要目的之一还是反驳对方的索赔主张。反索赔中主动提出索赔通常涉及以下内容：

（1）工程质量反索赔：有关工程质量的问题往往是因为承包商的原因造成的。

（2）担保的反索赔：

1）预付款担保反索赔是业主向承包商的不按期归还预付款的违约责任行为进行索赔的一种方法。预付款是指在合同规定的开工时间前或工程款支付前，由业主预付给承包商的款项，一般由业主在应支付给承包商的工程款中直接扣还。为了保证承包商偿还业主的预付款，施工合同中一般规定承包商必须对预付款提供等额的经济担保。

2）履约担保反索赔是业主向承包商的不履行合同行为进行索赔的一种方法。履约担保是指承包商和担保方为了保证业主的利益不受损害而做出的一种承诺，担保承包商按施工合同所规定的条件施工。担保期限为工程竣工期或缺陷责任期满。履约担保有银行担保和担保公司担保等类型，担保金额一般为合同价的10%~20%。

（3）拖延工期的反索赔：业主要求承包商补偿拖期完工给业主造成的经济损失。这个损失包括业主的可期待利益损失、工期延长引起的贷款利息增加、工程拖期带来的附加监理费、工程不能如期使用而租用其他建筑物的租赁费等。拖延工期的反索赔金额通常由业主在招标文件中予以规定，一般以每延误一日赔偿一定数额计算，累计赔偿额一般不超过合同总额的10%（若存在已经正式移交的工程，则应当适当减少赔偿额）。

（4）保修期内的反索赔：工程保修期内，因承包商工程质量原因，出现承包商无偿保修情形，承包商在规定时间内未予维修，则业主可就另行雇佣他人的维修费用以及承包商未在合理时间内维修所造成的损失向承包商提出反索赔。

（5）保留金的反索赔：保留金的数额一般为合同总价款的5%左右，保留金是从应支付给承包商的月工程款中扣下的一笔基金，由业主保留下来，一旦承包商违约就以其直接补偿业主的损失。保留金一般应在这个工程或规定的单项工程完工时退还50%，在缺陷责任期满后再退还剩余的 50%。

（6）承包商未遵循监理工程师指示的反索赔：承包商未能按照监理工程师的指示完成应由其自费进行的缺陷补救工作，移走或者调换不合格的材料或重新制备好，业主也可以提出索赔。

（7）工程变更或者放弃时的反索赔：由于承包商的原因修改、变更合同进度计划，从而导致业主增加额外费用支出；承包商的原因致使合同终止，承包商不正当放弃工程等情况，业主可以提出索赔。在承包商不正当放弃工程的情况下，衡量损失的标准是合同价格与业主此后完成工程的实际费用之间的差值，以及考虑此前业主已经支付给违约的承包商的款项和违约的承包商实际完成的工程价值。

（8）不可抗力的反索赔：对于在不可抗力引发风险事件之前已经被监理工程师认定为不合格的工程费用，业主可以提出索赔。

综上所述，索赔和反索赔是根据不同的索赔对象界定的，其根本目的是合同的一方向另一方就对方责任引起的事件，向对方提出的补偿要求，索赔与反索赔都必须以合同为依据，要求发生的事件真实、证据确凿、费用计算合理、准确，责任分析要清楚，只有这样，合同双方在处理索赔事件时才能减少争议和纠纷。

课题五　索赔分析与计算

一、费用索赔分析与计算

费用索赔是指承包商在由于业主的原因或双方不可控制的因素发生变化而遭受损失的条件下，向业主提出补偿其费用损失的要求。因此，索赔费用应是承包商根据合同条款的有关规定，向业主索取的合同价以外的费用，索赔费用不应被视为承包商的意外收入，也不应该被视为业主的不必要支出。实际上，索赔费用的存在是由于建立合同时还无法确定的某些应由业主承担的风险因素导致的结果。承包商的投标报价中一般不含有业主应承担的风险对报价的影响，因而一旦这类风险发生并影响承包商的工程成本时，承包商提出费用索赔是一种正常现象和合理行为。

费用索赔是工程索赔的重要组成部分，是承包商进行索赔的主要目标之一。同时，由于索赔费用的多少关系着承包商的盈亏，也影响着业主工程项目的建设成本，因而费用索赔常常是最困难、也是双方分歧最大的索赔。特别是对于发生亏损或接近亏损的承包商和财务状况不佳的业主，情况更是如此。

费用索赔是整个工程合同索赔的重点和最终的目标。工期索赔在很大程度上也是为了费用索赔。

1. 计算原则

费用索赔都以赔偿实际损失为原则，在费用索赔中，它体现如下几个方面：

（1）实际损失，即干扰事件对承包商工程成本和费用的实际影响，这个实际影响可作为费用索赔值，索赔对业主不具有任何惩罚性质。实际损失包括两个方面：

1）直接损失，即承包商财产的直接减少。在实际工程中，常常表现为成本的增加和实际费用的超支。

2）间接损失，即可能获得利益的减少，如业主拖欠工程款，使承包商失去这笔款项的存款利息收入。

（2）所有干扰事件直接引起的实际损失，以及这些损失的计算，都应有详细的具体的证明。在索赔报告中必须出具这些证据，没有这些证据，索赔要求是不能成立的。

实际损失以及这些损失的计算证据通常有：各种费用支出的账单工资表，现场用工、用料、用机的证明，财务报表，工程成本核算资料等。

（3）合理计算，即符合工程实际情况，符合一般规定，符合一般惯例，能够为业主、监理工程师、调解人或仲裁人接受。如果计算方法选用不合理，使费用索赔值计算明显过高，会使整个索赔报告和索赔要求被否定。合理计算表现为：

1）扣除承包商自己责任造成的损失，即由于承包商自己管理不善、组织失误等造成的损失由其自己负责。

2）符合合同规定的赔偿条件，扣除承包商应承担的风险。

3）合同规定的计算基础。合同是索赔的依据，又是索赔值计算的依据。合同中的人工费单价、材料费单价、机械费单价、各种费用的取值标准和各分部分项合同单价是索赔值的计算基础。

4）有些合同对索赔值的计算规定了计算方法，以及计算采用的公式、计算过程等，这些必须按合同执行。

（4）符合规定的，或通用的会计核算原则。索赔值的计算是在成本计划和成本核算的基础上，通过计划成本和实际成本的对比进行的。实际成本的核算必须与计划成本的核算有一致性，而且符合通用的会计核算原则。

（5）符合国际惯例，即采用能为业主、调解人、仲裁人认可的，在工程中常用的计算方法。

另外，计算索赔值时应考虑以下几方面的因素：

（1）承包商所受的实际损失。它是索赔的实际期望值，也是最低目标。如果最后承包商通过索赔从发包商处获得的实际补偿低于这个值，会导致亏本。

（2）对方的反索赔。在承包商提出索赔后，对方有可能采取各种措施进行反索赔，以抵消或降低承包商的索赔值。

（3）最终解决中的让步。对重大项目的索赔，特别是重大的一揽子索赔，在最后解决中，承包商常常必须做出让步，即索赔值的计算中应考虑上面的因素，要留有余量。

2. 索赔费用的构成

（1）人工费。索赔费用中的人工费部分包括：完成合同之外的额外工作所花费的人工费用；由于非施工单位责任导致的工效降低所增加的人工费用；法定的人工费增长以及非施工单位责任出现的工程延误导致的人员窝工费和工资上涨等。

（2）材料费。索赔费用中的材料费部分包括：由于索赔事项的材料实际用量超过计划用量而增加的材料费；由于客观原因材料价格大幅度上涨；由于非施工单位责任出现的工程延误导致的材料价格上涨和材料超期储存费用。

（3）施工机械使用费。索赔费用中的施工机械使用费部分包括：由于完成额外工作增加的机械使用费；非施工单位责任的工效降低增加的机械使用费；由于建设单位或监理工程师原因导致机械停工的窝工费。

（4）分包费用。分包费用索赔一般指的是分包人的索赔，分包人的索赔应如数列入总承包人的索赔款总额以内。

（5）工地管理费。工地管理费是指施工单位完成额外工程、索赔事项工作发生的，以及工期延长期间的工地管理费，但如果对部分工人的窝工损失进行索赔时，因其他工程仍然在进行，可能不予计算工地管理费索赔。

（6）利息。索赔费用中的利息部分包括：延期付款利息；由于工程变更的工程延误增加投资的利息；索赔款的利息；错误扣款的利息。这些利息的具体利率，有这样几种规定：按当时的银行贷款利率；按当时的银行透支利率；按合同双方协议的利率。

（7）总部管理费。总部管理费是指承包商企业总部发生的、为整个企业的经营运作提供支持和服务所发生的管理费用，一般包括总部管理人员费用、企业经营活动费用、差旅交通费、办公费、固定资产折旧、修理费、职工教育培训费用、保险费。

索赔事件的费用构成见表9-1。

表 9-1 索赔事件的费用构成

索 赔 事 件	可能的费用项目	说　　明
工程延期	1. 人工费增加	包括工资上涨、现场窝工、生产效率降低、不合理使用劳动力等损失
	2. 材料费增加	工程施工期间超出承包商应承担的材料价格上涨
	3. 施工机械使用费	设备因工程延期引起的折旧、保养费及租赁费
	4. 保险费增加	因人工费、材料费、机械台班费增加引起的保险费增加
	5. 分包费用	分包商因工程延期向承包商的费用索赔
	6. 总部管理费分摊	因工程延期造成总部管理费的增加
	7. 利息支出	银行贷款因工期延长要多支付的利息
	8. 汇兑损失	国际工程承包中因工程延期导致的汇率变化损失
	9. 其他	工程延期的通货膨胀使工程成本增加等
加快施工	1. 人工费增加	加快施工造成劳动力投入增加
	2. 材料费增加	材料运输费用增加，提前交货的费用补偿
	3. 机械费增加	机械投入增加，提前进场的费用增加
	4. 资金成本增加	前期加大资金投入造成的多支付利息等

3. 索赔费用的计算方法

（1）分项法。分项法是按每个索赔事件所引起损失的费用项目分别分析计算索赔值的一种方法。这一方法是在明确责任的前提下，将索赔费用分项列出，并提供相应的工程记录、收据、发票等证据资料，这样可以在较短时间内进行分析、核实，以确定索赔费用。在实际中，绝大多数工程的索赔采用分项法计算。

1）人工费计算。人工费中的各项费率可按下述所列方法取值：

① 人员闲置费费率 = 工程量表中适当折减后的人工单价。

② 加班费费率 = 人工单价 × 法定加班系数。

③ 额外工作所需人工费费率 = 合同中的人工单价或计日工单价。

④ 劳动效率降低索赔额 =（该项工作实际支出工时 − 该项工作计划工时）× 人工单价。

⑤ 人工费价格上涨的费率 = 最新颁布的最低基本工资费率 − 提交投标书截止日期前第28

日最低基本工资费率。

【案例1】

1. 背景

某木窗帘盒施工，长度10000m，合同中约定用工量为2498个工日，工资为140元/工日。实际中，由于业主供应材料不符合要求，承包商的实际用工为2700个工日，同时，实际的工资上涨到180元/工日。合同中双方约定工日数及工资可按实际情况调整。

2. 问题

试求在此情况下承包商可索赔的人工费总费用，并分析此费用的构成。

3. 答案

（1）求索赔费用：

原合同价：2498工日 × 140元/工日 = 349720元

实际结算价：2700工日 × 180元/工日 = 486000元

可索赔的总费用 ΔC = (486000 - 349720)元 = 136280元

（2）分析索赔费用的构成：

按实际工资及实际用工的结算款：2700工日 × 180元/工日 = 486000元

按计划工资考虑实际用工的价款：2700工日 × 140元/工日 = 378000元

按计划工资考虑合同用工的合同价款：2498工日 × 140元/工日 = 349720元

人工工资涨价的费用：(486000 - 378000)元 = 108000元

由于业主提供的原材料不符合要求，工人工效降低的费用：(378000 - 349720)元 = 28280元

合计：136280元

2）材料费计算。材料费用索赔包括两个方面：实际材料用量超过计划用量部分的费用，即额外材料的费用索赔和价格上涨费用的索赔；在材料费索赔计算中，还要考虑材料运输费、仓储费以及合理破损比率的费用，分述如下：

① 额外材料使用费 =（实际用量 - 计划用量）× 材料单价。

② 增加的材料运杂费、材料采购及保管费用，按实际发生的费用与报价费用的差值计算。

③ 某种材料价格上涨的费用 =（现行价格 - 基本价格）× 材料用量。

现行价格是指在递交投标书截止日期以前第28日后的任何日期通行的该种材料的价格；基本价格是指在递交投标书截止日期以前第28日该种材料的价格；材料用量是指在现行价格有效期内所采购的该种材料的数量，从投标截止日期之前的第28日起算。此时，承包人应提供可靠的订货单、采购单，或造价管理部门公布的材料价格调整指数，方能对材料费用进行相应调整。

3）施工机械费用计算：

① 机械闲置费 = 计日工表中机械单价 × 闲置持续时间。

② 增加的机械使用费 = 计日工表中机械单价或租赁机械单价 × 持续时间。

③ 机械作业效率降低费 = 机械作业发生的实际费用 - 投标报价的计划费用。

根据索赔原因，施工机械费用计算具体分析如下：

① 非承包人原因增加施工机械工作台班数，且使用的是承包人的自有设备，自有机械

费用的索赔额＝增加的台班数×台班费报价（元/台班）。

② 非承包人原因增加施工机械工作台班数，且使用的是租赁来的设备，租赁设备的索赔额＝增加的台班数×租赁费（元/台班）。

③ 非承包人原因造成施工机械的工效降低或机械闲置，且使用的是承包人的自有设备，窝工闲置的自有机械费的索赔额＝窝工台班数×折旧费（元/台班）或停滞台班费（元/台班）。其中，停滞台班费是在正常台班费的基础上乘一个折减系数，如50%、60%等，不包括运转费部分。

④ 非承包人原因造成施工机械的工效降低或机械闲置，且使用的是租赁来的设备，租赁设备窝工闲置的索赔额＝窝工台班数×租赁费（元/台班）。

4）现场管理费的索赔计算。现场管理费是某单个合同发生的、用于现场管理的总费用，一般包括现场管理人员的费用、办公费、差旅费、工具用具使用费、保险费、工程排污费等。

① 直接成本增加的现场管理费索赔计算为

$$MF(c) = C_1 \times F_0 \div C_0$$

式中　$MF(c)$——索赔的现场管理费；
　　　C_1——索赔事件的直接成本；
　　　F_0——合同中总的现场管理费；
　　　C_0——合同中总直接成本。

【案例2】

1. 背景

某工程承包合同价款为2100万元，其中利润占5%，总部管理费150万元，现场管理费250万元。在合同履行中，新增加工程的直接费为400万元。

2. 问题

试计算应索赔的现场管理费为多少？

3. 答案

合同中利润为

$$[2100 \times 5\%/(1 + 5\%)] 万元 = 100 万元$$

合同中的直接成本 C_0 =（2100－100－150－250）万元＝1600万元
合同中总的现场管理费 F_0 ＝250万元
应索赔的现场管理费＝（400×250/1600）万元＝62.5万元。

② 由于工期延长引起的现场管理费索赔计算为

$$MF(T) = \Delta T \times F_0 \div T_0$$

式中　$MF(T)$——因工期延长索赔的现场管理费；
　　　ΔT——顺延的工期；
　　　F_0——合同中总的现场管理费；
　　　T_0——合同工期。

5）总部管理费计算。总部管理费索赔额的计算有以下方法：

① 总直接费分摊法，相关计算式为

总直接费分摊率 f ＝总部管理费总额/合同期承包商完成的总直接费

总部管理费索赔额＝f×索赔的直接费

【案例 3】

1. 背景

某工程承包合同,索赔的直接费为 40 万元,在此期间该承包商完成其他项目合同的总直接费为 160 万元,已知在此期间,该承包商发生总部管理费为 10 万元。

2. 问题

试计算此承包合同应索赔的总部管理费。

3. 答案

f = 总部管理费总额 / 合同期承包商完成的总直接费 = 10 万元 /(160 万元 + 40 万元) = 5%

总部管理费索赔额 = f × 索赔的直接费 = 5% × 40 万元 = 2 万元

② 日费率分摊法,相关计算式为

争议合同应分摊的总部管理费 = 同期总部管理费总额 × (争议合同额 / 合同期承包商完成的合同总额)

日总部管理费费率 = 争议合同应分摊的总部管理费 / 合同履行天数

总部管理费索赔额 = 日总部管理费费率 × 合同延误天数

【案例 4】

1. 背景

某工程承包合同,合同工期为 240 日,合同实施过程中由于业主原因延期 60 日,在此期间,承包商的经营状况见表 9-2。

2. 问题

试计算争议合同应索赔的总部管理费。

表 9-2 承包商的经营状况　　　　　　　　　（单位:元）

费用名称	争议合同	其他合同	全部合同
合同额	200000	400000	600000
实际直接总成本	180000	320000	500000
当期总部管理费	—	—	30000
总利润	—	—	70000

3. 答案

争议合同分摊的总部管理费 = [30000 × (200000/600000)]元 = 10000 元

日总部管理费费率 = 10000 元 /(240 + 60)日 = 33.33 元 / 日

总部管理费索赔额 = 33.33 元 / 日 × 60 日 = 2000 元

6) 利润计算。此处说的利润通常是指由于工程变更、工程延期、中途终止合同等使承包商产生的利润损失。在 FIDIC 合同条件中,有如下 9 项内容可让承包商进行利润索赔:

① 因监理工程师提供的原始基准点、基准线和参考标高数据错误,导致承包商放线错误,对纠正该错误所进行的工作。

② 监理工程师指示钻孔、进行勘探开挖,而这些工作又不属于合同工作范围。

③ 修补由于业主风险造成的损失或损坏。

④ 根据监理工程师的书面要求,为其他承包商提供服务。

⑤ 在缺陷责任期内，修补由于非承包商原因造成的工程缺陷或其他毛病。
⑥ 实施变更工作。
⑦ 特殊风险对工程造成损害（包括永久工程、材料和工程设备），承包商对此进行的修复和重建工作。
⑧ 业主违约终止合同。
⑨ 货币及汇率变化产生的利润损失。

利润索赔额的计算方法如下：

利润索赔额 = 利润百分比 ×（直接费索赔额 + 现场管理费索赔额 + 总部管理费索赔额）

【案例5】

1. 背景

某厂（甲方）与某建筑公司（乙方）订立了某工程项目施工合同，同时与某降水公司订立了工程降水合同。甲、乙双方合同规定：采用单价合同，每一分项工程的实际工程量增加（或减少）超过招标文件中工程量的10%以上时调整单价；施工中使用的一台施工机械（乙方自备），台班费为400元/台班，其中台班折旧费为50元/台班。施工网络计划图如图9-2所示（单位：日）。甲、乙双方合同约定8月15日开工。工程施工中发生如下事件：

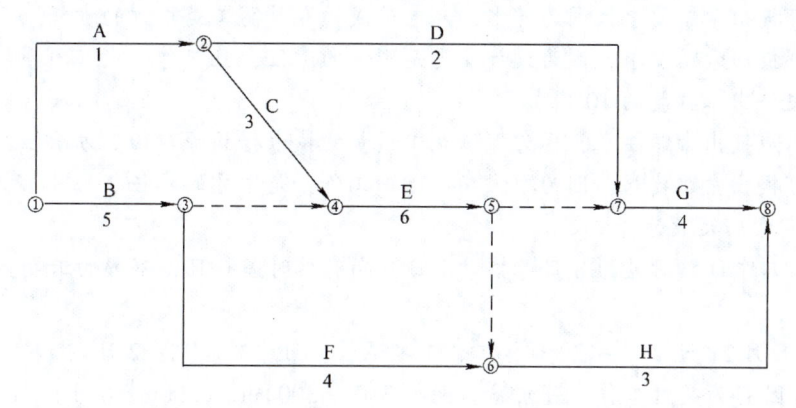

图 9-2 施工网络计划图（箭线上方为工作名称，箭线下方为持续时间）

事件1：降水方案错误，致使工作D推迟2日，乙方人员配合用工5个工日，窝工6个工日。

事件2：8月21日至8月22日，场外停电，停工2日，造成人员窝工16个工日。

事件3：因设计变更，工作E工程量由招标文件中的300m³增至350m³，工程量超额10%；合同中该工作的综合单价为55元/m³，经协商调整后综合单价为50元/m³。

事件4：为保证施工质量，乙方在施工中将工作B的原设计尺寸扩大，增加工程量15m³，该工作综合单价为78元 m³。

事件5：在工作D、E均完成后，甲方指令增加一项临时工作K，经核准，完成该工作需要1日时间，1个机械台班，10个人工工日。

2. 问题

（1）乙方对上述哪些事件可以提出索赔要求？对哪些事件不能提出索赔要求？说明其原因。

(2) 每项事件的工期索赔各是多少？总工期索赔多少日？

(3) 工作 E 的结算价应为多少？

(4) 假设人工工日单价为 220 元/工日，合同规定窝工的人工费补偿标准为 150 元/工日，因增加用工所需管理费为增加人工费的 20%。试计算除事件 3 外合理的费用索赔总额。

3. 分析

监理工程师判定承包人索赔成立的条件为：

(1) 与合同相对照，事件已造成了承包人施工成本的额外支出，或总工期延误。

(2) 造成费用增加或工期延误的原因，按合同约定不属于承包人应承担的责任，包括行为责任或风险责任。

(3) 承包人按合同规定的程序提交了索赔意向通知和索赔报告。

上述三个条件没有先后主次之分，应当同时具备。只有监理工程师认定索赔成立后，才可批准给予承包人的补偿额。

4. 答案

(1) 对可提出索赔要求的事件判定如下：

事件 1 可提出索赔要求，因为降水工程由甲方另行发包，是甲方的责任。

事件 2 可提出索赔要求，因为停水、停电造成的人员窝工是甲方的责任。

事件 3 可提出索赔要求，因为设计变更是甲方的责任，且工作 E 的工程量增加了 50m^3，超过了招标文件中工程量的 10%。

事件 4 不应提出索赔要求，因为保证施工质量的技术措施费应由乙方承担。

事件 5 可提出索赔要求，因为甲方指令增加工作，是甲方的责任。

(2) 工期索赔天数为：

事件 1：工作 D 总时差为 8 日，推迟 2 日，尚有总时差 6 日，不影响工期，因此可索赔工期：0 日。

事件 2：8 月 21 日至 8 月 22 日停工，工期延长，可索赔工期：2 日。

事件 3：因 E 为关键工作，可索赔工期：(350 − 300)m^3/(300m^3/6 日) = 1 日。

事件 5：因 G 为关键工作，在此之前增加 K，则 K 也为关键工作，可索赔工期：1 日。

总计索赔工期：0 日 + 2 日 + 1 日 + 1 日 = 4 日。

(3) 工作 E 的结算价：

按原单价结算的工程量：300m^3 × (1 + 10%) = 330m^3

按新单价结算的工程量：350m^3 − 330m^3 = 20m^3

总结算价 = 330m^3 × 55 元/m^3 + 20m^3 × 50 元/m^3 = 19150 元

(4) 费用索赔总额的计算：

事件 1：人工费 = 6 工日 × 150 元/工日 + 5 工日 × 220 元/工日 × (1 + 20%) = 2220 元

事件 2：人工费 = 16 工日 × 150 元/工日 = 2400 元

机械费 = 2 台班 × 50 元/台班 = 100 元

事件 5：人工费 = 10 工日 × 220 元/工日 × (1 + 20%) = 2640 元

机械费 = 1 台班 × 400 元/台班 = 400 元

合计费用索赔总额为：2220 元 + 2400 元 + 100 元 + 2640 元 + 400 元 = 7760 元

7) 利息计算。利息索赔主要分为两种情况：一种情况是由于工程变更和工程延期，承包商不能按原计划收到合同款，造成资金占用，产生利息损失；另一种情况是延迟支付工程款的利息。在计算利息索赔时，可根据合同条款中规定的利率，或根据当时银行的贷款利率进行计算。

在上述各单项索赔计算中，承包商要提供和证明其索赔额的计算方法是合理的，如劳动效率降低的索赔中，承包商必须向监理工程师证明其原计划工时的计算方法是合理的，这一点承包商很难拿出具有说服力的证据，因此也就增加了索赔的难度。

（2）总费用法。总费用法又称总成本法，是指当发生多次索赔事件后，重新计算该工程的实际总费用，再从这个实际总费用中减去投标报价时的估算总费用，由此计算索赔余额。该方法要求承包商必须出示足够的证据，证明其全部费用是合理的，否则业主将不接受承包商提出的索赔要求，而承包商要想证明全部费用是合理支出是很困难的。因此，该方法不宜过多采用，只有在无法按分项方法计算索赔费用时才可使用该方法。采用总费用法时应注意的问题有：

1）由于非承包商的原因，施工过程受到严重干扰，造成多个索赔事件混杂在一起，导致承包商难以准确地进行分项记录和收集证据资料，也无法分项计算出承包商产生的损失，只能采用总费用法进行索赔。

2）承包商报价必须合理。这里说的"合理"是指承包商标价计算合理，其价格应接近业主计算的标价，而并非是采取低价中标的策略。

3）承包商发生的实际费用证明是合理的。对承包商发生的每一项费用进行审核，证明费用的支出是实施工程所必需的。

总费用法在实际应用中，又衍生出一些改进的方法，这些方法的基本思想是让承包商易于证明其索赔款额（提交索赔证明资料），同时便于业主和监理工程师核实、确定索赔费用，这些方法可归纳为：

1）按多个索赔事件发生的时段，分别计算每时段的索赔费用，再汇总出总费用。

2）按单一索赔事件计算索赔的总费用。

上述计算方式由于时段的限制或单一事件的限制，其索赔总费用较小，在处理索赔时，业主也较易接受，同时承包商也能尽快得到索赔款。

（3）修正总费用法。修正总费用法是对总费用法的改进，即在总费用计算的基础上，去掉一些不合理的因素，使其更合理。修正内容如下：

1）将计算索赔款的时段局限于受到外界影响的时间，而不是整个施工期。

2）只计算受影响时段内的某项工作所受影响的损失，而不是计算该时段内所有施工工作受到的损失。

3）与该项工作无关的费用不列入总费用中。

4）对投标报价费用重新进行核算，按所受影响时段内该项工作的实际单价进行核算，再乘以实际完成的该项工作的工作量，得出调整后的报价费用。

按修正总费用法计算索赔金额的公式如下：

索赔金额 = 某项工作调整后的实际费用 − 该项工作的报价费用

修正总费用法与总费用法相比，有了实质性的改进，能够相对准确地反映实际增加的费用。

【案例6】

1. 背景

某工程业主与承包商按施工合同条件签订施工合同，合同规定，钢材、木材、水泥由业主供货，其他材料由承包商自行采购。当工程施工至第五层时，因业主提供的钢筋未到，使该项作业从10月3日至10月16日停工（该项作业为关键工作）；10月7日至10月9日停电导致砌砖停工（该项工作的总时差为4日）；10月14日至10月17日因砂浆搅拌机故障使抹灰工作拖延开工（该项工作的总时差为4日）。

据此，承包商提出如下索赔报告：

(1) 工期索赔：总计21日

扎钢筋　　10月3日~10月16日停工　　　14日

砌砖　　　10月7日~10月9日停工　　　　3日

抹灰　　　10月14日~10月17日延迟开工　4日

(2) 费用索赔

1) 机械设备窝工费：4214元

塔式起重机一台　　（14 × 234）元 = 3276元

混凝土搅拌机一台　（14 × 55）元 = 770元

砂浆搅拌机一台　　[(3 + 4) × 24] 元 = 168元

2) 人工窝工费：108000元

钢筋工　（35人 × 150 × 14）元 = 73500元

砌筑工　（30人 × 150 × 3）元 = 13500元

抹灰工　（35人 × 150 × 4）元 = 21000元

2. 分析

(1) 承包商的工期索赔不正确。扎钢筋停工14日，因在关键工序上，且由于业主原因造成的，给予工期补偿14日；砌砖工作总时差4日，该工序只拖延3日，不予顺延；砂浆搅拌机故障属承包商责任，工期不予顺延。

(2) 机械设备窝工费按原台班单价的65%计，人工窝工费按每工日150元计，费用索赔额计算如下：

1) 机械设备窝工费：

塔式起重机一台　　（14 × 234 × 65%）元 = 2129.4元

混凝土搅拌机一台　（14 × 55 × 65%）元 = 500.5元

砂浆搅拌机一台　　（3 × 24 × 65%）元 = 46.8元

2) 人工窝工费：

钢筋工　（35人 × 150 × 14）元 = 73500元

砌筑工　（30人 × 150 × 3）元 = 13500元

费用索赔共计87000元。

二、工期索赔分析与计算

1. 工期索赔分析

(1) 工期索赔的定义。在工程施工过程中，常常发生一些未能预见的干扰事件使施工不能顺利进行，使预定的施工计划受到干扰，结果造成工期延长。这在实际工程中是屡见不鲜的。对此，应先计算干扰事件对工程活动的影响，然后计算事件对整个工期的影响，计算出工期索赔值。

（2）工期索赔的原则。工程拖期可分为"可原谅拖期"和"不可原谅拖期"两种情况，工期索赔的处理原则见表9-3。

表9-3 工期索赔的处理原则

拖期性质	拖期原因	责任者	处理原则	索赔结果
可原谅拖期	（1）修改设计 （2）施工条件变化 （3）业主原因 （4）监理工程师原因	业主/监理工程师	可准予延长工期和给以经济补偿	工期延长+经济补偿
	不可抗力（如天灾、社会动乱，以及非业主、监理工程师或承包商原因造成的拖期）等	客观原因	依据《建设工程施工合同（示范文本）》（GF—2017—0201）确定	工期可延长，经济补偿依据《建设工程施工合同（示范文本）》（GF—2017—0201）确定
不可原谅拖期	由承包商原因造成的拖期	承包商	不延长工期，不给予经济补偿，竣工结算时业主扣除合同规定的竣工误期违约赔偿金	无权索赔

《建设工程施工合同（示范文本）》（GF—2017—0201）第17.3.2条规定，不可抗力导致的人员伤亡、财产损失、费用增加和（或）工期延误等后果，由合同当事人按以下原则承担：

（1）永久工程、已运至施工现场的材料和工程设备的损坏，以及因工程损坏造成的第三人人员伤亡和财产损失，由发包人承担。

（2）承包人施工设备的损坏由承包人承担。

（3）发包人和承包人承担各自人员伤亡和财产的损失。

（4）因不可抗力影响承包人履行合同约定的义务，已经引起或将引起工期延误的，应当顺延工期，由此导致承包人停工的费用损失由发包人和承包人合理分担，停工期间必须支付的工人工资由发包人承担。

（5）因不可抗力引起或将引起工期延误，发包人要求赶工的，由此增加的赶工费用由发包人承担。

（6）承包人在停工期间按照发包人要求照管、清理和修复工程的费用由发包人承担。

不可抗力发生后，合同当事人应采取措施尽量避免和减少损失的扩大，任何一方当事人没有采取有效措施导致损失扩大的，应对扩大的损失承担责任。

因合同一方迟延履行合同义务，在迟延履行期间遭遇不可抗力的，不免除其违约责任。

工程实际施工过程中，往往有两种或多种原因同时造成工期延误，这种情况称为"共同延误"或"平行延误"。这时，应根据以下原则来确定哪一种情况是有效延误，即承包商可以据此得到工期索赔，或既可得到工期索赔，又可得到费用补偿。

1）首先判断造成拖期的原因中哪一个是最先发生的，即确定"初始延误"的责任者。

在初始延误发生期间，其他平行发生的延误责任者不承担延误责任。

2）如果初始延误责任者是业主或监理人，则在业主造成的延误期内，承包商可得到工期索赔，经济补偿按《建设工程施工合同（示范文本）》（GF—2017—0201）第17.3.2条处理。

3）如果初始延误责任者是客观因素，则在客观因素发生影响的期间内，承包商可得到工期索赔，经济补偿按《建设工程施工合同（示范文本）》（GF—2017—0201）第17.3.2条处理。

4）如果初始延误责任者是承包商，则承包商不能索赔。

2. 工期索赔计算

（1）网络分析法。网络分析法通过干扰事件发生前后的网络计划，对比两种工期计算结果，计算出工期索赔值，这是一种科学、合理的分析方法，适合于一般干扰事件的索赔。关键线路上工程活动持续时间的拖延，必然造成总工期的拖延，可提出工期索赔；而非关键线路上的工程活动在时差范围内的拖延如果不影响工期，则不能提出工期索赔。

【案例7】

1. 背景

某工程施工的进度计划如图9-3所示，在施工过程中发生以下事件：

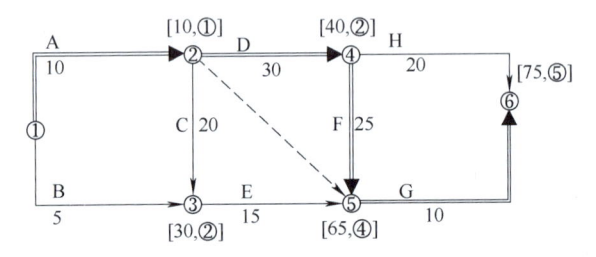

图9-3 案例7图

事件1：A工作，由于业主原因，晚开工5日。

事件2：E工作，由于监理工程师的指令不当，晚开工3日。

事件3：D工作，承包商缩短作业时间5日。

事件4：H工作，不可抗力的影响，晚开工4日。

事件5：G工作，由于承包商的原因作业时间增加5日。

2. 问题

问在此条件下，索赔工期多少天？

3. 答案

（1）先求合同工期，即合同状态下的工期为75日。

（2）求可能状态下的工期（非承包商应承担责任的工期）。如图9-4所示，可能状态下的工期 = (15 + 30 + 25 + 10) 日 = 80 日。

（3）索赔工期为可能状态下的工期与合同工期之差，即80日-75日=5日。

网络分析法中的两个重要问题：

1）实际工程中时差的使用。由于多数干扰事件是在合同实施过程中发生的，在实际工程中必须考虑干扰事件发生前的实际施工状态。在干扰事件发生前，有许多活动已经完成或

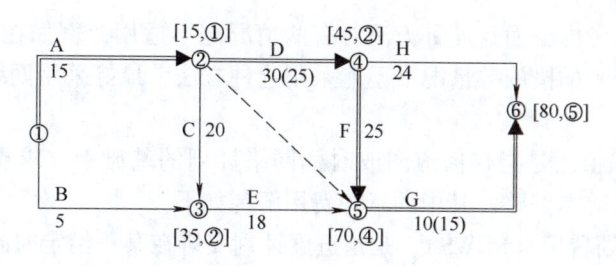

图 9-4 案例 7 可能状态下的工期

已经开始,这些活动可能已经占用线路上的时差,使干扰事件的实际影响远大于上述理论分析的结果。

2)不同干扰事件工期索赔之间的影响。多个(一个)干扰事件的共同作用下,关键(非关键)线路上的工作可能会发生变化。

(2)比例分析法。网络分析法虽然说是较为科学的,也是合理的,但实际工程中,干扰事件常常仅影响某些单项工程、单位工程或分部分项工程的工期,分析它们对总工期的影响可以采用更简单的比例分析法,即以某个技术经济指标作为比较基础,计算出工期索赔值。比例分析法又可分为两种方法:

1)按合同价所占比例计算。

【案例8】某工程施工中,业主改变办公楼工程基础设计图纸的标准,使单项工程延期10周,该单项工程合同价为80万元,而整个工程合同总价为400万元。则承包商提出工期索赔值可按下式计算:

$$总工期索赔值 = \frac{受干扰事件影响的那部分工程的价值}{整个工程的合同总价} \times 该部分工程受干扰后的工期拖延$$

即总工期索赔值 ΔT =(80万元÷400万元)×10周 = 2周

2)按单项工程工期拖延的平均值计算。

【案例9】某工程有A、B、C、D、E五个单项工程,合同规定业主提供水泥。在实际工程中,业主没有按合同规定的日期供应水泥,造成停工待料。根据现场工程资料和合同双方的通信等证据证明,由业主水泥提供不及时对工程造成如下影响:

单项工程A:500m^3 混凝土基础施工推迟21日。

单项工程B:850m^3 混凝土基础施工推迟7日。

单项工程C:225m^3 混凝土基础施工推迟10日。

单项工程D:480m^3 混凝土基础施工推迟10日。

单项工程E:120m^3 混凝土基础施工推迟27日。

承包商在一揽子索赔中,对业主材料供应不及时造成工期延长提出索赔要求如下:

总延长天数 =(21 + 7 + 10 + 10 + 27)日 = 75日

平均延长天数 =(75÷5)日 = 15日

工期索赔值 =(15 + 5)日 = 20日(加5日是考虑了单项工程的不均匀性对工期的影响)

3)以上两种方法的比较。比例分析法虽然计算简单、方便,不需要复杂的网络分析,在具体操作时也容易接受,但也有其不合理、不科学的地方。例如,从网络分析可以看出,关键线路上工作的拖延才会使总工期延长,非关键线路上的拖延通常对总工期没有影响,但比例分析法对此并不考虑，而且此种方法对有些情况也不适用，例如在业主变更施工次序、业主下令采取加快施工的措施等情况下不能采用这种方法，最好采用网络分析法，否则会得到错误的结果。

（3）赢值法。赢值法是指在横道图或时标网络计划的基础上，求出三种费用，以确定施工中的进度偏差和成本偏差。其中的三种费用解释如下：

1）拟完工程计划费用（BCWS），是指进度计划安排在某一给定时间内所应完成的工程内容的计划费用。

2）已完工程实际费用（ACWP），是指在某一给定时间内实际完成的工程内容所实际发生的费用。

3）已完工程计划费用（BCWP），是指在某一给定时间内实际完成的工程内容的计划费用。

对费用和进度的控制，应根据以下关系分析费用与进度的偏差：

费用偏差（CV）= BCWP - ACWP

其中，费用偏差（CV）为正值表示费用超支，为负值表示费用节约。

进度偏差（SV）= BCWP - BCWS

其中，进度偏差（SV）为正值表示进度拖延，为负值表示进度提前。

【案例10】

1. 背景

某土方工程总挖方量为4000 m^3，预算单价为45元/m^3，计划用20日完成，每天施工200m^3。开工后第7日早上刚上班时，业主项目管理人员前去测量，取得了两个数据：已完成挖方2000m^3，支付给承包单位的工程款累计已达到8万元。

2. 分析

计算已完工程计划费用：BCWP = 45元/m^3 × 2000m^3 = 9万元。

项目计划表明，开工后第6日结束时，承包商应得到的工程款累计为200m^3 × 6 × 45元/m^3 = 5.4万元。

该工程在第7日检查时的进度偏差和费用偏差为：

进度偏差 = 5.4万元 - 9万元 = -3.6万元，表示承包商进度超前，3.6万元 ÷ 45元/m^3 = 800m^3，正好为预算中4日的工作量，所以承包商的进度已经超前4日。

费用偏差 = 8万元 - 9万元 = -1万元，表示承包商已欠支。

三、索赔报告的编写

索赔报告是向对方提出索赔要求的书面文件，是承包商对索赔事件处理的结果，业主的反应（认可或反驳）就是针对的索赔报告。调解人和仲裁人只能通过索赔报告了解和分析合同实施情况和承包商的索赔要求，评价它的合理性，并据此做出决议。

索赔报告的一般要求有：索赔事件应是真实的；责任分析应清楚、准确；索赔报告通常很简洁，条理清楚，各种结论、定义准确，有逻辑性；用词要婉转。

一个完整的索赔报告应包括如下内容：

1. 总论

总论部分概括地叙述索赔事项，包括事件发生的具体时间、地点、原因，以及产生持续影响的时间。总论通常包括以下结构：
（1）序言。
（2）索赔事项概述。
（3）具体索赔要求，比如工期延长天数或索赔款数额。
（4）报告编写及审核人员。

2. 引证
（1）概述索赔事项的处理过程。
（2）引证索赔要求的合同条款。
（3）指明所附的证据资料。

3. 索赔额计算
索赔额计算包括费用开支和工期延长的论证：
（1）费用开支。由于索赔事项引起的额外开支包括人工费、材料费、设备费、工地管理费、总部管理费、投资利息、税收、利润等，应进行详细说明。
（2）工期延长。对工期延长、实际工期、理论工期等进行详细的计算和论述，说明自己要求工期延长（天数）的根据。

4. 证据
证据通常以索赔报告附件的形式出现，包括该索赔事项所涉及的一切有关证据以及对这些证据的说明。证据一般包括：
（1）政治经济资料：重大新闻报道记录，如罢工、动乱、地震以及其他重大灾害等；重要经济政策文件，如税收决定、海关规定、外币汇率变化、工资调整等；权威机构发布的天气和气温预报，尤其是异常天气的报告等。
（2）施工现场记录报表及来往函件：监理工程师的指令；与建设单位或监理工程师的来往函件和电话记录；现场施工日志；每日出勤的工人和设备报表；完工验收记录；施工事故详细记录；施工会议记录；施工材料使用记录；施工质量检查记录；施工进度实况记录；施工图纸收发记录；工地风、雨、温度、湿度记录；索赔事件的详细记录本或摄像资料；施工效率降低的记录等。
（3）工程项目财务报表：施工进度月报表及收款记录；索赔款月报表及收款记录；工人劳动计时卡及工资表；材料、设备及配件采购单；付款收据；收款单据；工程款及索赔款迟付记录；迟付款利息报表；向分包商付款记录；现金流动计划报表；会计日报表；会计总账；财务报告；会计来往信件及文件；通用货币汇率变化等。

课题六　工程索赔的技巧及关键

一、工程索赔的技巧

组成一个工程建设项目的合同文件的内容及形式比较多，且参建各方利益不同，往往使工程参建各方对索赔事件的合同理解存在分歧，影响合同索赔的管理。但无论何种理解，其基本立足点应是在法律精神的框架下的合法的理解，这种理解的本身应使合同中的任何条款不得显失公平，因此，合同索赔的管理过程中是需要技巧的。

1. 投标报价的策略为合同索赔奠定基础

这种技巧来源于合同当事人的工作经验，始于工程建设的前期，一般可用的策略为：

（1）不平衡报价，即一部分项目高报，部分项目低报。具体操作时，预计工程量可能增加的部分，单价高报；而工程量可能减少的部分，单价低报；设计不明确或设计深度明显不足的部分，工程量可能增加的，单价高报；招标文件中无工程量而只有单价的，单价高报。

（2）抓大放小。索赔事件在工程建设中比较多，但事件有大有小，有原则性的索赔，有非原则性的索赔。在实际的索赔管理中，不应一概而论，而应分轻重而予以不同的处理，对于大的原则性的索赔问题要抓住不放，而对旁枝末节的事件，则可予以忽略，切不可事事、处处计较。特别是工程中出现紧急事件急需处理时，还是应当先以工程为重，以抢险为重，以尽可能采取措施挽回损失为重。

在签订合同过程中，承包商应对明显把重大风险转嫁给承包商的合同条件提出修改的要求，对达成修改的协议应以"谈判纪要"的形式写出，作为该合同文件的有效组成部分。要对业主开脱责任的条款特别注意，如合同中不列索赔条款；拖期付款无时限，无利息；没有调价公式；业主认为对某部分工程不够满意时，有权决定扣减工程款；业主对不可预见的工程施工条件不承担责任等。如果这些问题在签订合同协议时不谈判清楚，承包商就很难有索赔机会。

2. 把握时机

基于合同组成内容及形式的多样性，不可避免地存在着合同条款的矛盾之处，而这种矛盾正是合同索赔的争议之所在，这也正是索赔与反索赔的双刃剑。并且，在不同的阶段，处理同一件索赔事件的结果可能完全不同，在工程前期，业主与施工单位是一对矛盾体，双方都会"死抠"合同中对自己有利的条款而较少统筹兼顾、综合平衡，使谈判陷入僵局，加重合同双方的矛盾，严重的可造成解除合同。因此，合理地把握索赔谈判的适当时机非常重要。在业主对工程进度不太关心的时候，对一些模棱两可的事件谈不拢的情况下可尽量回避谈判；到工程中后期，业主对工程进度会有急迫的要求，施工方可在此时提出由于有部分费用没有解决，经济较为困难，为加快施工速度，迫切需要业主给予经济上的帮助，在前期施工质量等基本满足业主要求的前提下，对合同条款的矛盾，业主此时通常可以接纳对承包方有利的解释，使矛盾问题得到解决。

一个有经验的承包商，在投标报价时就应考虑将来可能要发生索赔的问题，要仔细研究招标文件中的合同条款和规范，仔细勘察施工现场，探索可能索赔的机会，在报价时要考虑索赔的需要。在进行单价分析时，应列入生产效率因素，把工程成本与投入资源的效率结合起来。这样，在施工过程中论证索赔原因时，可引用效率降低来论证索赔的根据。

在索赔谈判中，如果没有生产效率降低的资料，则很难说服监理工程师和业主，索赔无取胜可能；反而可能被认为生产效率的降低是承包商施工组织不好，没达到投标文件中的效率，应采取措施提高效率，赶上工期。

要论证效率降低，承包商应做好施工记录，记录好每天使用的设备工时、材料和人工数量、完成的工程及施工中遇到的问题。

3. 对口头变更指令要得到确认

监理工程师常采用口头指令变更，如果承包商不对监理工程师的口头指令予以书面确认就进行变更工程的施工，此后，有的监理工程师矢口否认此事，拒绝承包商的索赔要求，使承包商有苦难言。

4. 及时发出索赔意向通知

一般合同规定，索赔事件发生后的一定时间内，承包商必须发出索赔意向通知，过期无效。

5. 索赔事件论证要充足

承包合同通常规定，承包商在发出索赔意向通知后，每隔一定时间（28日），应报送一次证据资料，在索赔事件结束后的28日内报送总结性的索赔计算及索赔论证，提交索赔报告。索赔报告一定要令人信服，经得起推敲。

6. 索赔计价方法和款额要适当

索赔计算时采用附加成本法时更容易被对方接受，因为这种计算方法只计算索赔事件引起的计划外的附加开支，计价项目较具体，使经济索赔能较快得到解决。另外，索赔计价不能过高，要价过高容易让对方发生反感，使索赔长期得不到解决。并且，还有可能让业主准备周密的反索赔计划，以高额的反索赔来应对，使索赔工作更加复杂化。

7. 力争单项索赔，避免一揽子索赔

单项索赔事件简单，容易解决，而且能及时得到支付。一揽子索赔，问题复杂，金额大，不易解决，往往到工程结束后还得不到付款。

8. 注意索赔余额的争取

承包商往往只注意业主对某项索赔的当月结算索赔款，而忽略了该项索赔款的余额部分。没有以文字的形式保留自己以后获得余额部分的权利，等于同意并承认了业主对该项索赔的付款，以后对余额再无权追索。

在索赔支付过程中，承包商和监理工程师对确定新单价和新工程量经常存在不同意见。按合同规定，监理工程师有决定单价的权力，如果承包商认为监理工程师的决定不尽合理，而坚持自己的要求时，可同意接受监理工程师决定的"临时单价"或"临时价格"付款，先拿到一部分索赔款；对其余不足部分，则书面通知监理工程师和业主作为索赔款的余额，保留自己的索赔权利。

9. 注意谈判时的技巧

实践证明，在谈判中一味地采取强硬态度或软弱立场都是不可取的，都难以获得满意的效果。而采取刚柔结合的立场则容易收到理想的效果，既有原则性又有灵活性，才能应付谈判的复杂局面；在谈判中要随时研究和掌握对方的心理，了解对方的意图；不要用尖刻的话语刺激对方，伤害对方的自尊心，要以理服人，求得对方的理解；要善于利用机会，因势利导，用长远合作的利益来打动对方；应准备几套能进能退的方案，在谈判中该争的要争、该让的要让，使双方都能有得有失，共同寻求双方都能接受的折中办法；对谈判要有坚持到底的精神，有经受各种挫折的思想准备，对分歧意见，应相互考虑对方的观点共同寻求解决方案。

10. 力争友好解决，防止对立情绪

索赔争端是难免的，如果遇到争端不能理智协商讨论问题，会使一些本来可以解决的问题悬而未决。承包商尤其要头脑冷静，防止对立情绪，力争友好解决索赔争端。

二、工程索赔的关键

1. 组建强有力的、稳定的索赔班子

索赔是一项复杂、细致而艰巨的工作，组建一个知识全面、有丰富索赔经验、稳定的索赔小组从事索赔工作是索赔成功的首要条件，索赔小组应由项目经理、合同法律专家、估算师、会计师、施工工程师组成，有专职人员搜集和整理由各职能部门和科室提供的有关信息资料；索赔人员要有良好的素质，要懂得索赔的战略和策略，工作要勤奋、务实、不好大喜功，要头脑清晰、思路敏捷、有逻辑、善推理，懂得搞好各方的公共关系。

索赔小组的人员一定要稳定，不仅要各负其责，而且每个成员要积极配合、齐心协力，对内部讨论的战略和对策要保守秘密。

2. 确定正确的索赔战略和策略

索赔战略和策略是承包商经营战略和策略的一部分，应当体现承包商目前利益和长远利益、全局利益和局部利益的统一，应由公司经理亲自把握和制定，索赔小组应提供决策的依据和建议。

索赔的战略和策略研究，对不同的情况包含着不同的内容，有不同的重心，一般应包含如下几个方面：

（1）确定索赔目标。承包商的索赔目标是指承包商对索赔的基本要求，可对要达到的目标进行分解，按难易程度进行排队，并大致分析它们实现的可能性，从而确定最低、最高目标。

分析实现目标的风险，如能否抓住索赔机会，保证在索赔有效期内提出索赔；能否按期完成合同规定的工程量，执行业主加速施工指令；能否保证工程质量，按期交付工程；工程中出现失误后的处理办法等。总之要注意对风险的防范，否则，就会影响索赔目标的实现。

（2）作好索赔资料收集工作。成功的索赔必须以事件和文件为依据，记录可能发生和已经发生的影响工期费用的事件，并以记录为依据来跟踪索赔的影响费用。

1）工程施工前准备阶段的索赔资料收集。承包方参与工程投标并中标后，应及时、谨慎地与发包方签订施工合同，在施工合同的签订过程中应积极预测以后可能索赔的因素，合同内容应尽可能地考虑周详、措辞严谨、权利和义务明确，避免用语含糊、不够准确以及条款之间相互矛盾的情况发生，做到平等、互利，防止可能的合同风险。合同价款的方式要确定、严密，并明确追加调整合同价款及索赔的政策、依据和方法，为竣工结算时调整工程造价和索赔提供合同依据与法律保障。

2）工程实施阶段的索赔资料收集。此阶段要时刻注意收集可索赔事件的资料：发包方未切实履行提供正常施工条件的职责；发包方要求承包商改变发包方已审批同意的由承包商所提交的施工组织计划和进度计划中的施工方法或者加快施工速度，从而造成索赔事件；发包方向承包商提供不合格或不符合要求的材料或设备，造成承包商的损失索赔；发包方指定的分包商的原因造成工程质量不合格、工程进度延误等违约情况，造成总承包商损失的索赔等。

承包方应根据所掌握资料详细编制施工组织设计或施工方案，并经建设单位或监理单位签字认可。施工组织设计或施工方案的编制必须符合实际、考虑周到，明确施工工艺流程和施工操作做法。对涉及工程结算或索赔的施工做法更应详细制定，例如该工程使用哪些大型

机械，大型机械进出场几次；基础土方是否外运，运距多少，回运土是否购买土方；基础是否要做处理；是否使用商品混凝土；是否全封闭施工，钢筋是否采用电渣压力焊等工艺施工；冬（雨）期施工是否采用特殊工艺等。上述资料均有可能成为索赔的依据。

工程造价人员要全过程参与图纸会审，全面熟悉图纸，同施工各专业人员一道审定答疑会议纪要、图纸会审纪录，使之与图纸达成共识，防止在结算索赔过程中出现文字理解错误而发生相互扯皮的现象。

承包方在施工过程中应做好施工日志、技术资料等施工记录，及时办理设计变更、技术核定、工程量增减变更等签证手续。在项目实施过程中，现场签证索赔的发生较为广泛，其原因大致分为下列几个方面：地质条件变化、施工中人为障碍、合同文件表述模糊和错误、工期延长或赶工期、图纸修改或错漏、业主拖延付款、材料价格调整等。现场必须设专人负责收集整理经过设计单位确认的设计变更资料，并及时分析设计变更对工程造价的影响，研究确定设计变更工程对工期、造价的影响，做好索赔准备工作；做好工程施工记录，保存各种文件、图纸，特别是有施工变更情况的图纸；注意积累素材，坚持有理、有据、有度的原则，为以后正确处理可能发生的索赔提供依据。对现场发生的签证，应将现场施工情况及时通知监理工程师亲临现场进行核查。

承包方还应做好中途停工、返工赔偿的签证处理。停工时间的确定、施工场地看守人员的数量及相关费用、周转材料的停置和保护等事项必须及时全面地做好签证。在施工过程中对停水、停电的时间，甲供材料的进场时间、数量、质量情况等都应有详细记录。建设单位或监理单位的临时决定、口头交代、会议研究、往来信件等应及时收集整理成文字资料。必要时，可对施工过程照相或摄像作为数字化资料。

在施工过程中，要时刻注意建设方指定或认可材料的价格，遇到实际价格高于预算价（或投标价），按规定允许按实找差价的，或采用的新材料没有预算价，或改变材料的规格、质量档次导致材料价格变化较大等情况，应办理价格签证手续。采用新材料、新工艺、新技术施工，没有相应预算定额计价的，应收集有关施工数据，编制补充预算定额，经建设单位或有关部门认可，作为结算依据。因建设单位或监理单位责任造成工程返工、停（窝）工、增加工程量等，应要求工期顺延，并提出索赔。因特殊情况导致施工难度增加，材料损耗增大，或工期延长，也应提出索赔。

（3）对被索赔方的分析。在对被索赔方进行分析时，应分析对方的兴趣和利益所在，要让索赔在友好和谐的气氛中进行，处理好单项索赔和一揽子索赔的关系，对于理由充分而重要的单项索赔应力争尽早解决，对于业主坚持拖后解决的索赔，要按业主意见认真积累有关资料，为一揽子解决准备充分的材料。要根据对方的利益所在，对对方感兴趣的地方，承包商应在不过多损害自己的利益的情况下作适当的让步，打破问题的僵局。在责任分析和法律分析方面要适当，在对方愿意接受索赔的情况下，就不要得理不让人，否则反而达不到索赔目的。

（4）承包商的经营战略分析。承包商的经营战略直接制约着索赔的策略和计划。在分析业主情况和工程所在地的情况以后，承包商应考虑有无可能与业主继续进行新的合作，是否在当地继续开展业务，承包商与业主之间的关系对当地开展业务有何影响等。这些问题决定着承包商的整个索赔要求和解决的方法。

（5）相关关系分析。让监理工程师、设计单位、业主的上级主管部门对业主施加影响，往往比同业主直接谈判有效,承包商应尽量取得他们的同情和支持,并与业主沟通,这就要求承包商对这些单位进行分析,确定他们是否能在索赔中进行调解,使索赔达到理想的效果。

(6)谈判过程分析。索赔一般在谈判桌上最终解决,索赔谈判是双方面对面的较量,是索赔能否取得成功的关键。一切索赔的计划和策略都是在谈判桌上体现和接受检验。因此,在谈判之前要做好充分准备,对谈判的可能过程要做好分析,如怎样保持谈判的友好和谐气氛,估计对方在谈判过程中会提什么问题、采取什么行动,我方应采取什么措施争取有利的时机等。因为索赔谈判是承包商要求业主承认自己的索赔,承包商处于很不利的地位,如果谈判一开始就气氛紧张、情绪对立,有可能导致业主拒绝谈判,使谈判旷日持久,这是最不利于解决索赔问题的局面。谈判应从业主关心的议题入手,从业主感兴趣的问题开谈,使谈判气氛保持友好和谐是很重要的。

谈判过程中要讲事实、重证据,既要据理力争、坚持原则,又要适当让步、机动灵活,所以,选择和组织好精明强干、有丰富的索赔知识和经验的谈判班子极为重要。

拓展讨论

党的二十大报告提出,完善中国特色现代企业制度,弘扬企业家精神,加快建设世界一流企业。支持中小微企业发展。深化简政放权、放管结合、优化服务改革。构建全国统一大市场,深化要素市场化改革,建设高标准市场体系。完善产权保护、市场准入、公平竞争、社会信用等市场经济基础制度,优化营商环境。

请思考:建设工程施工合同索赔过程中如何体现公平竞争?

同 步 测 试

一、单项选择题

1. 下列关于施工索赔的说法中错误的是（   ）。
   A. 索赔是一种合法的正当权利要求,不是无理争利
   B. 索赔是单向的
   C. 索赔的依据是签订的合同和有关法律法规、规章
   D. 在工程施工中,索赔的目的是补偿索赔方在工期和经济上的损失
2. 下列关于施工索赔的说法不正确的是（   ）。
   A. 索赔是合同管理的重要环节
   B. 索赔要求提高文档管理的水平
   C. 索赔是计划管理的动力
   D. 索赔只是减小损失的一种方法,并不是挽回成本损失的重要手段
3. 索赔可分为单项索赔和总索赔,对总索赔说法正确的是（   ）。
   A. 是在特定情况下被迫采用的一种方式
   B. 通常采用的一种方式
   C. 解决起来较容易的一种方式
   D. 容易取得索赔成功的一种方式

4. 单项索赔（   ）。
   A. 是指在工程实施过程中，出现了干扰原合同的索赔事件，承包商为此事件提出的索赔
   B. 是指承包商在工程竣工前后，将施工过程中已提出但未解决的索赔汇总在一起，向业主提出一份总索赔报告的索赔
   C. 是指对合同中规定工作范围的变化而引起的索赔
   D. 是以合同条款为依据，在合同中有明文规定的索赔

5. 下列关于施工索赔的处理过程正确的是（   ）。
   (1) 意向通知　(2) 证据资料准备　(3) 索赔报告的编写　(4) 提交索赔报告
   (5) 索赔报告评审　(6) 谈判解决　(7) 争端的解决
   A. (1)(2)(3)(4)(5)(6)(7)
   B. (2)(3)(1)(4)(5)(6)(7)
   C. (2)(1)(3)(4)(5)(6)(7)
   D. (2)(3)(1)(4)(5)(7)(6)

6. 下列不属于现场管理费费率的计算方法的是（   ）。
   A. 合同百分比法，即管理费费率在合同中规定
   B. 行业平均水平法，即采用公开认可的行业标准费率
   C. 原始估价法
   D. 原始平均水平法

7. 按 FIDIC 合同条件的规定，争端解决的程序中，监理工程师应在收到有关的通知后（   ）日内做出决定，并通知业主和承包商。
   A. 70　　　　　B. 84　　　　　C. 74　　　　　D. 100

8. 某监理工程师下令将某分项工程混凝土改为钢筋混凝土，对此做出的索赔形式为（   ）。
   A. 单项索赔　　B. 总索赔　　C. 明示索赔　　D. 默示索赔

9. 承包人发出索赔意向通知后，（   ）有权不马上处理该项索赔。
   A. 业主　　　　B. 承包人　　C. 法人　　　D. 监理工程师

10. 《建设工程施工合同（示范文本）》(GF—2017—0201) 规定，监理工程师收到承包人递交的索赔报告和相关资料后应在（   ）日内给予答复。
    A. 28　　　　　B. 29　　　　　C. 30　　　　　D. 15

11. 施工过程中最高的行为准则是（   ）。
    A. 合同　　　　B. 法律　　　C.《建筑法》　D. 事实

12. 由于第三方原因造成的损失，承包商应向（   ）进行索赔。
    A. 第三方　　　B. 业主　　　C. 工程师　　D. 代理人

13. 下列选项中说法正确的是（   ）。
    A. 索赔可发生在工程建设各阶段，但在施工竣工后发生较多
    B. 承包商可以向业主提出索赔，业主也可以向承包商提出索赔
    C. 总索赔比单项索赔更易处理和解决
    D. 监理工程师对索赔的反驳，应该把承包人当作对立面，但应公正对待

14. 解决工程建设索赔最理想的方法是（　　）。
    A. 提交仲裁解决　　　　　　　　B. 由监理工程师分析、解决
    C. 通过协商解决　　　　　　　　D. 第三方介入解决

二、多项选择题

1. 施工索赔发生的原因大致有（　　）。
    A. 建设过程的难度和复杂性增大　　B. 合同文件前后矛盾和用词不严谨
    C. 建筑业经济效益的影响　　　　　D. 项目及管理模式的变化
    E. 由于管理人员管理不当造成的损失

2. 施工索赔分类的方法很多，从不同的角度，有不同的分类方法。下列关于其分类方法正确的是（　　）。
    A. 按索赔目的，索赔可分为工期索赔和费用索赔
    B. 按索赔处理方式和处理时间不同，索赔可分为单项索赔和一揽子索赔
    C. 按索赔发生的原因，索赔可分为延期索赔、工程变更索赔和施工加速索赔
    D. 依据合同的索赔分类，索赔可分为合同内索赔、合同外索赔和道义索赔
    E. 依据合同的索赔分类，索赔可分为合同内索赔、合同外索赔

3. 索赔意向通知，通常包括以下内容（　　）。
    A. 事件发生的时间和情况的简单描述
    B. 合同依据的条款和理由
    C. 有关后续资料的提供，包括及时记录和提供事件发展的动态
    D. 对工程成本和工期产生的不利影响的严重程度
    E. 索赔的金额

4. 证据资料准备包括（　　）。
    A. 施工日志　　　B. 来往信件　　　C. 气象资料　　　D. 会议纪要
    E. 合同

5. 索赔报告必须进行反复讨论和修改，它必须准确可靠，应强调以下内容（　　）。
    A. 责任分析应清楚、准确　　　　　B. 索赔值的计算依据要正确，计算结果要准确
    C. 用词要委婉和恰当　　　　　　　D. 用词要恰当　　　E. 用词要直接

6. 工期索赔计算方法主要有（　　）。
    A. 网络图分析　　B. 比例计算法　　C. 横道图法　　D. 前锋线法
    E. S形曲线法

7. 一般认为在具备以下条件时采用总费用法是合理的（　　）。
    A. 已开支的实际总费用经过审核，认为是比较合理的
    B. 承包商的原始报价是比较合理的
    C. 费用的增加是由对方原因造成的
    D. 费用的增加有承包商管理不善的责任
    E. 由于该项索赔事件的性质与现场记录的不同，难于采用更精确的计算方法

8. 分项法是将索赔的损失费用分项进行计算，其内容包括（　　）。
    A. 人工费索赔　　　　　B. 材料费索赔　　　　　C. 施工机械费索赔
    D. 现场管理费索赔　　　E. 机械闲置费索赔

9. 索赔的技巧包括（   ）。
   A. 及时发现索赔事件　　　　　　B. 商签好合同协议
   C. 对口头变更指令要得到确认　　D. 及时发出索赔意向通知
   E. 力争一揽子索赔，避免单项索赔
10. 一般索赔事件中，由于建设方原因造成的工程延误，对此进行费用索赔时应计算（   ）。
    A. 人工窝工费　　B. 机械费　　C. 管理费　　D. 利润
    E. 税金
11. 索赔成立的条件有（   ）。
    A. 与合同相对照，事件已造成了承包人施工成本的额外支出，或直接工期损失
    B. 造成费用增加或工期损失的原因，按合同约定不属于承包人的行为责任或风险责任
    C. 承包人按合同规定的程序提交了索赔意向通知和索赔报告
    D. 上述 A、B、C 三个条件中只要有一个条件成立，则索赔条件成立
    E. 上述 A、B、C 三个条件同时具备，则索赔条件成立
12. 下列可以列入施工范围变更索赔的项目有（   ）。
    A. 现场管理费　　　　　　　　B. 承包人新增设备
    C. 租赁设备费　　　　　　　　D. 自有设备使用费
    E. 新增的分包工程量

三、思考题

1. 什么是施工索赔？
2. 在工程施工中为什么会经常发生索赔？
3. 分别描述工期索赔、费用索赔、单项索赔和一揽子索赔的含义。
4. 工期索赔处理的原则是什么？在什么情况下可得到费用索赔？
5. 什么是工程变更索赔？
6. 进行施工加速索赔时应注意什么问题？
7. 如何处理不利现场条件索赔？
8. 什么是合同内索赔和合同外索赔？
9. 索赔与项目管理和合同管理有什么关系？
10. 索赔意向通知的内容是什么？
11. 索赔证据包括哪些资料？
12. 如何编写索赔报告和应当注意的问题是什么？
13. 怎样对承包人的索赔报告进行评审？
14. 如何解决索赔争端？
15. 如何计算工期索赔的时间？
16. 如何对各项费用索赔进行计算及应注意什么问题？
17. 索赔的正确战略和策略是什么？
18. 你认为索赔有什么技巧？

参 考 文 献

［1］ 中华人民共和国住房和城乡建设部，中华人民共和国国家工商行政管理总局．住房城乡建设部　工商总局关于印发建设工程施工合同（示范文本）的通知：建市［2017］214号［A/OL］．(2017-09-22)［2022-04-13］．https：//www.mohurd.gov.cn/gongkai/zhengce/zhengcefilelib/201710/20171030_233757.html.

［2］ 中华人民共和国住房和城乡建设部，中华人民共和国国家工商行政管理总局．关于印发《建设工程监理合同（示范文本）》的通知：建市［2012］46号［A/OL］．(2012-03-27)［2022-03-07］．https：//www.mohurd.gov.cn/gongkai/zhengce/zhengcefilelib/201204/20120423_209598.html.

［3］ 中华人民共和国住房和城乡建设部，中华人民共和国国家工商行政管理总局．住房城乡建设部　工商总局关于印发建设工程设计合同示范文本的通知：建市［2015］44号［A/OL］．(2015-03-04)［2022-07-13］．https：//www.mohurd.gov.cn/gongkai/zhengce/zhengcefilelib/201504/20150413_220661.html.

［4］ 周艳冬．工程项目招投标与合同管理［M］.3版．北京：北京大学出版社有限公司，2017.

［5］ 宋春岩．建设工程招投标与合同管理［M］.4版．北京：北京大学出版社有限公司，2018.